工程力学

第3版

主　编　王　彪

副主编　冯建有　胡文锋

编　委　（按姓氏笔画排序）

刘　燕　欧淑彬　胡晓磊

段士伟　倪志强　高为浪

黄志来

中国科学技术大学出版社

内 容 简 介

本书按照教育部制定的“工程力学”(静力学和材料力学)课程基本要求编写,在省级精品课程建设经验和教学改革的基础上,对传统的章节进行了调整,着重突出了知识和能力,加强了知识间的整合以及工程意识和方法的训练,力求做到知识面适度,内容简明,适用性强。

全书共分静力学和材料力学两大部分,主要内容包括静力学基础、平面力系、空间力系、材料力学基本概念、杆件的内力、杆件的应力、应力状态分析、强度设计、位移分析与刚度设计、压杆的稳定性、动载荷等。

图书在版编目(CIP)数据

工程力学/王彪主编. --3 版. --合肥:中国科学技术大学出版社,2024.8. -- ISBN 978-7-312-06006-9

Ⅰ. TB12

中国国家版本馆 CIP 数据核字第 2024A9J816 号

工程力学

GONGCHENG LIXUE

出版 中国科学技术大学出版社
安徽省合肥市金寨路 96 号,230026
http://press.ustc.edu.cn
https://zgkxjsdxcbs.tmall.com

印刷 安徽省瑞隆印务有限公司

发行 中国科学技术大学出版社

开本 710 mm×1000 mm 1/16

印张 12.25

字数 254 千

版次 2008 年 8 月第 1 版 2024 年 8 月第 3 版

印次 2024 年 8 月第 8 次印刷

定价 36.00 元

第 3 版前言

本版依据教育部高等学校非力学专业力学基础课程教学指导分委员会制定的《工程力学教学基本要求》，基于国家教材委员会的指导，以铸魂育人为主线，开展修订工作。全书包含静力学和材料力学两部分，适用于工科院校相关专业的工程力学课程。

本书凝练了安徽工业大学省级精品课程"工程力学"建设的成果与经验，其承载的教学思想和成果，曾获安徽省教学成果奖两项，即"全方位育人的力学实践教学"和"以课程思政为引领，以工程应用为导向，构建材料力学一流课程教学体系"。

本书从我们生活中最熟悉的静力学开始，以工程力学的三大核心内容——强度、刚度和稳定性为抓手，构建兼备逻辑性与系统性的知识体系，从日常生活与工程实例出发，帮助学生理解力学的基本概念和原理，使学生掌握分析和解决实际问题的思路与方法，领悟其中的力学范式，以实现思维能力的提高。

限于水平与条件，书中存在错误和缺点在所难免，恳请广大师生批评指正。

编　者

2024 年 5 月

第3版前言

第2版前言

本书第1版被评选为安徽省高等学校“十一五”省级规划教材，于2008年正式出版，经过6年的教学实践，得到了广大师生的认可与好评，同时广大师生也对本书提出了许多宝贵的意见和建议。

这次改版，既保留了原教材的内容与风格，又对原书中一些错误进行了更正，并趁此改版机会，对一些术语进行了规范，对符号进行了统一，使之更加适合教学所需。

限于水平和条件，书中还会有不少缺点和错误，诚恳欢迎大家批评指正。

编　者

2014年6月

前　言

本教材总结了省精品课程建设的经验，运用了教学改革的成果，对传统的章节进行了调整，突出了知识和能力，加强了知识间的整合，融会贯通。本教材加强工程意识和方法的训练，力求做到知识面适度，内容简明，适用性强。

本教材按照国家教育部制定的“工程力学”（静力学和材料力学）课程基本要求编写，全书分静力学和材料力学两部分。全书在理论、概念的论述上准确、严谨，静力学和材料力学两部分内容相互渗透、相互协调，文字简明、精练，适用于工科院校 50～80 学时工程力学课程。

参加本教材编写的有：黄向明（第 1、2、3 章）、杜皖宁（第 4、7、10、11 章）、王彪（第 5、6、8、9 章）、高为浪（平面图形的几何性质、型钢表、第 1～3 章习题）、刘燕（第 4～7 章习题）、冯建有（型钢表、第 8～11 章习题）。由王彪担任主编，黄向明、杜皖宁担任副主编，冯建有还参与了版面和插图的修订工作。

本教材由安徽工业大学邱支振教授和谢能刚教授主审。

本教材在编写过程中，得到了中国科学技术大学出版社、安徽工业大学教务处及教学研究科和安徽工业大学力学教研室许多同志的支持和帮助，谨此致谢。

限于编者水平，本教材存在缺点和不当之处在所难免，恳请广大师生和读者批评指正，以便今后改进。

编　者

2008 年 3 月

前 言

[illegible]

目　　录

绪　论

工程力学由静力学和材料力学两部分内容组成，主要研究物体的受力分析、平衡条件及杆件的强度、刚度和稳定性。

学习本课程的目的，一是掌握力学的基本知识，为学习有关的后续课程打好必要的基础；二是培养学生运用力学的基本概念和基本理论，分析解决工程实际问题；三是学习力学的基本方法，培养学生逻辑思维能力、计算表达能力等综合素质。

力学是研究宏观物体机械运动规律的科学，它揭示了物体的相互作用以及和运动之间的关系。以牛顿力学为主体的力学类课程，系统地介绍了阿基米德、伽利略、牛顿等科学巨匠的研究方法、基本观念和思维方式。牛顿力学不但成为近代自然科学与古代科学的分水岭，而且其影响远超过它本身的应用范围，转化为社会人的思维方式，被哲学家提升为世界观和方法论。

力学是物理学的一个分支，并且物理学科的发展就是从力学开始的。牛顿力学相信一切事物都源于少数事实，而它们又遵循少数最基本的规律即基本定律；利用逻辑推理和数学演绎建立力学理论；在理论的指导下，通过实践去摸索事物的本质。这就是所谓的“力学的思考方法”——“从运动的现象去研究自然界中的力，然后用这些力去说明其他现象”（《自然哲学之数学原理》）。与古代科学相比，近代科学有两大特征：用实验可以验证，用数学可以精确表达。牛顿力学是历史上第一门具备这两大特征的学科，为其他学科树立了典范。直至今日，物理学仍然大体沿着牛顿开创的研究途径去寻找支配物质运动现象的统一的力，或者统一的相互作用，然后从这些相互作用去说明自然现象。耐人寻味的是，几乎所有的基本物理理论都被称之为某种力学，如牛顿力学、热力学、电动力学、色动力学、量子力学等，这恰恰反映了力学的观念、方法和理论对整个物理学的基本和重大的影响。因此，掌握“力学的思考方法”，不仅对于学习力学，而且对于学习其他学科领域的知识也应该是大有好处的。

力学在工程技术的推动下按自身的规律进一步发展，逐渐从物理学中独立出来。力学的发展，推动了科学技术和人类社会的进步。力学的发展无时不与工业的发展密切相关，从蒸汽机、内燃机的发明，到火车、船舶、汽车、飞机的生产，以及到今天的核反应堆、航天飞机、宇宙空间站的制造和建立，都是在应用了力学理论后才得以实现的。可以说，力学是众多学科和工程技术的基础。正是因为力学应用的广泛性，所以力学在解决一系列工程技术问题的时候，又向其他学科渗透，从而也大大丰富了力学学科本身。力学在发展以及在成为一门独立学科的过程中，又分流出许多分支学科，如理论力学、材料力学、结构力学、弹性力学、塑性力学、断裂力学、空气动力学、高速空气动力学、生物力学等。力学发展到近代显示出一个重要特征，就是与其他学科的相互交叉。这种学科的相互交叉又对科学技术、工业和社会的发展产生了巨大的作用。其中最为突出的就是力学与工程的交叉。大型工程的建设推动了工程力学知识的积累和发展，而工程力学理论又指导着工程实践。因此，工程力学是具有强大的生命活力、与时俱进的学科。

工程力学的内容、理论和研究方法，不仅能为大学生学习专业课奠定基础，而且在他们的整个知识结构与能力结构的构筑过程中也起着相当大的作用。从大学生的整体知识链来看，力学处于关键部位；从学习基础知识向学习专业知识过渡方面看，力学起着承前启后的桥梁作用；从认识世界的方式看，力学在从抽象思维方式向解决工程实际问题的方式转变过程中起中介作用。由此看来，工程力学不仅对学习专业知识是重要的，而且对开发学生智力，培养学生敏锐的观察能力、丰富的想象能力、科学的思维能力和创新能力，以及解决生产实际问题的能力与水平都将产生重大影响。

学习工程力学应注意以下几点：

(1) 会听课。要用心听课，听老师是如何引出概念、如何阐明理论、如何分析问题和如何解决问题的，这样才能很快抓住知识的要领。

(2) 会发问。即要学会提出问题。对新概念、新理论要多问几个“为什么”，弄清新、旧知识之间的联系与区别，因为只有深入思考，才能提出问题，而提出问题又能促进更深刻的思考，这样才能领会所学知识。

(3) 会总结。学完一章或一篇后，要就主要内容进行提纲挈领的归纳和总结，将课本上的知识变成自己的知识。

(4) 会应用。工程力学的知识源于实际，也必须用于实际。学习这门课程必须联系实际，要做一定数量的习题。可以说，不联系实际、不做习题是学不好工程力学的。

(5) 会创新。学是为了用，而用就一定要创新。工程力学的产生与发展历程，就是不断创新的历程。照葫芦画瓢、墨守成规是学不好工程力学的。只有学会创新，才能把知识变成分析问题与解决问题的能力。

第 1 章　静力学基础

1.1　静力学基本概念

静力学是理论力学的重要组成部分。理论力学是研究物体机械运动一般规律的科学。机械运动是指物体在空间的位置随时间的变化，包括变形和移动。平衡是机械运动的特殊情况。

理论力学的内容属于古典力学范围。理论力学主要包括三个部分：静力学、运动学和动力学。

古典力学的基本定律是由伽利略和牛顿总结出来的，他们把来自生活和实验的经验系统地表达成了数学的简明形式。实践证明：古典力学理论的定律有着极其广泛的适用性，这些定律就是理论力学的科学根据。

1．静力学的研究对象

静力学研究物体在力系作用下处于平衡的规律。

力是物体间相互的机械作用。

力系是作用在物体上的一群力。

平衡是物体机械运动的特殊情况，是指物体相对于某个惯性参照系保持静止或做匀速直线运动的状态。

静力学的力学模型是刚体，所以静力学又称为刚体静力学。

刚体是指在力的作用下不变形的物体，即刚体内部任意两点间的距离保持不变。

在静力学中，主要研究以下三个问题：

(1) 物体的受力分析

分析所研究物体的受力情况，主要包括受多少个力作用，每个力的大小、作用位置和方向。

(2) 力系的等效简化

将作用在物体上的一个力系用另一个与它等效的力系来替代，这两个力系互称为等效力系。

力系的等效简化是指用最简单的力系等效代替原来较复杂的力系。通过力系的简化，我们可以清楚地、直接地知道力系作用的总效应。如果某力系与一个力等效，则此力称为该力系的合力，而该力系的各力称为此力的分力。

(3) 建立各种力系作用下的平衡条件

研究作用在物体上的各种力系所需满足的平衡条件。

在特殊情况下，若力系满足某些特定的条件，刚体将处于平衡状态，这种特定的条件称为平衡条件。

2．力的概念

推拉物体时，可以直接意识到"力"的模糊概念。被推拉物体发生运动以及物体滑行时由于摩擦而逐渐变慢，最后停止下来，都反映了力的作用。

力的定义：力是物体间的相互机械作用，这种作用使物体的运动状态和形状发生变化。

力的外效应：使物体的运动状态发生变化的效应。

力的内效应：使物体的形状发生变化的效应。

对刚体来说，只有外效应，没有内效应。

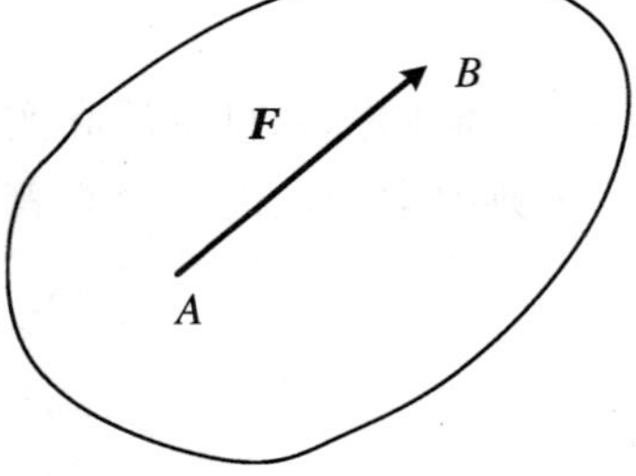

图 1-1

力是矢量，一般用字母加上箭头表示（如 $\vec{F}$），或用黑体字母表示（见图 1-1）。用白体字母 F 表示矢量的大小，即有 $F = |\boldsymbol{F}|$。本书在不需要特意强调力的矢量性即方向时，例如重力，也用白体表示力。

力对物体作用有三要素：大小、方向、作用点。只要其中任意一要素改变，该力对物体作用的效应就可能改变。设力为 $\boldsymbol{F}$，图 1-1 中力 $\boldsymbol{F}$ 是用有向线段 AB 来表示三要素的，线段的长度按一定比例尺表示力的大小，线段的方位加上箭头表示力的方向（方向 = 方位 + 指向），力的作用点可选线段的起点 A 或终点 B 来表示（由作图的方便决定）。线段 AB 所沿的直线为力的作用线。

力的单位：在国际单位制（SI）中，以"N" 作为力的基本单位符号，称作"牛顿"，简称"牛"。有时也用 "kN"作为力的基本单位符号，称作"千牛顿"，$1\ \text{kN} = 10^3\ \text{N}$。

1.2 静力学公理

公理是人们在生活和生产实践中长期积累的经验总结，经过实践反复检验，被认为是符合客观实际的最普遍、最一般的规律。

公理 1（二力平衡公理） 作用在刚体上的两个力，使刚体保持平衡的必要和充分条件是：此两力大小相等，方向相反，且作用在同一直线上。

该公理仅适用于刚体。对于变形体，公理 1 给出的平衡条件仅是必要的，即平衡时，这两个力一定等值、反向、共线；但不充分，即变形体在等值、反向、共线的一对力作用下不一定平衡。

例如，假设橡胶圈上作用有一对等值、反向、共线的力，如图 1-2 所示，则橡胶圈是否平衡取决于：① 它是否处于变形过程中；② 它是否被破坏。

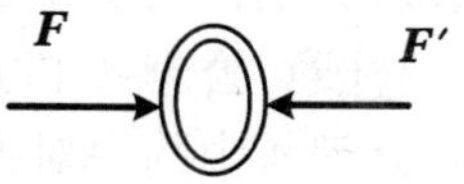

图 1-2

刚体上二点各受一个集中力作用而平衡的刚体称为二力体，该刚体为一构件时称为二力构件，该刚体为一杆件时称为二力杆(注意，二力杆不一定为直杆)，如图 1-3 所示。

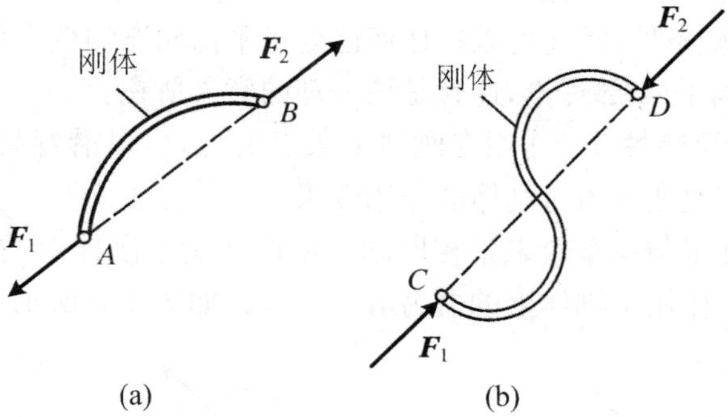

图 1-3

公理 2(加减平衡力系公理)　在已知力系上加上或减去任意的平衡力系，并不改变原力系对刚体的作用。

公理 3(力的平行四边形法则)　作用于物体上同一点的两个力可以合成为一个合力，合力也作用于该点，合力的大小和方向由原两力的力矢量为邻边组成的平行四边形的对角线矢量来表示；或者说，合力矢等于两个分力矢的几何和。

如图 1-4(a)所示，力 $\boldsymbol{F}_1$、$\boldsymbol{F}_2$ 的合力为 $\boldsymbol{F}_R$，即有

$$\boldsymbol{F}_R = \boldsymbol{F}_1 + \boldsymbol{F}_2 \tag{1-1}$$

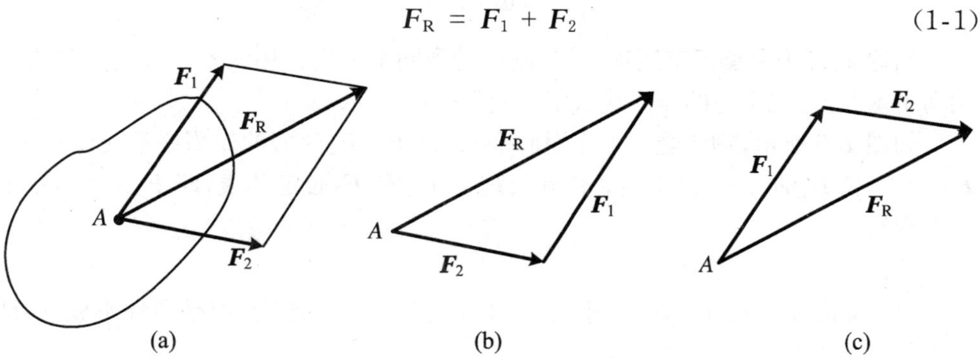

图 1-4

也可另作一力三角形,这是平行四边形法则的简化形式,求两汇交力合力的大小和方向(即合力矢)。注意,合力的大小、方向和各个分力相加的次序是无关的,如图1-4(b)、(c)所示。

公理4(作用和反作用定律) 任何物体间相互作用的一对力总是等值、反向、共线,分别作用于相互作用的两个物体上。

注意:公理4和公理1中都有一对等值、反向、共线的力,但它们是根本不同的,公理4中的一对力(作用力和反作用力)作用在不同的物体上(不一定是刚体),而公理1中的一对力是作用在同一刚体上的。

公理5(刚化原理) 当变形体在已知力系作用下处于平衡时,如果把变形后的变形体换成刚体(刚化),则平衡状态保持不变。

注意:这个公理提供了把变形体看作刚体模型的条件。变形体的平衡条件中包括了刚体的平衡条件,因此可以把任何已处于平衡状态的变形体看成刚体,而对它应用刚体静力学的全部理论,这就是该公理的意义所在。

推论1(力的可传性) 作用在刚体上某点的力,可以沿着其作用线移到刚体内任意一点,而不改变该力对刚体的作用效果。

比如,水平推车与拉车效果是相同的。所以作用于刚体上的力的三要素为大小、方向、作用线,作用于刚体上的力为滑动矢量。如图1-5所示。

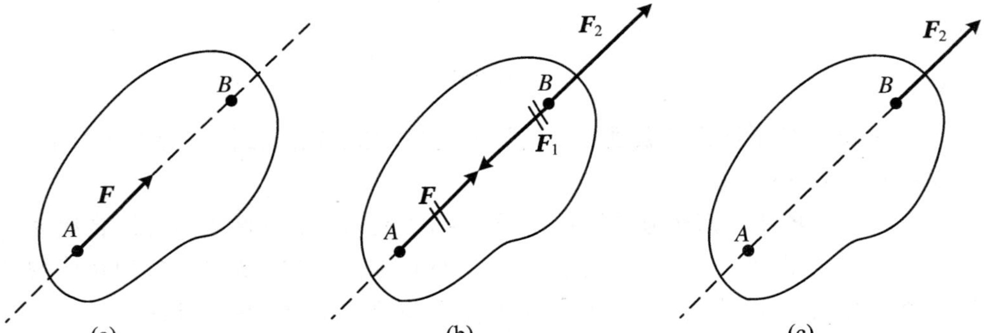

图1-5

推论2(三力平衡汇交定理) 当刚体受到同平面内作用线不平行的三个力作用而平衡时,这三个力的作用线必定汇交于一点。

如图1-6所示,物体受三力作用而平衡,设 $\boldsymbol{F}_1$、$\boldsymbol{F}_2$ 两力的作用线汇交于点 O,$\boldsymbol{F}_{12}$ 为 $\boldsymbol{F}_1$ 和 $\boldsymbol{F}_2$ 的合力,由平衡条件和公理1,$\boldsymbol{F}_{12}$ 和 $\boldsymbol{F}_3$ 必定共线,即 $\boldsymbol{F}_3$ 过 O 点(三力汇交)。

注意:

(1) 推论2仅充分性成立,平衡时,不平行的三力必汇交;但必要性不成立,即不平行三力汇交时,不一定平衡。

(2) 三力汇交定理可用于确定一个未知力的方位。

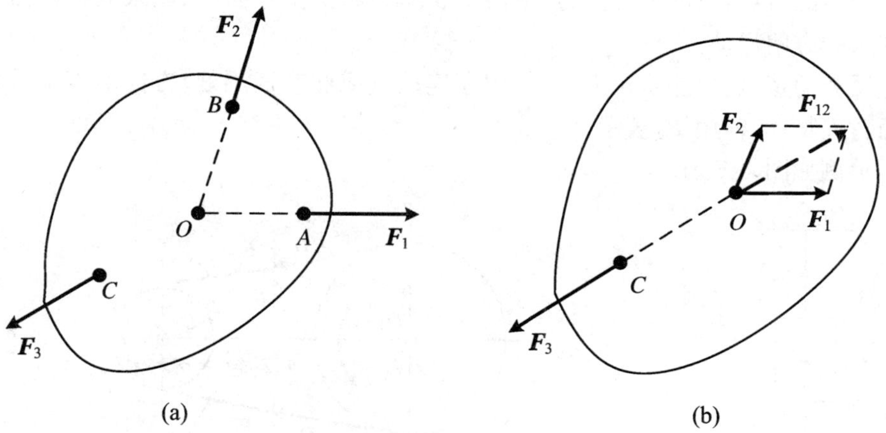

图 1-6

1.3　约束和约束反力

在空间可以自由运动而获得任意方向位移的物体称为自由体，例如天空中的飞机、太空中的宇宙飞船等。位移受到周围其他物体限制，不能沿着某些方向运动的物体称为非自由体或受约束体。

对非自由体的某些位移起限制作用的周围物体称为约束。因为约束限制了物体的运动，约束对物体就有作用力，这种作用力称为约束反作用力（简称约束反力或反力）。能够使物体运动或有运动趋势的力称为主动力，一般情况下，约束反力是因主动力的作用而引起的，所以约束反力也称为被动力，它随主动力变化而变化，一般当主动力不存在或者为零时，相应的约束反力也不存在或者为零，但反之不然。

在静力学中主动力往往是给定的，而约束反力是未知的，因此对于约束反力的分析就成了受力分析的重点。因为约束反力是限制物体运动的，所以约束反力的作用点应在约束和被约束物体相互接触之处，它的方向应与约束所能限制的运动方向相反，其大小总是未知的。物体之间相互接触，力总是分布在一定的接触面上，这时约束反力是一个分布力系，理论力学知识仅仅可以计算出这一分布力系的总效应。如果接触面积很小，则可近似地看成点接触，此时反力为集中力。

通常，约束有两种分类方法，一是按约束构件分类，二是按约束自由度数分类。

1．按约束构件分类

（1）柔性体约束

由绳索、链条、皮带、钢丝绳等所构成的约束统称为柔性体约束，简称柔索。

约束的特点：只能承受拉力，不能承受压力和抗拒弯曲，只能限制物体沿柔性体伸长的方向运动。

反力的特点：只能是拉力，其作用在连接点或假想截割处，方向沿着柔性体轴线而背离物体，常用 $\boldsymbol{F}_T$表示。

示例如图 1-7 所示。

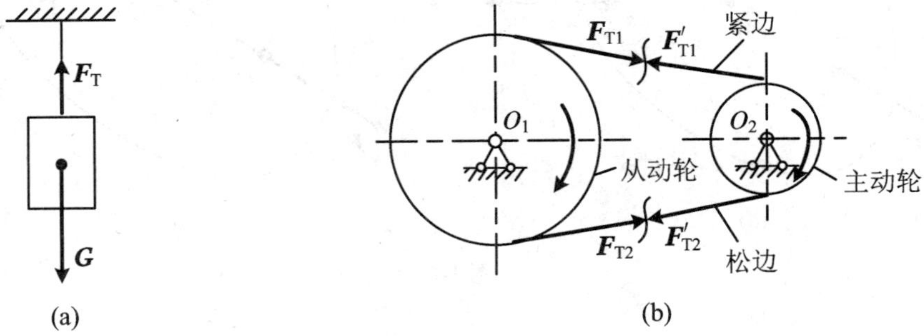

图 1-7

(2) 光滑接触面约束

物体与约束的接触面是光滑的，即它们间的摩擦可以忽略。

约束的特点：无论支承接触面形状如何，约束只能承受压力，不能承受拉力。只能限制物体沿接触面公法线方向的运动，故约束力沿着两接触面共法线方向。

反力的特点：只能是正压力，作用于接触点处，方向沿着接触表面在接触点处的公法线而指向物体，常用 $\boldsymbol{F}_N$表示，称为法向反力。

示例如图 1-8 所示，其中 $\boldsymbol{n}$ 为公法线方向，$\boldsymbol{\tau}$ 为切线方向。

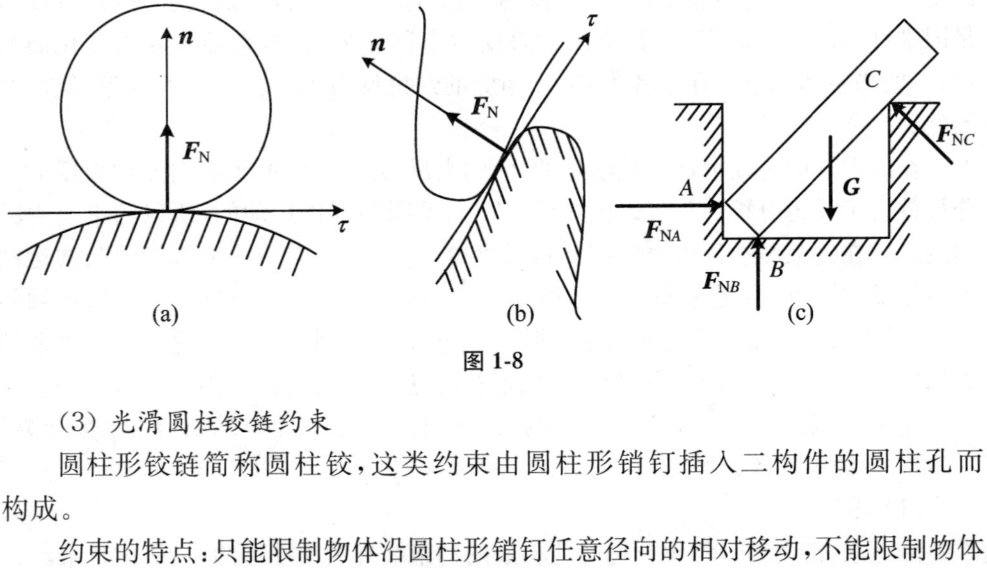

图 1-8

(3) 光滑圆柱铰链约束

圆柱形铰链简称圆柱铰，这类约束由圆柱形销钉插入二构件的圆柱孔而构成。

约束的特点：只能限制物体沿圆柱形销钉任意径向的相对移动，不能限制物体绕圆柱形销钉轴线的转动和平行于圆柱形销钉轴线的移动(平面问题中不考虑这种移动),由于圆柱形销钉和圆柱孔是光滑曲面接触,故某一构件所受到的约束反力应沿接触点处的公法线并指向物体。由于接触点的位置是由主动力决定的,因此,反力的方向总是不定的。

反力的特点:光滑圆柱铰链的反力只能为压力,作用在垂直于圆柱形销钉轴线的平面内,且通过圆柱形销钉中心,方向不定,通常用通过轴心的两个大小未知的正交分力 $\boldsymbol{F}_x$、$\boldsymbol{F}_y$ 来表示。

示例如图 1-9 所示。

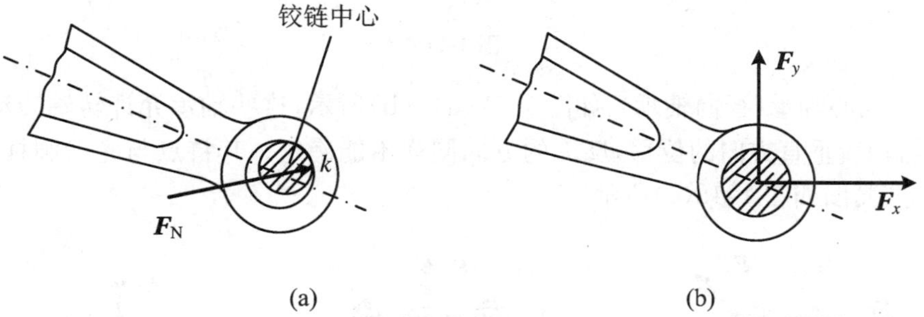

图 1-9

下面介绍几种不同的光滑圆柱铰链约束。

① 固定铰链支座:某一个构件圆孔端固定不动而形成的支座,如图 1-10(a)、(b)所示。

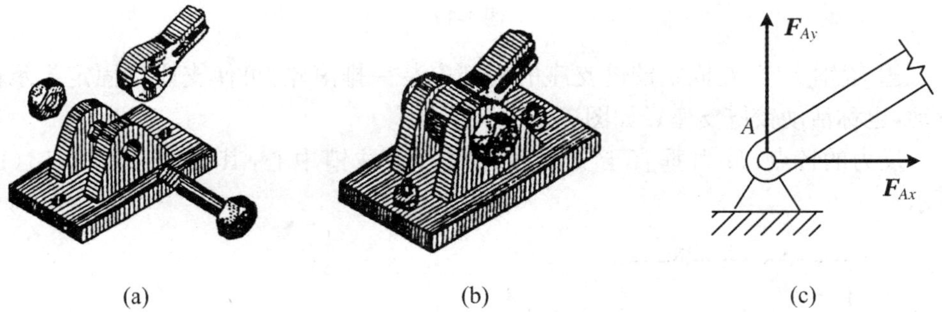

图 1-10

约束的特点:物体只能绕铰链轴线转动,而不能发生垂直于铰链轴线的移动。

反力的特点:反力在垂直于铰链轴线的平面内,通过中心,方向不定。其简图如图 1-10(c)所示,通常用通过轴心的两个大小未知的正交分力来表示反力($\boldsymbol{F}_{Ax}$、$\boldsymbol{F}_{Ay}$)。

② 中间铰:如图 1-11(a)、(b)所示,与固定铰链支座不同的是铰链接触点可在空中移动,两构件在铰链接触点处有相同位移。其简图如图 1-11(c)所示,通常用

通过轴心的两个大小未知的正交分力来表示反力。

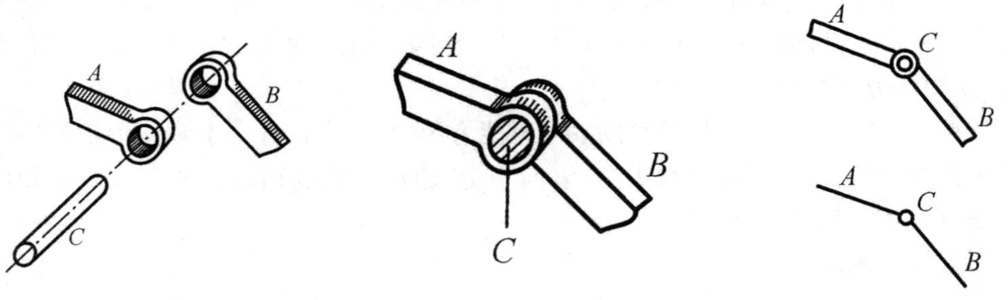

(a) (b) (c)

图 1-11

③ 向心轴承(径向轴承):如图 1-12(a)、(b)所示,这些轴承允许转轴转动,但限制与轴线垂直方向的位移,反力的方向同样不能确定。其特点与光滑圆柱铰链相同,其简图如图 1-12(c)所示。

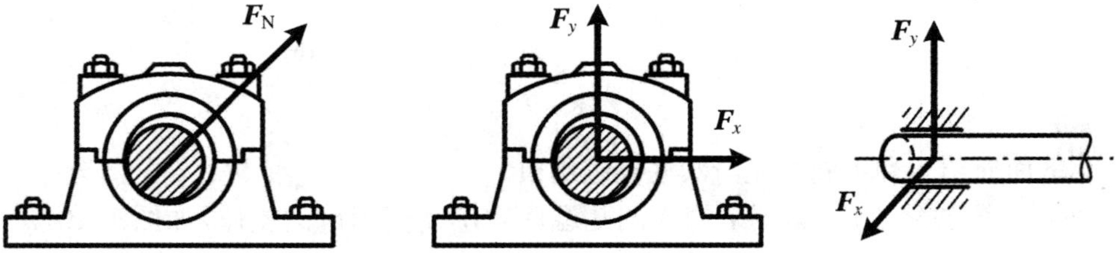

(a) (b) (c)

图 1-12

④ 辊轴支座:在固定铰链支座的底部安装一排滚轮,可使支座沿固定支承面滚动,也称活动铰链支座。如图 1-13(a)所示。

反力的特点:反力垂直于支承面并通过圆柱销中心,其简图如图 1-13(b)所示。

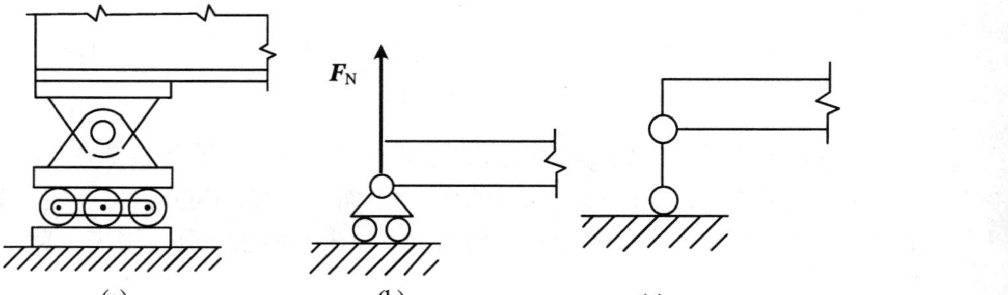

(a) (b) (c)

图 1-13

注意：圆柱销下面一部分可设为二力构件，所以辊轴支座可视为复合约束，如图 1-13(c)所示。

(4) 光滑球铰链

物体的一端为球形，能在固定的球窝中转动，如图 1-14(a)所示，这种空间类型的约束称为光滑球铰链，简称球铰。球铰的示意简图如图 1-14(b)所示。球铰限制物体任何方向的位移，所以球铰的约束力的作用线通过球心并可能指向任一方向，通常用过球心的三个互相垂直的分力 $\boldsymbol{F}_x$、$\boldsymbol{F}_y$、$\boldsymbol{F}_z$ 来表示，其简图如图 1-14(c)所示。

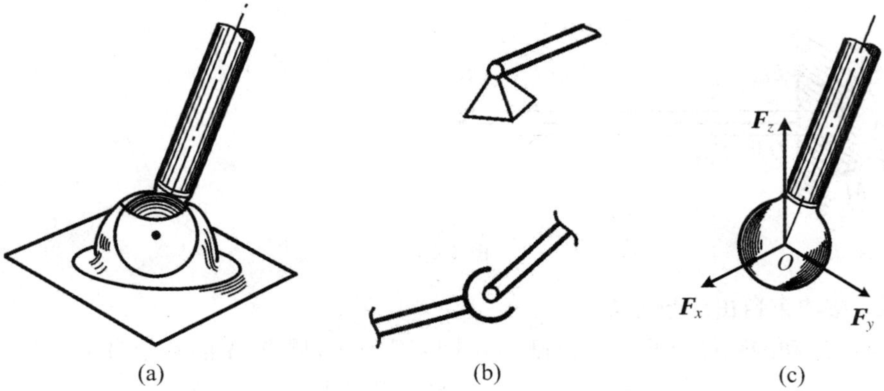

图 1-14

(5) 止推轴承

如图 1-15(a)所示，这种约束不仅限制转轴在垂直轴线方向(径向)的位移，而且也限制轴向的位移。如图 1-15(b)所示，其约束力也需要用三个分力 $\boldsymbol{F}_x$、$\boldsymbol{F}_y$、$\boldsymbol{F}_z$ 表示，其简图如图 1-15(c)所示。

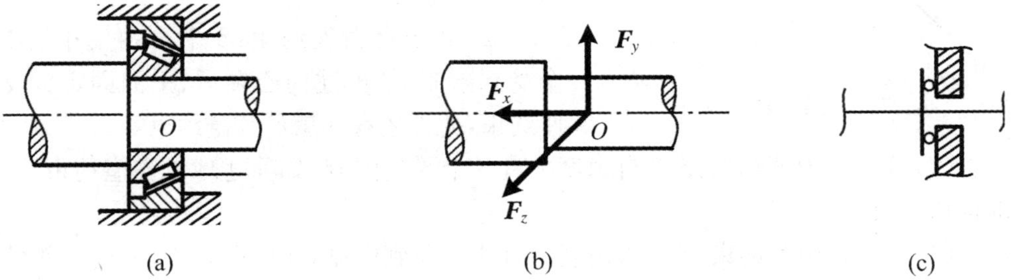

图 1-15

(6) 固定端约束

物体的一部分嵌固于另一物体的约束称为固定端约束。固定端约束的特点是既限制物体的移动又限制物体的转动，如图 1-16(a)、(b)所示。

在外载荷的作用下，受固定端约束的物体既不能移动也不能转动，因此平面固定端约束的约束反力可用两个正交分力和一个力偶矩表示，如图 1-16(c)所示。

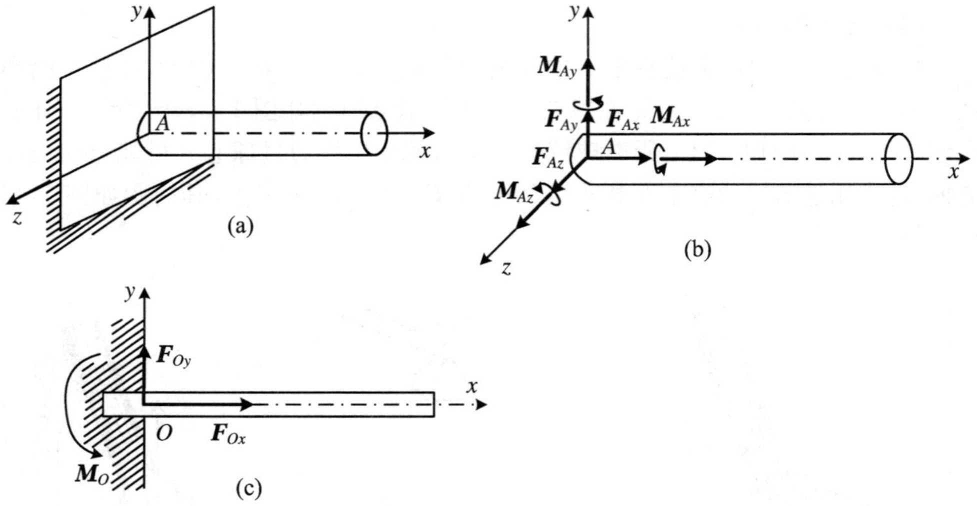

图 1-16

2. 按约束自由度数分类

自由运动的刚体有 6 个自由度，如图 1-17 所示，质点 A 的 6 个自由度分别为 F_{Ax}、F_{Ay}、F_{Az}、M_{Ax}、M_{Ay}、M_{Az}。

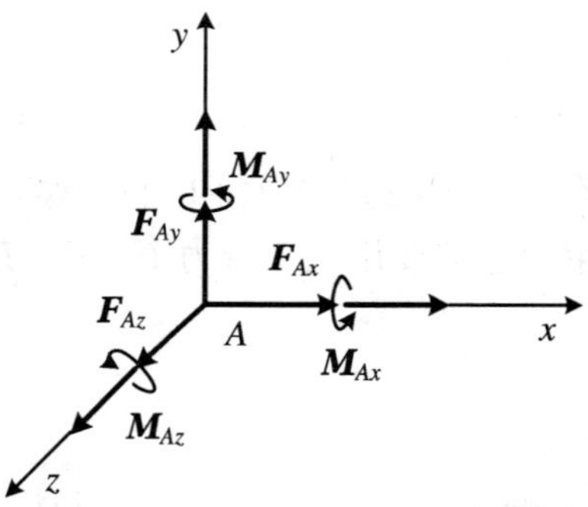

图 1-17

可将约束类型按约束所能限制刚体运动的自由度数多少分类，对于单刚体，约束类型有 6 种。

(1) 1 个自由度约束：6 个自由度中有 1 个受到限制，如前述柔性体约束、光滑面约束、活动铰支座约束等。

(2) 2 个自由度约束：6 个自由度中有 2 个受到限制，如前述向心轴承、平面固定铰支座约束，此外还有如蝶形铰链约束等。

(3) 3 个自由度约束：6 个自由度中有 3 个受到限制，如前述球铰支座约束、止推轴承约束。

(4) 4 个自由度约束：6 个自由度中有 4 个受到限制，如导向轴承、万向接头约束等。

(5) 5 个自由度约束：6 个自由度中有 5 个受到限制，如带销子夹板约束、导轨约束等。

(6) 6 个自由度约束：限制刚体 3 个方向的平动位移和 3 个方向的转动位移共 6 个自由度，如固定端约束。

1.4　物体的受力分析和受力图

静力学是研究物体受力的平衡问题，因此，首先要明确研究对象，然后分析研究对象受了哪些力作用，这就是通常所说的受力分析。

1. 解除约束原理

解除约束原理　当受约束物体在某些主动力作用下处于平衡状态时，若将其部分或全部约束去除，但配置以相应的约束反力，则物体的平衡状态不受影响。

基于这一原理，在工程实际中，为了研究某个物体的安全问题，可以将该物体所受各种约束全部解除，而用相应的约束反力去代替它们对物体的作用，物体在所有的主动力和约束反力作用下仍然保持平衡，这时就可以用刚体的平衡条件来求解有关的约束反力了。

2. 受力分析

(1) 取分离体

根据问题的不同要求，首先选定某个(或某些)刚体作为研究对象，把它从周围物体(即约束)中分离出来，而把周围物体对它的作用以相应的反力来代替(根据解除约束原理)，这个分析过程称为取分离体。

取分离体实际上是暴露和显示物体之间相互作用力的方法，只有把力显示出来，之后才能应用平衡条件求解。非自由刚体经过取分离体后可看成是自由刚体，所以又称取自由体。

(2) 画受力图

研究对象从周围物体中分离出来之后，把它看成是受力体，进而分析它所受的力。一类是主动力，另一类是约束力，关键在于分析约束力，分析时应根据约束的性质判断约束力的特征(作用线的方位、指向，也可能是作用点的位置)。最后把受力体所受的每一个力都画出来，得到分离体的受力图。受力图表示受力分析的结果，它是实际物体的抽象化受力模型。

受力分析是力学中特有的一种有效分析方法。正确地进行受力分析并画出受力图是解决力学问题的前提和关键所在，是解决力学问题(只要牵涉到力)的第一步工作，不能省略，且不能有任何错误，否则，以后的分析计算将出现错误的结果。

(3) 画受力图的主要步骤

① 根据题意选取研究对象，用尽可能简明的轮廓把它单独画出来，即取分离体。

② 画出分离体上所受的全部主动力。

③ 在研究对象原来存在约束(即与其他物体相接触或相连接)的地方，按照约束的类型，对号入座，逐一地画出约束力。

此外,应特别注意寻找二力构件,对于三力汇交的构件,可用三力汇交定理判断某一铰链反力的方向或方位。

在进行受力分析时,常常要用到作用力和反作用力定律,作用力和反作用力一般用 $\boldsymbol{F}$ 和 $\boldsymbol{F}'$ 表示,它们大小相等($F = F'$),方向相反,分别作用于相互作用的两个物体上。

例 1-1 如图 1-18(a)所示,重为 G 的杆 AB 在光滑的槽内,B 端与绕过定滑轮悬挂重物 E 的绳索相连接。试画出各物体的受力图。

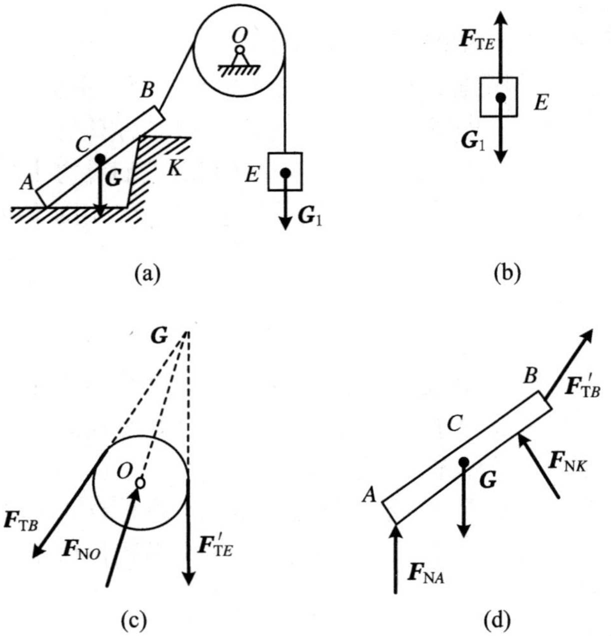

图 1-18

解 各物体的受力图分别如图 1-18(b)、(c)、(d)所示。

同学们可以想一想,哪几个力是作用力和反作用力?图 1-18(c)中用到了哪个定理?

例 1-2 如图 1-19(a)所示,结构由曲杆和直杆铰接而成,AB 杆上作用有力。不计各杆重,试画出各物体(包括销钉 B)及结构的整体受力图。

解 各物体的受力图分别如图 1-19(b)、(c)、(d)所示,结构的整体受力图如图 1-19(e)所示。

同学们可以想一想,哪几个力是作用力和反作用力?CD 杆是二力杆吗?如果要你直接画出结构的整体受力图,你会怎样画?

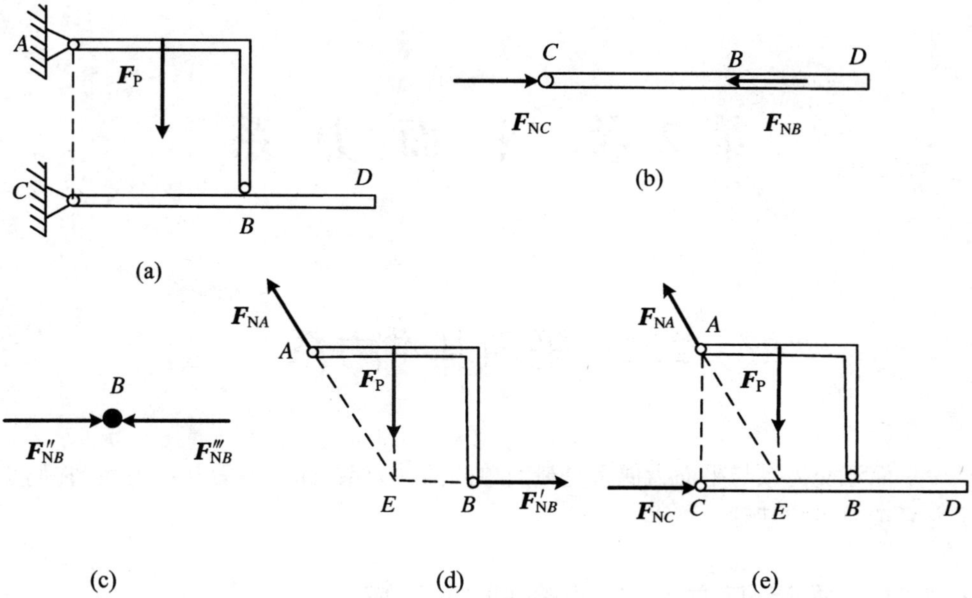
A
C
B
D
F_P
(a)
C
B
D
F_{NC}
F_{NB}
(b)
B
F''_{NB}
F'''_{NB}
(c)
F_{NA}
A
F_P
E
B
F'_{NB}
(d)
F_{NA}
A
F_P
F_{NC}
C
E
B
D
(e)

图 1-19

第 2 章　平　面　力　系

2.1　平面基本力系

平面汇交力系与平面力偶系是最简单的两种力系，称为平面基本力系，它们是研究复杂力系的基础。

2.1.1　平面汇交力系的合成与平衡

平面汇交力系是各个力的作用线在同一平面内且汇交于一点的力系，是最简单的力系，如图 2-1(a)所示。

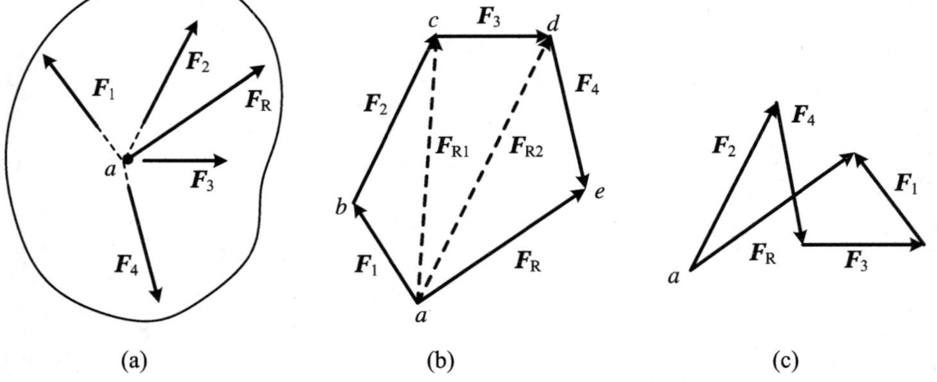

图 2-1

1. 几何法

汇交力系也称共点力系，因为共点，所以可以应用公理 3 两两合成，亦可用三角形法则代替平行四边形法则(按一定的比例尺表示)。如图 2-1(b)所示，设起点为 a，应用三角形法则，$\overrightarrow{ac}$就表示 $\boldsymbol{F}_{R1} = \boldsymbol{F}_1 + \boldsymbol{F}_2$，$\overrightarrow{ad}$就表示 $\boldsymbol{F}_{R2} = \boldsymbol{F}_1 + \boldsymbol{F}_3$……中间矢量可以不用画出，只要把力矢量首尾相接画出一个开口多边形 $abcde$(这个折线称为力链)，最后将第一个力矢量 $\boldsymbol{F}_1$的起点 a 和最后一个力矢量 $\boldsymbol{F}_4$的终点 e 相连接,所得矢量就表示该力系的合力 $\boldsymbol{F}_{\mathrm{R}}$的大小和方向,这个多边形 *abcde* 称为力多边形,代表合力的矢量$\overrightarrow{ae}$称为力多边形的封闭边。这种以力多边形求合力的作图规则称为力多边形法则,这种方法称为几何法。

注意:力多边形的形状会随着各个分力相加次序的不同而不同,但合力的大小和方向与各个分力相加的次序是无关的,见图 2-1(c)。

(1) 汇交力系平衡的几何条件

受平面汇交力系作用的刚体,其平衡的充要条件是该力系的合力等于零。充分性表现在:只要合力为零,刚体就一定平衡。必要性表现在:要刚体平衡,力系中各个力的矢量和必须为零,这就要求力链的终点重合于起点,即力多边形自行封闭。

所以汇交力系平衡的必要和充分的几何条件是:该力系中各力的矢量和等于零,即力多边形封闭。

例 2-1　如图 2-2 所示,碾子自重 $P=20$ kN,半径 $R=60$ cm,障碍物高 $h=8$ cm,碾子中心受一水平力 $\boldsymbol{F}$ 作用。

求:(1) $F=5$ kN 时,碾子对地面和障碍物的压力;(2) 欲将碾子拉过障碍物,力 $\boldsymbol{F}$ 的最小值;(3) 力 $\boldsymbol{F}$ 沿什么方向拉动碾子最省力,此时 $\boldsymbol{F}$ 为多大。

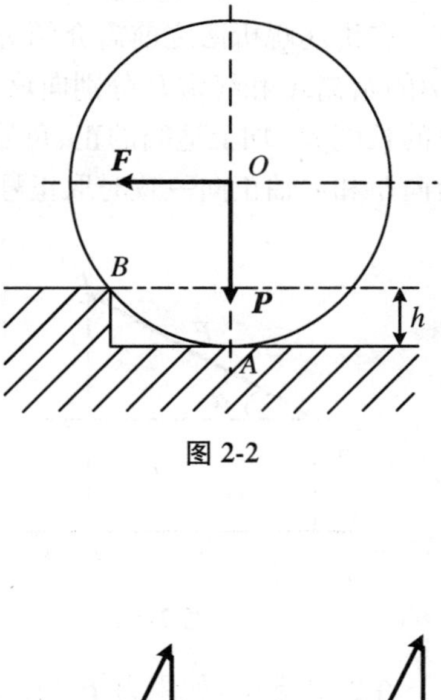

图 2-2

解　以碾子为研究对象,碾子受平面汇交力系作用,处于平衡状态,作受力图,如图 2-3(a)所示。

(1) 由碾子的平衡条件,力的多边形应自行封闭,如图 2-3(b)所示。

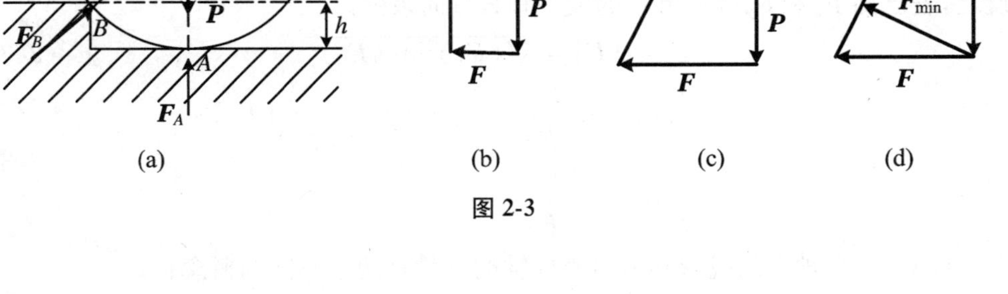

图 2-3

$$\cos\alpha = \frac{R-h}{R} = 0.866,\quad \alpha = 30^\circ$$

$$F_B = \frac{F}{\sin\alpha} = 2F = 10\ \mathrm{kN}$$

$$F_A = P - F_B\cos\alpha = 11.34\ \mathrm{kN}$$

(2) 碾子越过障碍物的临界条件为：$\boldsymbol{F}_A=0$，由此时的力多边形，见图 2-3(c)，可得

$$F = P\tan\alpha = 20\tan 30^\circ\ \mathrm{kN} = 11.55\ \mathrm{kN}$$

(3) 当力 $\boldsymbol{F}$ 的方向可变化时，由此时的力多边形，见图 2-3(d)，可得当拉力 $\boldsymbol{F}$ 与 $\boldsymbol{F}_B$ 垂直时，拉力 $\boldsymbol{F}$ 最小。

$$F_{\min} = P\sin\alpha = 20\times\sin\alpha\ \mathrm{kN} = 10\ \mathrm{kN}$$

2. 解析法

(1) 力在轴上的投影

在讲述解析法之前需介绍力在轴上投影的概念。在图 2-4 中，由力矢量 $\boldsymbol{F}=\overrightarrow{AB}$的始端$A$ 和终端B 分别向该力所在平面内某轴（x 轴）作垂线得垂足 a、b，则线段的长度 ab 加上适当的正、负号就表示该力在该轴上的投影，即 $F_x = \pm ab$，当 a 指向 b 和 x 轴正向一致时取正号，反之取负号。

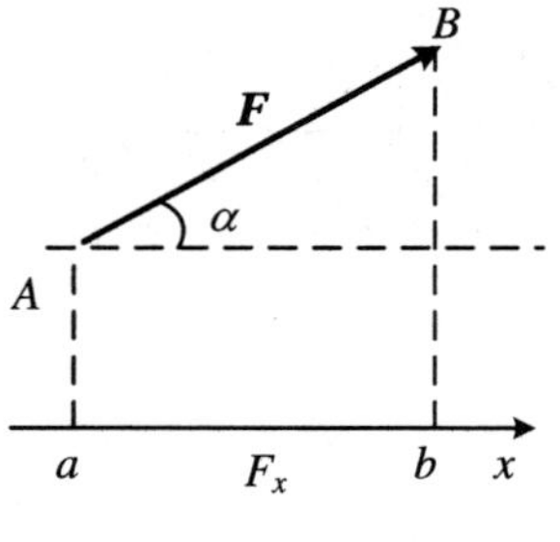

图 2-4

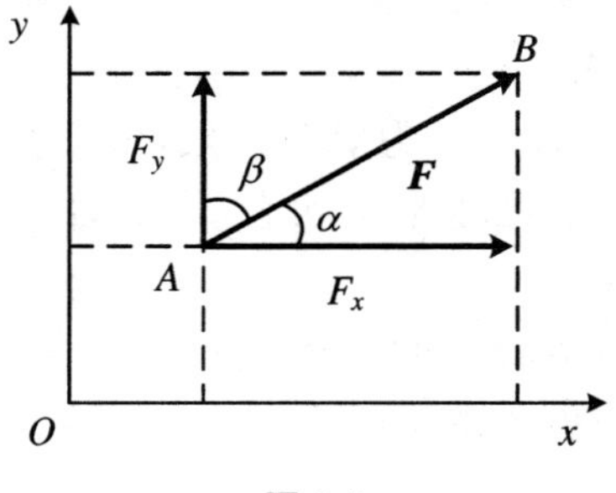

图 2-5

在图 2-5 中，如果力 $\boldsymbol{F}$ 和 x 轴正向间夹角为α，和 y 轴正向间夹角为β，把力 $\boldsymbol{F}$ 依次在其作用面内向两个正交轴 x、y 投影，则有

$$\begin{cases} F_x = F\cos\alpha \\ F_y = F\cos\beta \end{cases} \tag{2-1}$$

反之，若已知 F_x和F_y可求出F 的大小和其方向余弦：

$$F = |\boldsymbol{F}| = \sqrt{(F_x)^2 + (F_y)^2} \tag{2-2}$$

$$\begin{cases} \cos\alpha = \dfrac{F_x}{F} \\ \cos\beta = \dfrac{F_y}{F} \end{cases} \tag{2-3}$$

注意，力在轴上的投影和力沿坐标轴的分量是两个不同的概念：

① 投影为代数量，分量为矢量。

② 已知力和一根坐标轴即可投影，但力的分解必须有二根坐标轴才能使结果唯一。

③ 已知力在两根轴上的投影时，可确定力的大小和方向，但不能确定作用点。由两个分力可完全确定合力的三要素。

④ 由图 2-6 可见，在斜交坐标系中 $\boldsymbol{F}_x \neq \overrightarrow{oa}$，$\boldsymbol{F}_y \neq \overrightarrow{ob}$，只有在正交坐标系中上两式才相等。

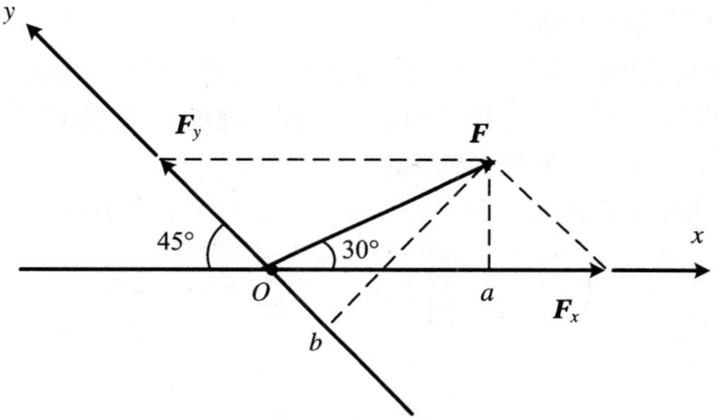

图 2-6

前面用几何作图的方法求力系的合力虽然简便直观，但作图的精确程度有限，有时不能满足工程要求，若用三角公式计算，当力系中力很多的时候计算很麻烦，这时，就要用解析法来求解。

合力投影定理 合力在任一轴上的投影等于各力在同一轴上投影的代数和。

设有 n 个力组成的平面汇交力系作用于一个刚体上，建立直角坐标系 Oxy，如图 2-7 所示。

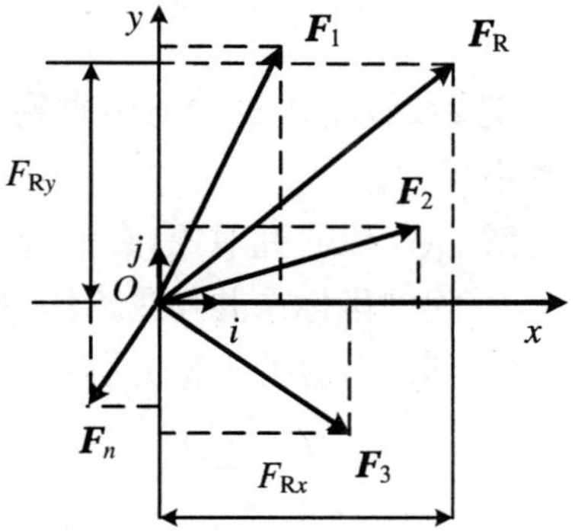

图 2-7

该汇交力系的合力的解析表达式为

$$\boldsymbol{F}_{\mathrm{R}} = F_{\mathrm{R}x}\boldsymbol{i} + F_{\mathrm{R}y}\boldsymbol{j} \tag{2-4}$$

$$\begin{cases} F_{\mathrm{R}x} = F_{x1} + F_{x2} + \cdots + F_{xn} = \sum\limits_{i=1}^{n} F_{xi} \\ F_{\mathrm{R}y} = F_{y1} + F_{y2} + \cdots + F_{yn} = \sum\limits_{i=1}^{n} F_{yi} \end{cases} \tag{2-5}$$

合力矢的大小为

$$F_{\mathrm{R}} = \sqrt{F_{\mathrm{R}x}^2 + F_{\mathrm{R}y}^2} = \sqrt{\left(\sum F_{xi}\right)^2 + \left(\sum F_{yi}\right)^2} \tag{2-6}$$

合力矢的方向余弦为

$$\begin{cases}\cos(\boldsymbol{F}_\mathrm{R},\boldsymbol{i})=\dfrac{F_{\mathrm{R}x}}{F_\mathrm{R}}\\ \cos(\boldsymbol{F}_\mathrm{R},\boldsymbol{j})=\dfrac{F_{\mathrm{R}y}}{F_\mathrm{R}}\end{cases}\tag{2-7}$$

注意:

① 用解析法求解平面问题,当未知力的方位已知时,其指向可以假定,如果计算结果为正值,则表示假设力的指向和实际力的指向相同;如果为负,则表示假设力的指向和实际力的指向相反。

② 可选用正交坐标系,也可选用斜交坐标系(即二根坐标轴不平行、不垂直),这时所得的投影方程也是相互独立的。可根据问题选用适当的坐标系。

(2) 平面汇交力系平衡的解析条件

平面汇交力系平衡的必要和充分条件是汇交力系的合力等于零,即

$$F_\mathrm{R}=\sqrt{\left(\sum_{i=1}^{n}F_{xi}\right)^2+\left(\sum_{i=1}^{n}F_{yi}\right)^2}=0\tag{2-8}$$

从而有

$$\begin{cases}\sum\limits_{i=1}^{n}F_{xi}=0\\ \sum\limits_{i=1}^{n}F_{yi}=0\end{cases}\tag{2-9}$$

为方便书写,通常写为

$$\begin{cases}\sum F_x=0\\ \sum F_y=0\end{cases}\tag{2-10}$$

例 2-2 图 2-8(a)所示重物重为 $Q=30\ \mathrm{kN}$,由绳索 AB、AC 悬挂,求 AB、AC 的约束反力。

解 ① 取研究对象,在此选取力系的汇交点 A 为研究对象。

② 建立坐标系并作受力图,如图 2-8(b)所示。

③ 列出对应的平衡方程:

$$\sum F_x=0:-T_B\sin 60^\circ+T_C\sin 30^\circ=0$$

$$\sum F_y=0:T_B\cos 60^\circ+T_C\cos 30^\circ-Q=0$$

④ 解方程得

$$T_B=15\ \mathrm{kN},\quad T_C=15\sqrt{3}\ \mathrm{kN}$$

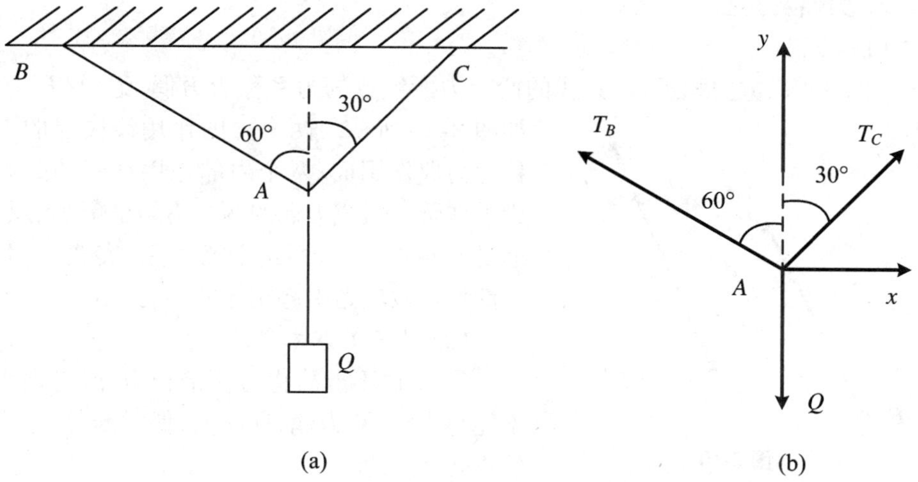

图 2-8

2.1.2 平面力偶系的合成和平衡

1. 力矩的概念和计算

(1) 力对点之矩

如图 2-9 所示,扳手上力 $\boldsymbol{F}$ 使螺母绕点 O 的转动效应为

$$M_O(\boldsymbol{F}) = \pm F \cdot d \qquad (2\text{-}11)$$

O 点称为矩心。O 点到 $\boldsymbol{F}$ 作用线的距离 d 称为力臂,其正、负号规定为:逆时针转动取正号,顺时针转动取负号,单位为 N · m 或 kN · m。

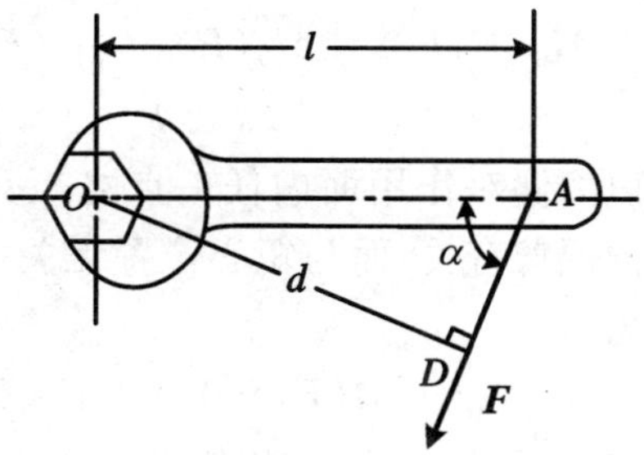

图 2-9

(2) 力矩的性质

① 力 $\boldsymbol{F}$ 对 O 点之矩不仅取决于力 $\boldsymbol{F}$ 的大小,还与矩心位置有关,一般矩心不同,力矩也不同。

② 力对任意点之矩不因为力的作用点沿其作用线移动而改变。

③ 力的大小为零或者力的作用线通过矩心时,力矩等于零。

④ 等值、反向、共线的两个力对于同一点之矩的代数和为零。

(3) 合力矩定理

合力矩定理 平面汇交力系的合力对平面内任一点的矩等于各分力对同一点力矩的代数和,即有

$$M_O(\boldsymbol{F}_R) = \sum_{i=1}^{n} M_O(\boldsymbol{F}_i) \qquad (2\text{-}12)$$

2．力偶及其性质

(1) 力偶

大小相等、方向相反、不共线的两个力所组成的力系称为力偶，记为($\boldsymbol{F},\boldsymbol{F}'$)，如图 2-10 所示。两个力的作用线决定的平面称为力偶作用面；两个力的作用线间的距离称为力偶臂。组成力偶的两个力虽然等值、反向，但是不共线，所以不是平衡力系，实践表明，它们的作用效应是引起刚体的转动。

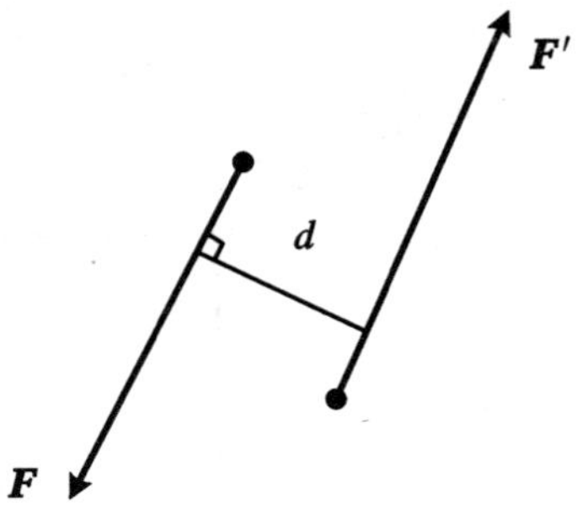

图 2-10

(2) 力偶的基本性质

① 力偶不能简化为一个合力，或者说力偶不能与力等效，力偶只能与力偶平衡，这是力偶的重要性质之一。

② 力偶对于作用面内任一点之矩和矩心的位置无关，恒为常量(力偶矩)。所以力偶对物体的作用效应可以用力偶矩来度量，在平面问题中它是代数量。力偶对物体仅具有转动效应，而力的转动效应是用力矩来度量的，所以力偶使物体绕某点转动的效应自然可用其两力对该点的力矩和来度量。

在图 2-11 中，任取一点为矩心，距离如图中所示，有

$$M_0(\boldsymbol{F},\boldsymbol{F}') = M_0(\boldsymbol{F}) + M_0(\boldsymbol{F}') = -Fx + F'\cdot(x+d) = Fd$$

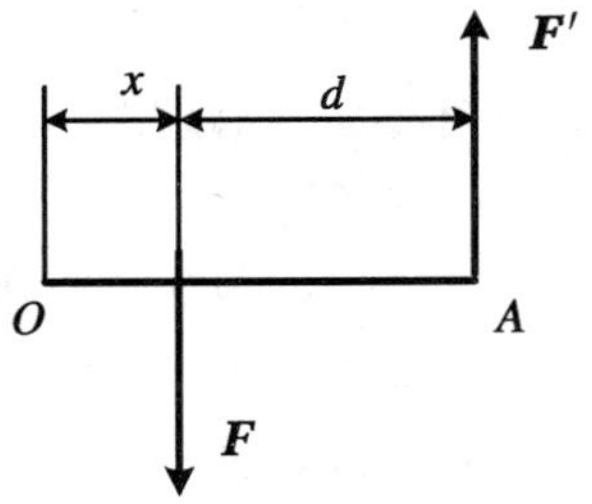

图 2-11

所以力偶对作用面内任一点之矩只与力的大小 F 及力偶臂有关，而与矩心位置无关。故力偶矩可表示为

$$M(\boldsymbol{F},\boldsymbol{F}') = \pm F\cdot d \qquad (2\text{-}13)$$

其正、负号规定为：使物体逆时针转动的力偶矩为正，反之为负。

③ 作用在同一平面内的两个力偶，若其力偶矩代数值相同(大小相等，转向相同)，则此两力偶等效。

推论 1　力偶在作用面内任意移动和转动至任意位置，力偶作用效应不变。

推论 2　力偶中力和力偶臂可以同时改变，只要力偶矩的代数值不变，其效应就不变。

综上所述，力偶对物体的作用效应取决于三要素：力偶矩大小，力偶转向，力偶作用面。

3．平面力偶的合成与平衡

如图 2-12 所示，平面内有两力偶($\boldsymbol{F}_1,\boldsymbol{F}_1'$)和($\boldsymbol{F}_2,\boldsymbol{F}_2'$)，力偶臂分别为 d_1 和 d_2，力偶矩分别是 $M_1=-F_1d_1$，　$M_2=F_2d_2$(这里 M 为代数值)。

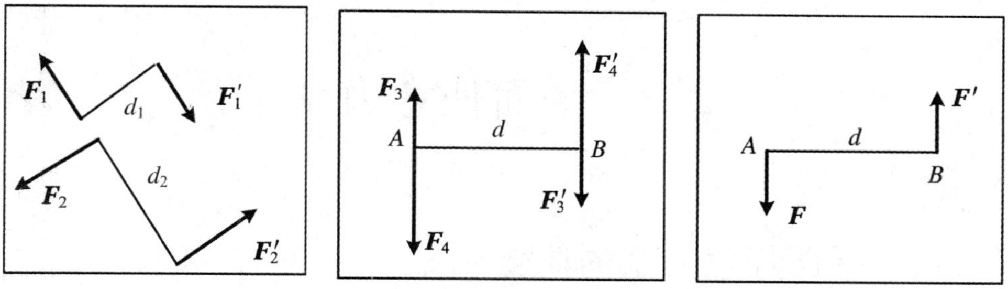

图 2-12

根据力偶的基本性质和推论,有

$$M(\boldsymbol{F},\boldsymbol{F}') = F \cdot d = (F_4 - F_3)d = F_2 d_2 - F_1 d_1 = M_1 + M_2$$

如果同一平面内有更多个力偶,则上式可以推广为

$$M = M_1 + M_2 + \cdots + M_n = \sum M_i \tag{2-14}$$

所以平面力偶系合成的结果是一个合力偶,合力偶矩等于力系中各力偶矩的代数和,平面力偶系平衡的充分和必要条件是各力偶矩的代数和等于0,即

$$\sum M_i = 0 \tag{2-15}$$

此式为平面力偶系的平衡方程,可用以求解一个未知数。

例 2-3 求如图 2-13(a)所示刚架支座 A、B 的约束反力。

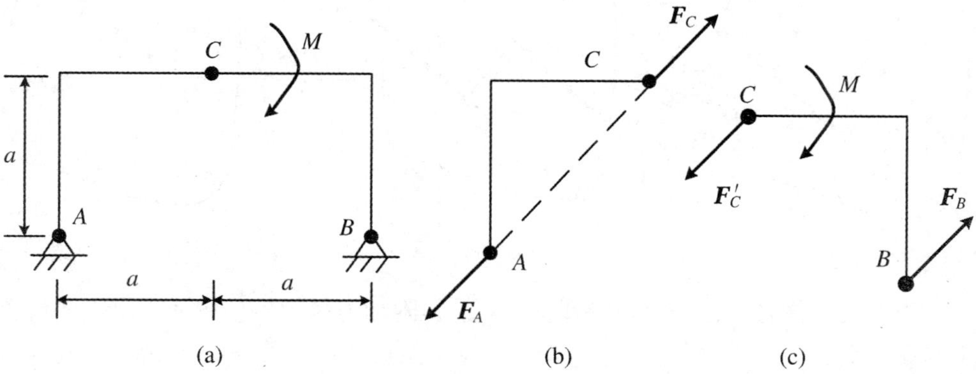

图 2-13

解 AC 为二力杆,其受力如图 2-13(b)所示。因为力偶只能用力偶来平衡,所以 BC 杆受力如图 2-13(c)所示。对 BC 杆,有

$$\sum M = 0: F_B \cdot \sqrt{2} - M = 0$$

$$F_B = \frac{M}{\sqrt{2}}$$

$$F_A = F_C = F'_C = F_B = \frac{M}{\sqrt{2}}$$

2.2 平面任意力系

2.2.1 平面任意力系的简化

1. 力的平移定理

作用于刚体上的力可以从原来的作用位置平移到任一指定的点，欲不改变刚体的受力效果，则必须在该力和指定点所决定的平面中附加一个力偶，其力偶矩等于原力对指定点之矩。

如图 2-14 所示，在指定点 O 加一对力 $\boldsymbol{F}'$ 和 $\boldsymbol{F}''$，使 $F' = F'' = \boldsymbol{F}$，$(\boldsymbol{F},\boldsymbol{F}'')$ 的力偶矩为

$$M_O = M_O(\boldsymbol{F}) = \pm F \cdot d$$

故当力 $\boldsymbol{F}$ 向 O 点平移变为 $\boldsymbol{F}'$ 后，要使物体受力状态不变，需附加一个力偶 M_O。

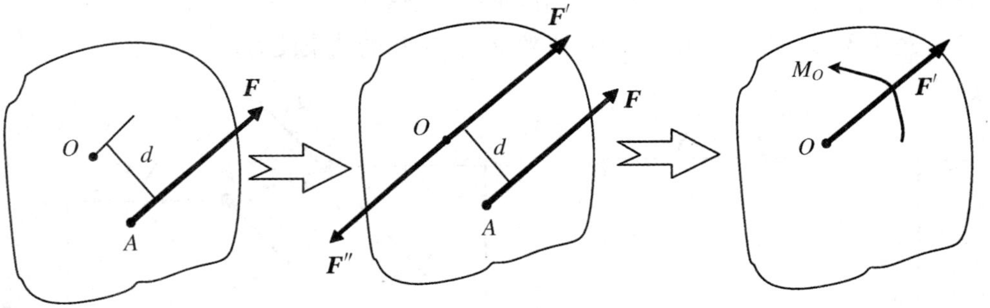

图 2-14

当力线平移时，力的大小和指向都不变，但附加力偶的矩一般随指定点的位置不同而改变。

力线平移的做法有时也称为把一个力分解为作用在同一平面内的一个力和一个力偶，所以作用在同一平面内的一个力和一个力偶必可合成为一个力。

力线平移可以说明这样一个现象：钳工攻丝时必须用两手同时动作，以便产生力偶。如果只用一只手，如图 2-15 所示，则作用于铰杆的力相当于一个作用在中点的力和一个附加力偶，这个附加力偶固然能起到攻丝的作用，但作用于中点的力却可能使工件折断。

2. 平面任意力系向已知点的简化 主矢和主矩

如图 2-16(a) 所示，设任意力系为 $\boldsymbol{F}_1,\boldsymbol{F}_2,\boldsymbol{F}_3,\cdots,\boldsymbol{F}_n$，作用点为 $A_1,A_2,A_3,\cdots,A_n$，任意选一点 O，称为简化中心，按照力的平移原理，将各力平移至 O 点。

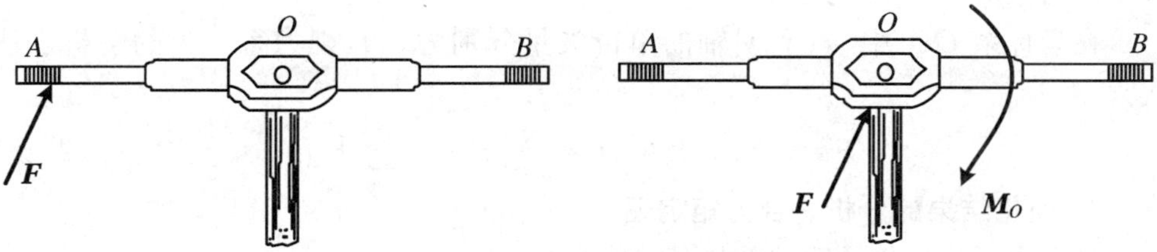

图 2-15

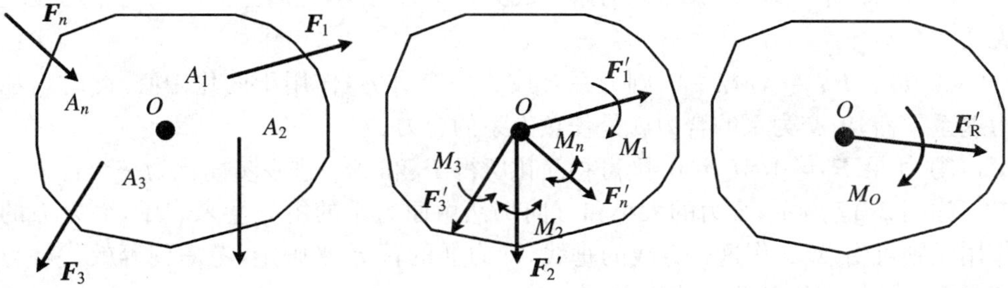

(a) (b) (c)

图 2-16

得到作用于点 O 的力 $\boldsymbol{F}_1'$，$\boldsymbol{F}_2'$，$\boldsymbol{F}_3'$，…，$\boldsymbol{F}_n'$，以及相应的附加力偶，其矩分别为 M_1，M_2，…，M_n，如图 2-16(b)所示。这些附加力偶的矩分别为

$$M_i = M_O(\boldsymbol{F}_i) \quad (i = 1,2,\cdots,n)$$

这样，平面任意力系就等效转化为两个简单力系：平面汇交力系和平面力偶系。然后，再分别合成这两个力系。

平面汇交力系可合成为作用线通过点 O 的一个力 $\boldsymbol{F}_R'$，平面力偶系可合成为一个力偶 M_O，如图 2-16(c)所示。

因为各力矢 $\boldsymbol{F}_i' = \boldsymbol{F}_i\ (i=1,2,\cdots,n)$，故有

$$\boldsymbol{F}_R' = \boldsymbol{F}_1' + \boldsymbol{F}_2' + \cdots + \boldsymbol{F}_n' = \sum \boldsymbol{F}_i \tag{2-16}$$

即力矢 $\boldsymbol{F}_R'$ 等于原来各力的矢量和。

合力偶的矩 M_O 等于各附加力偶矩的代数和，又等于原来各力对点 O 的矩的代数和，即

$$M_O = M_1 + M_2 + \cdots + M_n = \sum M_O(\boldsymbol{F}) \tag{2-17}$$

平面任意力系中所有各力的矢量和 $\boldsymbol{F}_R'$，称为该力系的主矢；而这些力对于任选简化中心 O 的矩的代数和 M_O，称为该力系对于简化中心的主矩。显然，主矢与简化中心无关，而主矩一般与简化中心有关，故必须指明主矩的简化中心。

可见，在一般情形下，平面任意力系向作用面内任选一点 O 简化，可得一个力和一个力偶。这个力等于该力系的主矢，作用线通过简化中心 O。这个力偶的矩

等于该力系对于点 O 的主矩。

在坐标系 Oxy 中，如 x、y 轴的单位矢量分别为 $\boldsymbol{i}$、$\boldsymbol{j}$，则力系主矢的解析表达式为

$$\boldsymbol{F}'_{\mathrm{R}} = F'_{\mathrm{R}x}\boldsymbol{i} + F'_{\mathrm{R}y}\boldsymbol{j} = \sum F_x\boldsymbol{i} + \sum F_y\boldsymbol{j} \tag{2-18}$$

3. 简化结果的分析　合力矩定理

平面力系简化的最后结果共有四种可能：

① 如果 $\boldsymbol{F}'_{\mathrm{R}}=0$，$M_O=0$，力系平衡，以后进一步讨论。

② 如果 $\boldsymbol{F}'_{\mathrm{R}}=0$，$M_O\neq0$，则力系合成为一个合力偶，这时主矩与简化中心位置无关。

③ 如果 $\boldsymbol{F}'_{\mathrm{R}}\neq0$，$M_O=0$，则力系合成为一个合力，作用于简化中心，此时附加力偶系平衡，汇交力系的合力就是任意力系的合力。

④ 如果 $\boldsymbol{F}'_{\mathrm{R}}\neq0$，$M_O\neq0$，则可将简化所得 $\boldsymbol{F}'_{\mathrm{R}}$和 M_O 进一步简化为一个合力。

如图 2-17 所示，合力的大小和方向仍然由原力系的主矢量来表示，而合力的作用线则可由点 O 作这一直线的垂线，即力偶的臂 d 来确定，考虑到等效代替力偶时应保持力偶矩的代数值不变，有 $F_{\mathrm{R}}\cdot d=|M_O|$，故

$$d = \frac{|M_O|}{F_{\mathrm{R}}} \tag{2-19}$$

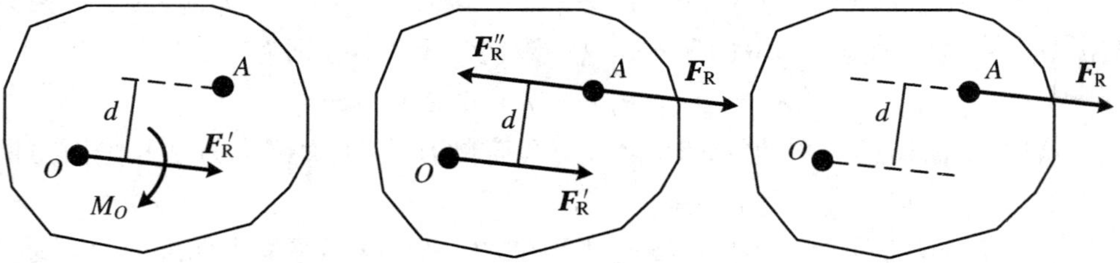

图 2-17

合力矩定理　平面任意力系的合力对作用面内任一点的力矩等于力系中各力对同一点的力矩的代数和，即有

$$M_O(\boldsymbol{F}_{\mathrm{R}}) = \sum M_O(\boldsymbol{F}_i) \tag{2-20}$$

2.2.2 平面任意力系的平衡条件和平衡方程

由上节讨论可知：如果平面力系的主矢量和对任意点的主矩不同时为零，则力系可合成为一个力或者一个力偶，这样的刚体是不可能平衡的。因此如果要使刚体在已知平面任意力系作用下保持平衡，则该力系的主矢量和对任意点的主矩都必须为 0，这是平面力系平衡的必要条件。不难理解这个条件也是充分的，因为当主矢量为 0 时，保证了简化中心处汇交力系的平衡，主矩等于零时保证了附加力偶

系的平衡。因此平面任意力系平衡的充要条件是力系的主矢量和对任意点的主矩都为0,即

$$\begin{cases}\sum F_x = 0 \\ \sum F_y = 0 \\ \sum M_O(\boldsymbol{F}) = 0\end{cases} \tag{2-21}$$

上式称为平面任意力系的平衡方程,也称为一矩式方程,共有三个独立的方程(x、y 轴不平行方程就独立),可求解三个未知数。

应该指出,投影轴和矩心是可以任意选取的,在解决实际问题时,适当地选取矩心和投影轴可以简化计算。一般来说,矩心选择在未知力的交点上,投影轴尽可能和未知力垂直。

虽然通过对矩心和投影轴的选取可以使运算简化一些,但是有时还是不能避免解联立方程,尤其是研究物体系统的平衡问题时,往往还要写多个联立方程,因此为了简化计算,必须选择适当的平衡方程形式。

1. 平面任意力系平衡方程的其他两种形式

(1) 二矩式平衡方程

$$\begin{cases}\sum F_x = 0 \\ \sum M_A(\boldsymbol{F}) = 0 \\ \sum M_B(\boldsymbol{F}) = 0\end{cases} \tag{2-22}$$

其中,A、B 为任意两点,但 A、B 的连线不能垂直于 x 轴。

(2) 三矩式平衡方程

$$\begin{cases}\sum M_A(\boldsymbol{F}) = 0 \\ \sum M_B(\boldsymbol{F}) = 0 \\ \sum M_C(\boldsymbol{F}) = 0\end{cases} \tag{2-23}$$

其中,A、B、C 三点不得共线。

这样总共写出了三组不同形式的平衡方程,其中每组方程都是平面任意力系平衡的充要条件。对一个平衡的平面力系只能建立三个独立的平衡方程。

例 2-4 高炉上料小车如图 2-18 所示,料车连同所装之料总共重 $W = 325$ kN,重心在 C 点,已知 $AB = 240$ cm,$HC = 80$ cm,$AH = 130$ cm,$\alpha = 60°$,求料车匀速上升时钢索的拉力以及轮 A、B 处的反力(不计摩擦)。

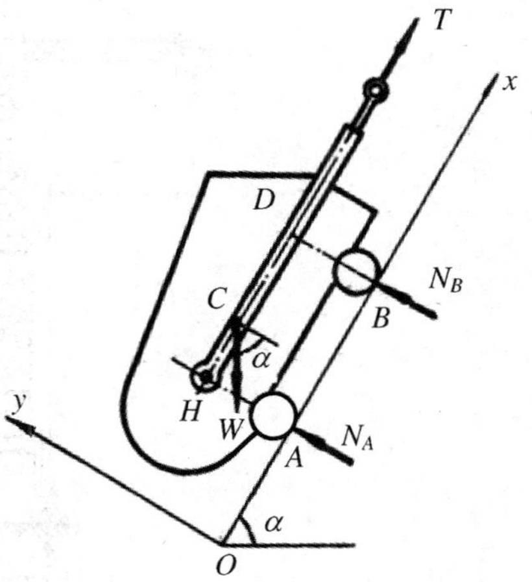

图 2-18

解 小车受力及 x、y 轴如图所示，列平衡方程如下：

$$\sum F_x = 0: T - W\sin\alpha = 0$$

$$\sum F_y = 0: N_A + N_B - W\cos\alpha = 0$$

$$\sum M_H(F) = 0: AB \cdot N_B - HC \cdot W\cos\alpha = 0$$

计算力 W 对 H 点之矩时，可将 W 分解为两个力，再应用合力矩定理计算分力对 H 点之力矩的代数和。

由已知条件得

$$T = W\sin\alpha = 325 \times 0.866\ \text{kN} = 282\ \text{kN}$$

$$N_B = \frac{HC}{AB}W\cos\alpha = \frac{80}{240} \times 325 \times 0.5\ \text{kN} = 54.2\ \text{kN}$$

$$N_A = W\cos\alpha - N_B = 3250.5 - 54.2\ \text{kN} = 108.3\ \text{kN}$$

2. 平面平行力系

平面平行力系是一般力系的特例，若令 x 轴垂直于平行力系中各力，因 $\sum F_x = 0$ 恒成立，故平衡方程为

$$\begin{cases} \sum F_y = 0 \\ \sum M_O(\boldsymbol{F}) = 0 \end{cases} \tag{2-24}$$

即平面平行力系平衡的充分必要条件是各力的代数和为零，且对于任意点之矩的代数和也为零。

受平面平行力系作用的平衡问题，有两个独立的平衡方程，可解出两个未知数。

例 2-5 塔式起重机如图 2-19 所示。设机架重力的作用线离右轨 B 的距离

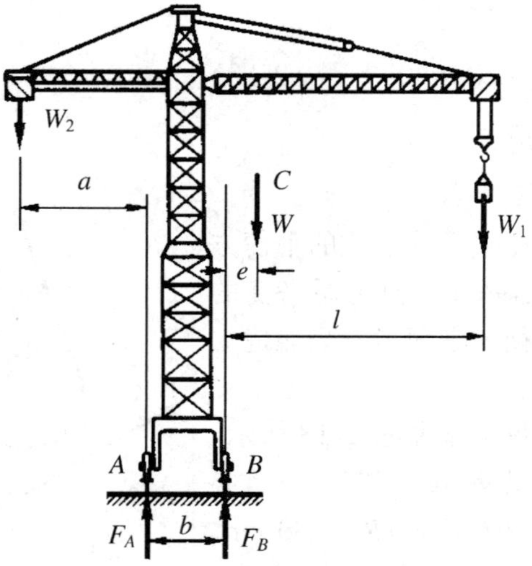

图 2-19

为 e，轨距为 b，载重 W_1 离右轨 B 的最远距离为 l，所选平衡重力 W_2 的作用线离左轨 A 的距离为 a，求安全工作时 W_2 的取值范围。

解　安全工作就是要求满载且 W_1 最远时以及空载时都能平衡。受力分析如图 2-19 所示，满载时有可能绕 B 轨顺时针翻倒，为了不翻倒必须有 A 轨接触，即有

$$F_A \geqslant 0$$

$$\sum M_B(\boldsymbol{F}) = 0:\ -W_1 - We + W_2(a+b) - F_A b = 0$$

$$F_A = \frac{1}{b}[W_2(a+b) - W_1 l - We] \geqslant 0$$

$$W_2 \geqslant \frac{1}{a+b}(W_1 l + We)$$

空载时有可能绕 A 轨逆时针翻倒，为了不翻倒，必须有 B 轨接触，即有

$$F_B \geqslant 0$$

$$\sum M_A(\boldsymbol{F}) = 0:\ -W(a+e) + W_2 a + F_B b = 0$$

$$F_B = \frac{1}{b}[W(e+b) - W_2 a] \geqslant 0$$

$$W_2 \leqslant \frac{W(b+e)}{a}$$

综上所述，得

$$\frac{W(b+e)}{a} \geqslant W_2 \geqslant \frac{1}{a+b}(W_1 l + We)$$

2.2.3　静定与超静定的概念　物系的平衡

1. 静定与超静定的概念

在求解单个刚体的平衡问题时，如果研究对象是在平面任意力系作用下处于平衡，则无论采用哪一种形式的平衡方程，都只有三个独立的平衡方程，只能求解三个未知量。同理，平面汇交力系或平面平行力系都只有两个独立的平衡方程，平面力偶系则只有一个独立的平衡方程。

当未知量的数目少于或等于独立平衡方程数目时，应用刚体平衡条件，就可以求出全部未知量，这种问题称为静定问题。反之，若未知量的数目多于力系可能有的独立平衡方程的数目，则仅应用刚体静力学的平衡方程是不能求出全部未知量的，这种问题称之为超静定问题。

在求解静力学问题时，应先判断问题的静定性。即在画完受力图后，判断一下问题仅靠刚体静力学的方法能否全部求解是很重要的，这样至少可以避免盲目求解。

图 2-20(a)所示的梁，一端为固定铰链连接，另一端为活动铰链连接。在外力已知的条件下，去掉约束后，为平面任意力系，有三个独立的平衡方程，未知量也是三个，故问题是静定的。但如果在中间加一个活动铰链，如图 2-20(b)所示，力系仍然是平面任意力系，但未知量却增加到四个，问题就成为超静定的了。

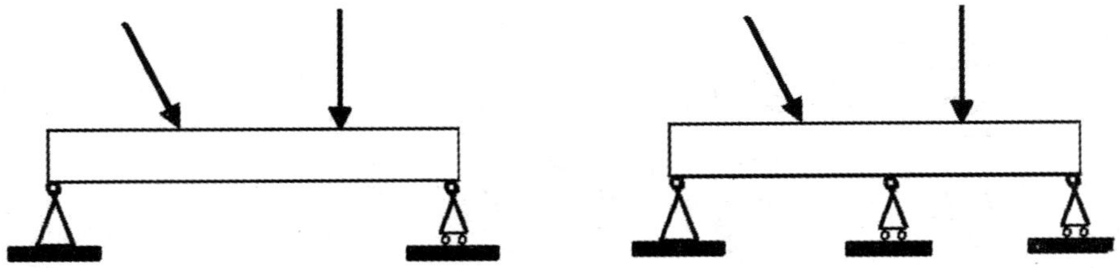

(a) (b)

图 2-20

2．物系的平衡

若干个物体通过约束组成的系统，称为物体系统，简称物系。

当物系处于平衡状态时，物系内的各个部分也是受力平衡的。物系以外事物施与物系的作用力是物系的外力，而物系内部各部分之间的作用力则是物系的内力。

求解静定物系的平衡问题时，可以选每个物体为研究对象，列出全部平衡方程，然后求解；也可先取整个系统为研究对象，列出平衡方程(这时往往是超静定的)，这样的方程因不包含内力，式中未知量较少，解出部分未知量后，再从系统中选取某些物体作为研究对象，列出另外的平衡方程，直至求出所有的未知量为止。在选择研究对象和列平衡方程时，应使每一个平衡方程中的未知量个数尽可能少，最好是只含有一个未知量，以避免求解联立方程。

对于物系的平衡问题，其静定性的判断一般要复杂一些，但道理是一样的。如物系由 n_1 个受平面任意力系作用的物体、n_2 个受平面汇交力系或平面平行力系作用的物体以及 n_3 个受平面力偶系作用的物体组成，那么该物系可能有的独立的平衡方程数目 m 在一般情况下为

$$m = 3n_1 + 2n_2 + n_3 \tag{2-25}$$

当物系中未知量的总数 k 小于或等于 m 时，所有的未知量都能由静力学平衡方程求出，问题是静定的；否则问题是超静定的。

3．平面力系物系的平衡问题解题步骤

(1) 判断系统是否静定。计算未知力总数和独立平衡方程总数，要注意对单个力系独立的方程，对于整体而言不一定独立，必须保证方程的独立性。应该指出：物系是否静定，取决于系统中物体的数目及其约束情况，与选择研究对象的次序无关。

(2) 选择研究对象。

(3) 受力分析。注意受力分析的特点：

① 只考虑外力，不考虑内力，应注意外力、内力的范围是随着对象的改变而变化的。

② 对于约束力，要根据约束的性质，确定约束力的某些特征(例如方位)，每一个力都应该能明确施力物体，是反作用力的应该检查是否与作用力的方向相反。

③ 有时需要用平衡的概念考查整体和局部的受力状况。

例如，图 2-21 所示系统不能平衡。为什么？因为从整体来看似乎可能平衡，但从局部分析就知道不能平衡。

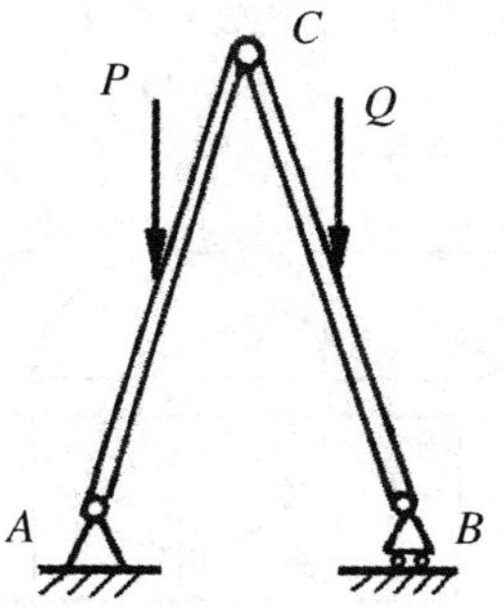

图 2-21

④ 应用不同形式的平衡方程。

适当地选择投影轴和矩心，可以减少方程中的未知数，简化求解过程。

例 2-6　如图 2-22(a)所示，一梁由支座 A 以及 BE、CE、DE 三杆支承，梁与支承杆的自重不计。已知 $q=0.5\ \text{kN/m}$，$a=2\ \text{m}$，求各杆内力。

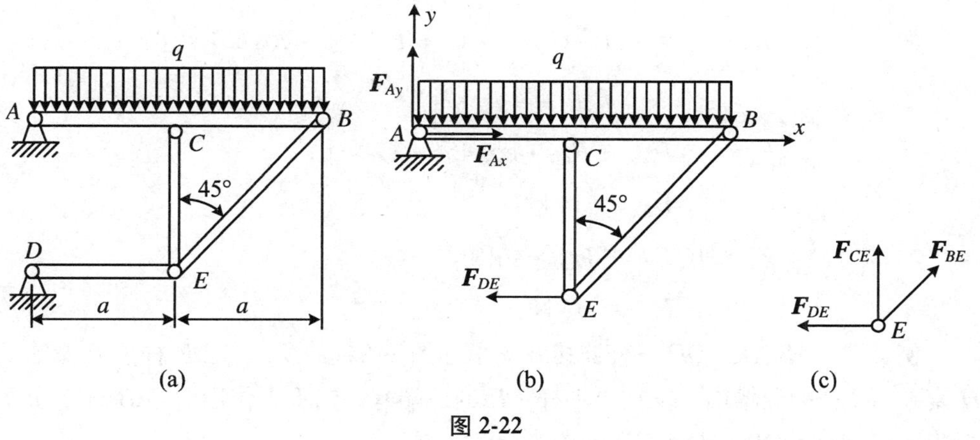

图 2-22

解　以整体为研究对象，DE 杆是二力杆，受力如图 2-22(b)所示，列平衡方程：

$$\sum M_A(\boldsymbol{F}) = 0: q \cdot 2a \cdot a + F_{DE} \cdot a = 0$$

$$F_{DE} = -2qa = -2\ \text{kN}(\text{受压})$$

以节点 E 为研究对象，BE、CE 都是二力杆，受力如图 2-22(c)所示，列平衡方程：

$$\sum F_x = 0: F_{BE}\cos 45° - F_{DE} = 0$$

$$F_{BE} = \sqrt{2}F_{DE} = -2.828\ \text{kN}(\text{受压})$$

$$\sum F_y = 0: F_{BE}\sin 45^\circ + F_{CE} = 0$$

$$F_{CE} = 2.0\ \mathrm{kN}(受拉)$$

例 2-7 重 10 kN 的重物由杆 AC、CD 与滑轮支持，如图 2-23(a)所示。不计杆与滑轮的重量，求支座 A 处的约束力以及 CD 杆的内力。

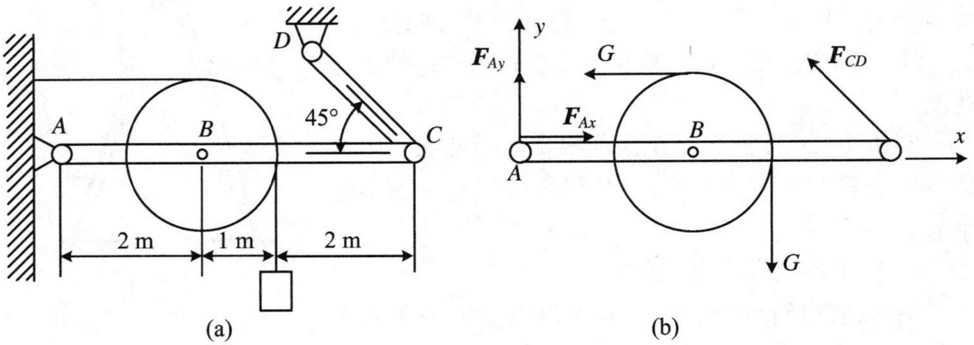

图 2-23

解 以整体为研究对象，CD 杆为二力杆，受力如图 2-23(b)所示，列平衡方程：

$$\sum M_A(\boldsymbol{F}) = 0: 1\cdot G - 3\cdot G + F_{CD}\cdot 5\cdot\cos 45^\circ = 0$$

$$F_{CD} = 4\sqrt{2}\ \mathrm{kN}$$

$$\sum F_x = 0: F_{AX} - F_{CD}\cdot\cos 45^\circ - G = 0$$

$$F_{AX} = 14\ \mathrm{kN}$$

$$\sum F_y = 0: F_{Ay} + F_{CD}\cdot\sin 45^\circ - G = 0$$

$$F_{Ay} = 6\ \mathrm{kN}$$

例 2-8 AB、BC、DE 三杆连接并支承如图 2-24(a)所示。DE 杆上有一销子 H 套在 AC 杆的导槽内。求在水平杆 DE 的一端有一铅垂力作用时，AB 杆上所受的力。设 $AD = DB$，$DH = HE$，所有杆重均不计。

解 以整体为研究对象，受力如图 2-24(b)所示，列平衡方程：

$$\sum M_C(\boldsymbol{F}) = 0: F_{By} = 0$$

研究 DE 杆，受力如图 2-24(c)所示，列平衡方程：

$$\sum M_D(\boldsymbol{F}) = 0: -F\cdot DE + F_{\mathrm{N}}\cdot\cos 45^\circ\cdot DH = 0,\quad F_{\mathrm{N}} = 2\sqrt{2}F$$

$$\sum F_x = 0: \cos 45^\circ F_{\mathrm{N}} - F_{Dx} = 0,\quad F_{Dx} = 2F$$

$$\sum F_y = 0: \sin 45^\circ F_{\mathrm{N}} - F_{Dy} - F = 0,\quad F_{Dy} = F$$

研究 AB 杆，受力如图 2-24(d)所示，列平衡方程：

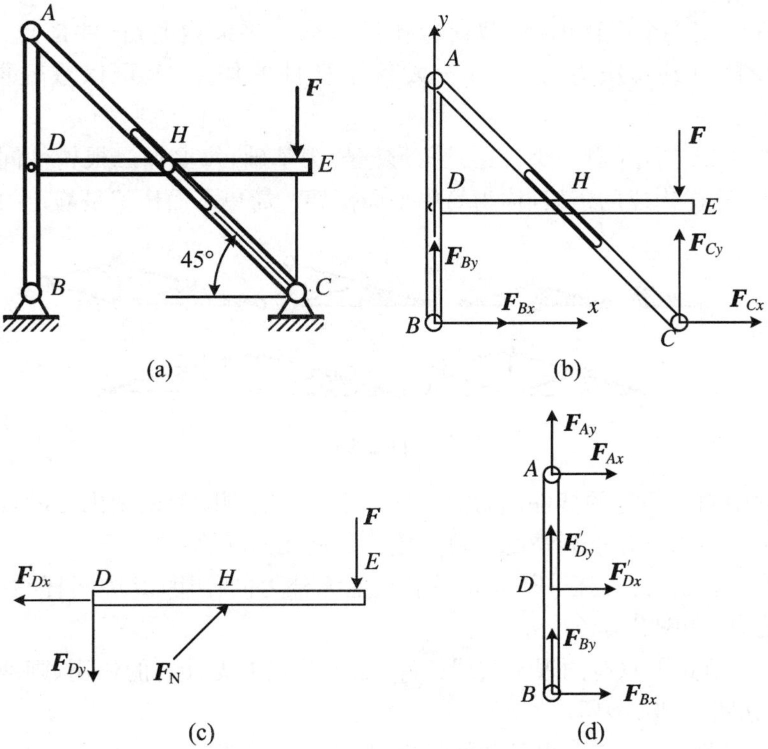

图 2-24

$$\sum M_A(F) = 0: F_{Bx} \cdot AB + F_{Dx} \cdot AD = 0, \quad F_{Bx} = -F$$

$$\sum F_x = 0: F_{Ax} + F_{Bx} + F_{Dx} = 0, \quad F_{Ax} = -F$$

$$\sum F_y = 0: F_{Ay} + F_{By} + F_{Dy} = 0, \quad F_{Ay} = -F$$

2.2.4 平面静定桁架的内力分析

由若干直杆两端互相连接形成的几何形状不变的结构称为桁架。各杆件的连接点称为节点，节点通常用铆接、焊接、铰链、螺栓等实现连接。

桁架在工程上应用很广，例如屋顶架、桥梁、起重机机架等。

静力学研究桁架是要计算当桁架受外载荷作用时，各杆件承受的力，以便作为实际设计或者校核的依据。各杆承受的力为杆件内力，为了简化计算，并使设计建立在安全可靠的基础上，工程上一般做如下假设：

(1) 杆件都是直杆，并用光滑铰链连接。

(2) 外载荷作用在各节点上，且作用线都在桁架平面内。

(3) 杆件自重不计，或者被当作外载荷平均分配到两端节点上。

上述桁架，也称理想桁架。

当杆件在一个平面内，外载荷也作用于同一平面内时，杆件都是二力杆，其只能承受拉力或者压力，这既充分发挥了杆件的作用，又可以减轻重量、节省材料。

如图 2-25 所示，以一个铰接三角形框架为基础，每增加二根构件同时增加一个铰接点，这样构成的桁架，称为简单平面桁架。简单平面桁架是静定的。

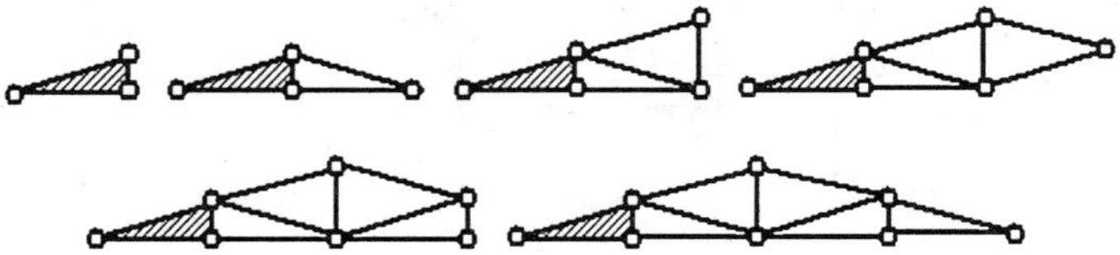

图 2-25

桁架中内力为零的杆件称为零力杆。零力杆的判断对桁架内力的计算具有积极的意义。零力杆在下列情况下可直接确定而无需计算：

(1) 一节点上有三根杆件，如果节点上无外力的作用，其中两杆共线，则另一杆为零力杆，如图 2-26(a)所示。

(2) 一节点上只有两根不共线杆件，如果节点上无外力的作用，则两杆件均为零力杆，如图 2-26(b)所示。

(3) 一节点上只有两根不共线杆件，如果作用在节点上的外力沿其中一杆，则另一杆为零力杆，如图 2-26(c)所示。

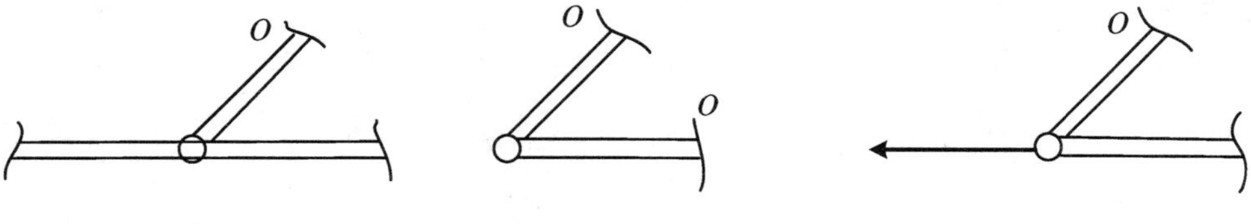

(a)　　　　(b)　　　　(c)

图 2-26

既然桁架中有些杆件内力为零，是零力杆，那么是否可以认为这些杆件不起作用，可从桁架中去掉呢？不能，零力杆不是桁架中的多余杆，去掉这些零力杆，桁架将不能保持其几何形状不变，不能保持几何形状不变的结构是不能用于工程中的。况且，零力杆上内力实际上也不为零，只是因为我们在计算桁架内力时对桁架做了简化和假设，在这些假设的条件下，这些杆件的内力才等于零。前面已经说过，实际情况与简化假设后的情况是有差别的。

下面介绍两种常见的计算桁架杆件内力的方法：节点法和截面法。

1．节点法

以桁架的节点为研究对象，通过平衡方程，求出由该节点连接的杆件内力的方法。

说明：

(1) 假定各杆都受拉力，所以各杆的内力均背离节点指向杆，根据计算结果的正、负，便可判断杆内力的性质，计算结果为正，杆件受拉，反之受压。

(2) 因为节点为汇交力系，有两个方程，所以选取的节点上最好只有两个未知力。

(3) 使用节点法前，往往要先求出外约束力。

例 2-9　平面桁架结构如图 2-27(a)所示，节点 D 上作用有一载荷 F，求各杆的内力。

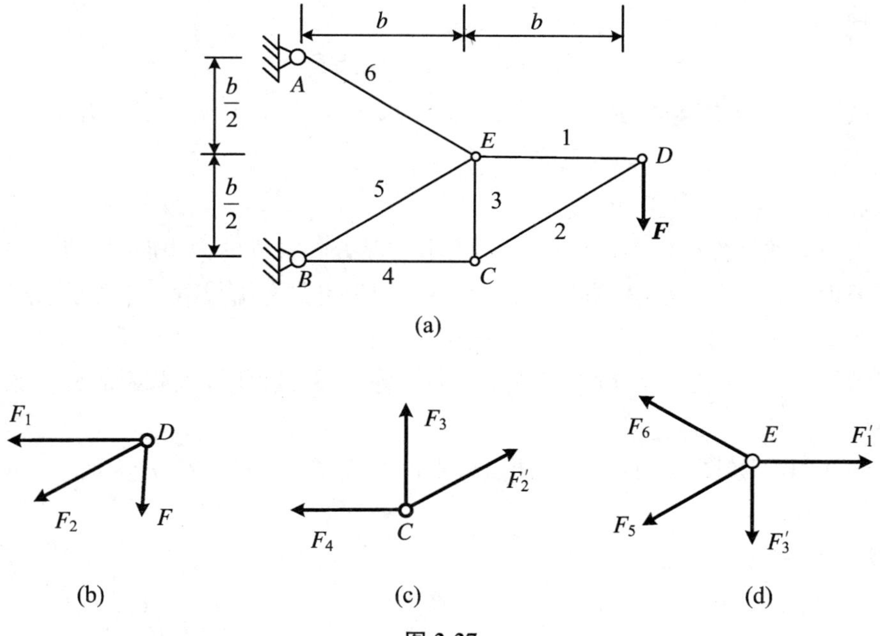

图 2-27

解　由已知条件，可得

$$AE = BE = CD = \sqrt{\left(\frac{b}{2}\right)^2 + b^2} = \frac{b}{2}\sqrt{5}$$

以节点 D 为研究对象，画受力图如图 2-27(b)所示，列平衡方程：

$$\sum F_y = 0:\ -\frac{EC}{CD}F_2 - F = 0,\quad F_2 = -\frac{0.5b\sqrt{5}}{0.5b}F = -\sqrt{5}F$$

$$\sum F_x = 0:\ -\frac{ED}{CD}F_2 - F_1 = 0,\quad F_1 = -(-F\sqrt{5})\frac{b}{0.5b\sqrt{5}} = 2F$$

以节点 C 为研究对象，画受力图如图 2-27(c)所示，列平衡方程：

$$\sum F_x = 0: F_2' \cdot \frac{2}{\sqrt{5}} - F_4 = 0, \quad F_4 = -\sqrt{5} \cdot \frac{2}{\sqrt{5}} F = -2F$$

$$\sum F_y = 0: F_2' \cdot \frac{1}{\sqrt{5}} + F_3 = 0, \quad F_3 = -(-\sqrt{5}) \cdot \frac{1}{\sqrt{5}} F = F$$

以节点 E 为研究对象，画受力图如图 2-27(d)所示，列平衡方程：

$$\sum F_x = 0: F_1' - \frac{2}{\sqrt{5}} F_5 - \frac{2}{\sqrt{5}} F_6 = 0$$

$$\sum F_y = 0: \frac{1}{\sqrt{5}} F_6 - \frac{1}{\sqrt{5}} F_5 - F_3' = 0$$

联立解得

$$F_5 = 0, \quad F_6 = \sqrt{5} F$$

综上，$F_1 = 2F$(拉)，$F_2 = -\sqrt{5}F$(压)，$F_3 = F$(拉)，$F_4 = -2F$(压)，$F_5 = 0$，$F_6 = \sqrt{5}F$(拉)。

2. 截面法

当桁架的杆件比较多，而只需要计算其中某几根杆件的内力时，用节点法往往比较繁琐，而截面法就比较方便，对一些特殊桁架也只有用截面法才便于求解。

在截面法中，把桁架沿某一个截面想象地截开，取任意一部分来分析，用平衡方程求解。为了能够一次就求出所需要的解答，在取截面时，被截断的杆件数目一般不应多于 3。

例 2-10 如图 2-28(a)所示桁架，ABC 为等边三角形，E、F 为两腰中点，求 CD 杆的内力。

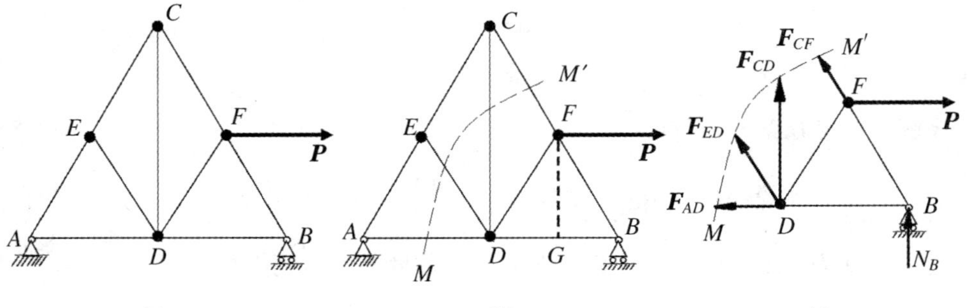

图 2-28

解 ED 杆为零力杆，故有 $F_{ED} = 0$。

如图 2-28(b)所示，沿 $M - M'$ 截面截开，研究右侧，受力如图 2-28(c)所示，列平衡方程：

$$\sum M_B(\boldsymbol{F}) = 0: -F_{CD} \cdot DB - P \cdot FG = 0$$

$$DB = \frac{1}{2}AB,\quad FG = \frac{1}{2}AB\sin 60^\circ = \frac{\sqrt{3}}{4}AB$$

$$F_{CD} = \frac{-P \cdot FG}{DB} = -\frac{\sqrt{3}}{2}P$$

2.3　考虑摩擦时的平衡问题

摩擦是普遍存在的自然现象。对于人类，摩擦现象有积极的一面，也有消极的一面。没有摩擦，人不能走路，车辆也不能行驶。在生产和生活中，人们广泛地利用了摩擦现象，例如摩擦变速传动装置、摩擦制动器等。摩擦造成的危害在生产中也广泛存在，例如，当机器工作时，摩擦不仅消耗能量，而且使机器遭受磨损，仪表会因摩擦而严重地降低精度和缩短寿命。在这些情况下，必须尽可能地减少摩擦，限制它的不利影响。

互相接触的物体存在相对滑动或有相对滑动的趋势时，两物体的接触表面之间就会产生阻碍彼此滑动的力，这种阻力称为滑动摩擦力。滑动摩擦力作用在物体的接触面处，作用线沿着接触面的切线方向，其指向与物体相对滑动的趋势或相对滑动的方向相反。按两物体间是否已经存在相对滑动，滑动摩擦力又分为静滑动摩擦力和动滑动摩擦力。

1．静滑动摩擦力

两个互相接触的物体间有了相对滑动的趋势，而滑动尚未实际发生时，接触面间所产生的摩擦力称为静滑动摩擦力，简称静摩擦力，常以 F_S表示。

如图 2-29(a)所示，在粗糙的水平面上放一个物块，当物块在重力作用下静止在水平面上时，因为平衡，则有 $F_N = G$，这时物块没有运动趋势，所以也没有静摩

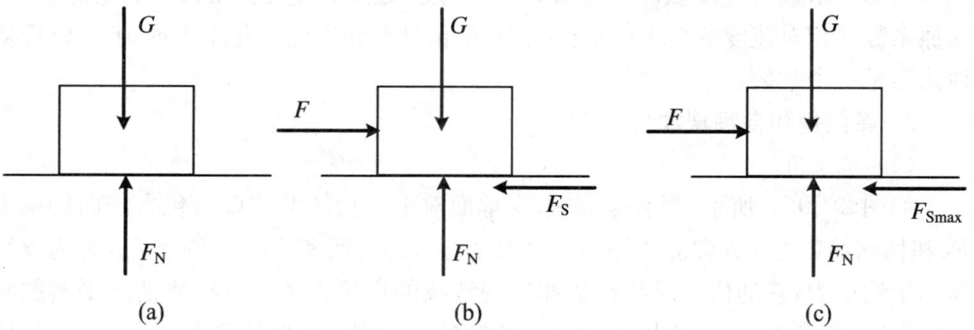

图 2-29

擦力；现在在物块上施加水平向右的力 $\boldsymbol{F}$，如图 2-29(b)所示，物块有向右运动的趋势，由于摩擦力 F_S的作用，物块保持平衡，在 F 由小逐渐增大的一个范围内，物块始终保持平衡，这个范围称为有摩擦时的平衡范围。但是 F 并不能无限制地增大，而只能增大到某一个极限值 F_{Smax}，当推力 F 增大到等于F_{Smax}时，物体处于临界平衡状态，如图 2-29(c)所示。在这种状态下，如果再增大 F 值，即使仅增大一个微量，物块就不能继续保持平衡，而将沿着力的方向开始滑动。而物块一旦开始滑动，摩擦力将突变为动摩擦力。

综上所述，静摩擦力的数值随使物体产生滑动趋势的主动力而变化，但不能超过最大静摩擦力 F_{Smax}这个限度，即有

$$0 \leqslant F_S \leqslant F_{Smax} \tag{2-26}$$

静摩擦定律 最大静摩擦力的大小与两个相互接触的物体间的正压力成正比，即有

$$F_{Smax} = f_S \cdot F_N \tag{2-27}$$

式(2-27)中无量纲比例系数 f_S 称为静摩擦系数，其数值的大小取决于两接触面处的材料和表面状况(表面粗糙度、温度、湿度等)，一般与接触面积的大小无关。相关材料的静摩擦系数的数值可在工程手册中查到。

需要注意的是，平衡时，静摩擦力的方向应该与接触处的相对滑动趋势的方向相反，一般情况下，主动力的方向是已知的，因此静摩擦力的方向是可以确定的。

2. 动滑动摩擦力

两个相互接触的物体，其接触表面之间有相对滑动时，彼此间作用着阻碍相对滑动的阻力，称为动摩擦力，以 F 表示。根据实验有以下基本规律：

动摩擦定理 动摩擦力 F 的方向和相对滑动方向相反，其大小与接触物体间的正压力成正比，即有

$$F = f \cdot F_N \tag{2-28}$$

式(2-28)中 f 是动摩擦系数，它与接触物体的材料、表面情况有关。一般情况下，动摩擦系数小于静摩擦系数。

动摩擦系数还与接触物体间相对滑动的速度大小有关。在大多数情况下，动摩擦系数随相对速度的增大而稍稍减小，在相对滑动速度变化不大时，f 可以近似地认为是一个常数。

3. 摩擦角和自锁现象

(1) 摩擦角

如图 2-30(a)所示，当有摩擦时，支承面对平衡物体的约束力包含法向约束力 F_N和切向约束力 F_S(即静摩擦力)，这两个分力的几何和 $F_{RA} = F_N + F_S$，称为支承面的全约束力，它的作用线与接触面的公法线的夹角为 φ。当物块处于平衡的临界状态时，静摩擦力达到由式(2-27)确定的最大值，φ 也达到最大值 φ_{max}，如图 2-30(b)所示。全约束力与法线间的夹角的最大值 φ_{max}称为摩擦角。由图可得

$$\tan \varphi_{max} = \frac{F_{Smax}}{F_N} = \frac{f_S \cdot F_N}{F_N} = f_S \tag{2-29}$$

即摩擦角的正切等于静摩擦系数。可见，摩擦角与摩擦系数一样，都是表示材料的表面性质的量。

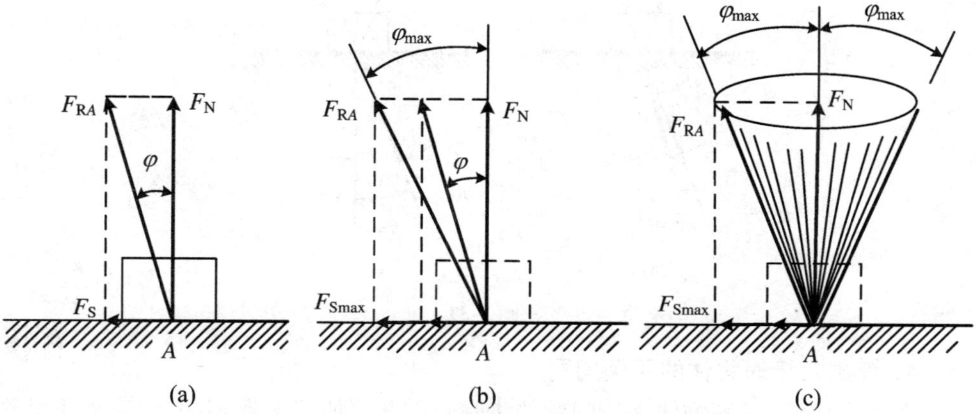

图 2-30

当物块的滑动趋势方向改变时，全约束力作用线的方位也随之改变。在临界状态下，F_{RA}的作用线将画出一个以接触点 A 为顶点的锥面，如图 2-30(c)所示，称为摩擦锥。设物块与支承面间沿任何方向的摩擦系数都相同，即摩擦角都相等，则摩擦锥将是一个顶角为 $2\varphi_{max}$的圆锥。

(2) 自锁现象

物块平衡时，静摩擦力不一定达到最大值，可在零与最大值 F_{Smax}之间变化，所以全约束力与法线间的夹角 φ 也在零与摩擦角 φ_{max}之间变化，即有

$$0 \leqslant \varphi \leqslant \varphi_{max} \tag{2-30}$$

由于静摩擦力不可能超过最大值，因此全约束力的作用线也不可能超出摩擦角以外，即全约束力必在摩擦角之内。由此可知：

① 如果作用于物块的全部主动力的合力 F_R 的作用线在摩擦角 φ_{max}之内，则无论这个力多么大，物块必保持静止。这种现象称为自锁现象。因为在这种情况下，主动力的合力 F_R 与法线间的夹角 $\theta < \varphi_{max}$，因此，F_R 和全约束力 F_{RA}必能满足二力平衡条件，且 $\theta = \varphi < \varphi_{max}$，如图 2-31(a)所示。工程实际中常应用自锁条件设计一些机构或夹具，如千斤顶、压榨机、圆锥销等，使它们始终保持在平衡状态下工作。

② 如果全部主动力的合力 F_R 的作用线在摩擦角 φ_{max}之外，则无论这个力多么小，物块一定会滑动。因为在这种情况下，$\theta > \varphi_{max}$，而 $\varphi \leqslant \varphi_{max}$，支承面的全约束力 F_{RA}和主动力的合力 F_R 不能满足二力平衡条件，如图 2-31(b)所示。应用这个道理，可以设法避免发生自锁现象。

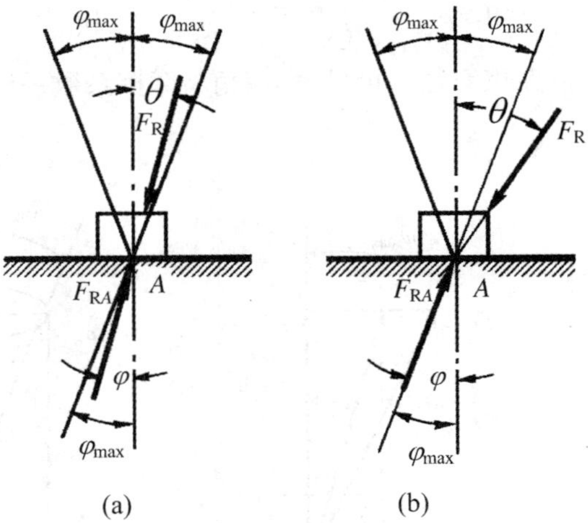

图 2-31

4. 考虑摩擦时物体的平衡问题

考虑摩擦时，求解物体平衡问题的步骤与前几章所述大致相同，但有如下几个特点：

(1) 分析物体受力时，必须考虑接触面间切向的摩擦力 F_S，这通常增加了未知量的数目。

(2) 为确定这一新增加的未知量，还需列出补充方程，即 $F_S \leqslant f_S \cdot F_N$，补充方程的数目与摩擦力的数目相同。

(3) 由于物体平衡时摩擦力有一定的范围(即 $0 \leqslant F_S \leqslant f_S \cdot F_N$)，所以有摩擦时平衡问题的解亦有一定的范围，而不是一个确定的值。

工程中有不少问题只需要分析平衡的临界状态，这时静摩擦力等于其最大值，补充方程只取等号。有时为了计算方便，也先在临界状态下计算，求得结果后再分析、讨论其解的范围。

例 2-11 图 2-32(a)所示均质物块重 W，底边长度为 b，水平力距离底面为 a，如果接触面摩擦系数为 f，当力 P 逐渐由 0 增大时，物块是先滑动还是先翻倒?

思路 解这类不确定问题时，可以先假定一种情形，然后将所得结果与极限值进行比较。我们可以根据常识进行大致的判断：

(1) 当 P 非常接近底面的时候，物体不会先翻倒而应先滑动。

(2) 当 a 值比较大时，物体容易翻倒。

解法 1 假设物体先翻到，在物体即将翻倒的时刻，可将其看成只在 A 点接触，设摩擦力为 F，受力如图 2-32(b)所示，由平衡方程：

$$\sum M_A(\boldsymbol{F}) = 0: W \cdot \frac{b}{2} - P \cdot a = 0$$

$$\sum F_x = 0: P - F = 0, \quad P = F$$

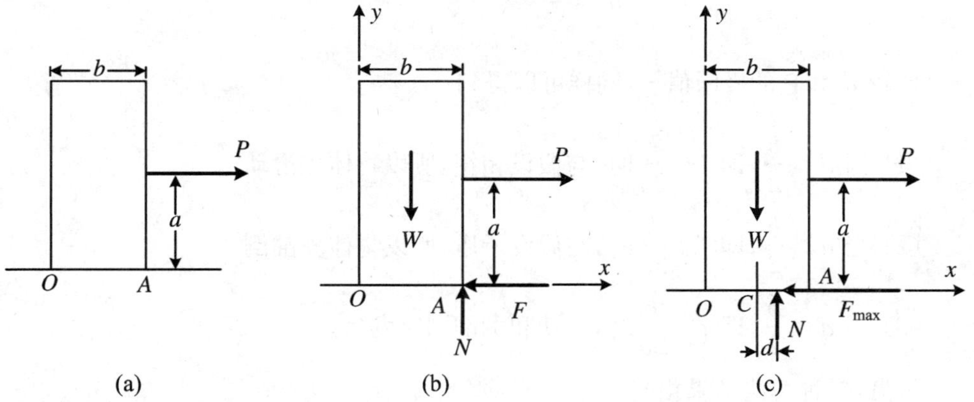

图 2-32

$$\sum F_y = 0: N - W = 0, \quad N = W$$

$$P = \frac{Wb}{2a} = F$$

接触面可能产生的最大摩擦力为

$$F_{max} = f \cdot N = f \cdot W$$

讨论：

(1) 如果 $F < F_{max}$，即$\dfrac{b}{2a} < f$。

摩擦定律满足，没有矛盾，假定成立，说明物体没有滑动，也就是物体先翻倒，符合定性分析。

(2) 如果 $F > F_{max}$，即$\dfrac{b}{2a} > f$。

这违反了摩擦定律，矛盾的出现否定了假设，也就是不是先翻倒，而是先滑动（因为两者中必居其一），这一点符合定性分析。

(3) 如果 $F = F_{max}$，即$\dfrac{b}{2a} = f$。

这时滑动与翻倒将同时发生。

解法 2 也可以假定物体先滑动，此时受力如图 2-32(c)所示，其中 N 为底面所受到的全部法向反力的合力，d 表示其作用线位置。列平衡方程，有

$$\sum M_C(\boldsymbol{F}) = 0: N \cdot d - P \cdot a = 0, \quad d = \frac{Pa}{N}$$

$$\sum F_x = 0: P - F_{max} = 0, \quad P = F_{max} = Nf$$

$$\sum F_y = 0: N - W = 0, \quad N = W$$

$$d = \frac{Pa}{N} = \frac{Wfa}{W} = fa$$

比较 d 和它的极限值$\frac{b}{2}$,同样可以得到:

(1) 当 $d<\frac{b}{2}$,即 $f<\frac{b}{2a}$时,与假设相符,所以物体先滑动。

(2) 当 $d>\frac{b}{2}$,即 $f>\frac{b}{2a}$时,与假设矛盾,所以物体先翻倒。

(3) 当 $d=\frac{b}{2}$,即 $f=\frac{b}{2a}$时,滑动和翻倒同时发生。

可见,二种解法结果相同。

例 2-12 长为 $2l$ 的梯子 AB,B 端靠在墙壁上,A 端搁在地面上,如图 2-33 所示,梯子与墙是光滑接触,梯子与地板之间静摩擦系数为 f,梯子重量不计。如今有重量为 P 的人沿着梯子向上爬,要保证人爬到顶端而梯子不至于下滑,求梯子与墙壁之间的夹角 α。

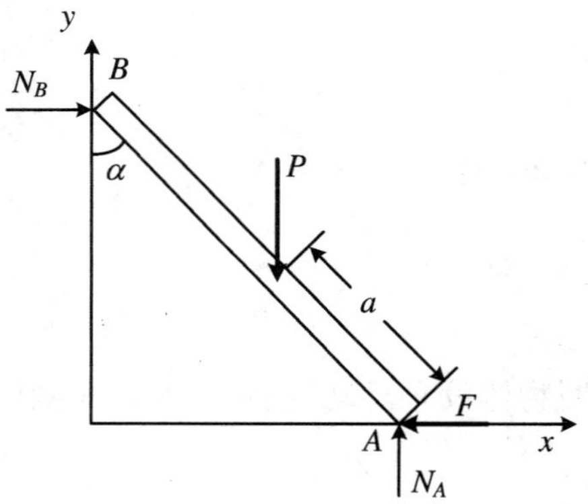

图 2-33

解 研究对象为梯子,人距 A 端为 a,设摩擦力为 F,受力如图 2-33 所示。

如果平衡,应满足平衡方程:

$$\sum F_x = 0: N_B - F = 0 \tag{1}$$

$$\sum F_y = 0: N_A - P = 0 \tag{2}$$

$$\sum M_A(F) = 0: Pa\sin\alpha - N_B l\cos\alpha = 0 \tag{3}$$

此外还必须满足:

$$F \leqslant f \cdot N_A \tag{4}$$

这三个方程和一个不等式正好可以解出 N_A、F、N_B、α 四个未知量(可全用 N_B表示)。

由(2)、(3)式得

$$N_A = \frac{l\cos\alpha}{a\sin\alpha} \cdot N_B$$

由(1)、(4)式得 $N_B \leqslant f \cdot N_A$,即

$$N_B \leqslant f \cdot \frac{l\cos\alpha}{a\sin\alpha} \cdot N_B \quad 或 \quad \frac{a}{l}\tan\alpha \leqslant f$$

为了保证人可以安全爬到 B 点,只需要把 $a=l$ 代入上式即可,得 $\tan\alpha \leqslant f$,即

$$\alpha \leqslant \arctan f$$

应该强调指出，在临界状态下求解有摩擦的平衡问题时，必须根据相对滑动的趋势，正确判定摩擦力的方向。这是因为解题中引入了补充方程 $F_{Smax}=f_S \cdot F_N$，由于 f_S 为正值，F_{Smax} 与 F_N 必须有相同的符号。法向约束力 F_N 的方向总是确定的，F_N 值永为正，因而 F_{Smax} 也应为正值，即摩擦力 F_S 的方向不能假定，必须按真实方向给出。

5．滚动摩阻

由实践可知，使滚子滚动比使它滑动省力。所以在工程中，为了提高效率，减轻劳动强度，常利用物体的滚动代替物体的滑动。设在水平面上有一滚子，重量为 P，半径为 r，在其中心 O 上作用一水平力 F，当力 F 不大时，滚子仍保持静止。若滚子的受力情况如图 2-34 所示，则滚子不可能保持平衡，因为静滑动摩擦力 F_S 与力 F 组成一力偶，将使滚子滚动。但是，实际上当力 F 不大时，滚子是可以平衡的。这是因为滚子和平面实际上并不是刚体，它们在力的作用下都会变形，有一个接触面，如图 2-35(a)所示。在接触面上，物体受分布力的作用，这些力向点 A 简化，得到一个力 F_R 和一个力偶，力偶的矩为 M_f，如图 2-35(b)所示。这个力 F_R 可分解为摩擦力 F_S 和法向约束力 F_N，这个矩为 M_f 的力偶称为滚动摩阻力偶（简称滚阻力偶），它与力偶（F，F_S）平衡，其转向与滚动的趋向相反，如图 2-35(c)所示。

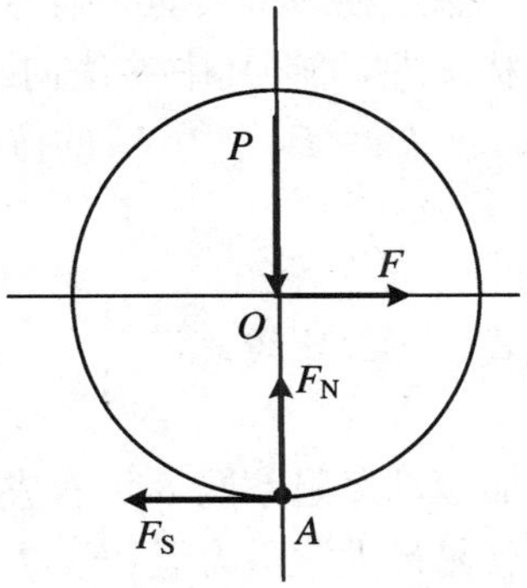

图 2-34

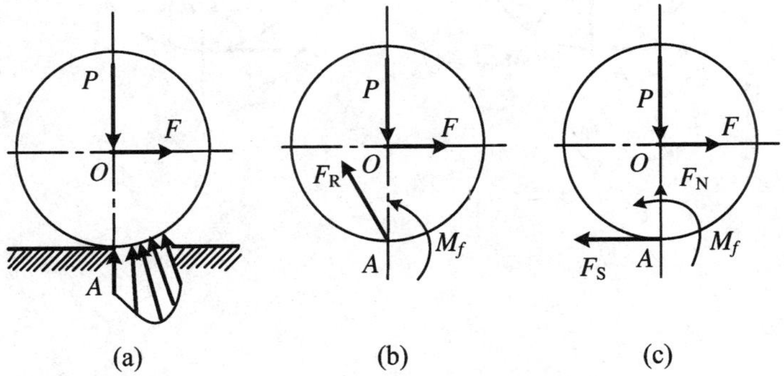

图 2-35

与静滑动摩擦力相似，滚动摩阻力偶矩 M_f 随着主动力的增大而增大；当力 F 增加到某个值时，滚子处于将滚未滚的临界平衡状态，这时，滚动摩阻力偶矩达到最大值，称为最大滚动摩阻力偶矩，用 M_{max} 表示；若力 F 再增大一点，轮子就会滚动。在滚动过程中，滚动摩阻力偶矩近似等于 M_{max}。

由此可知,滚动摩阻力偶矩 M_f 的大小介于零与最大值之间,即

$$0 \leqslant M_f \leqslant M_{\max} \tag{2-31}$$

实验表明,最大滚动摩阻力偶矩 $M_{\max}$ 与滚子半径无关,而与支承面的正压力(法向约束力) F_N 的大小成正比,即有

$$M_{\max} = \delta F_N \tag{2-32}$$

这就是滚动摩阻定律,其中 δ 为比例常数,称为滚动摩阻系数,简称滚阻系数。由上式知,滚动摩阻系数具有长度的量纲,单位一般用 mm。

滚阻系数的物理意义如下:

滚子在即将滚动的临界平衡状态时,其受力图如图 2-36(a)所示。根据力的平移定理,可将其中的法向约束力 F_N 与最大滚动摩阻力偶 $M_{\max}$ 合成为一个力 F'_N,且 $F'_N = F_N$。力 F'_N 的作用线距中心线的距离为 d,如图 2-36(b)所示,有

$$d = \frac{M_{\max}}{F'_N}$$

与式(2-32)比较,得

$$\delta = d$$

因而滚动摩阻系数 δ 可看成在即将滚动时,法向约束力 F'_N 离中心线的最远距离,也就是最大滚阻力偶(F'_N,P)的臂。因此,它具有长度的量纲。

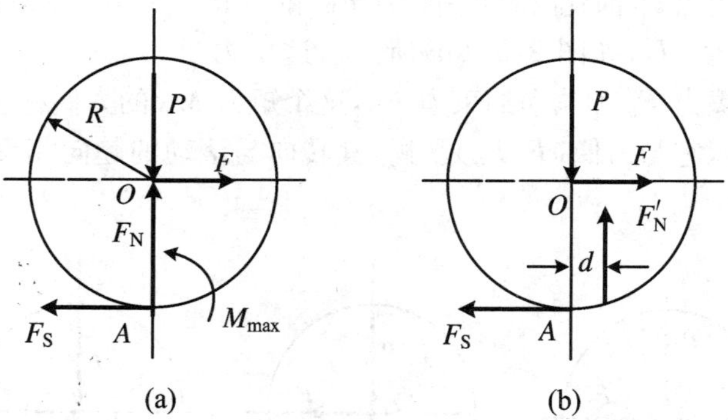

图 2-36

第 3 章　空 间 力 系

空间力系可分为空间汇交力系、空间力偶系和空间任意力系。

3.1　空间汇交力系

1. 力在直角坐标轴上的投影

若已知力 $\boldsymbol{F}$ 与正交坐标系 $Oxyz$ 三轴间的夹角，如图 3-1 所示，则可用直接投影法，即有

$$\begin{cases} F_x = F \cdot \cos \alpha \\ F_y = F \cdot \cos \beta \\ F_z = F \cdot \cos \gamma \end{cases} \tag{3-1}$$

当力 $\boldsymbol{F}$ 与坐标轴 Ox、Oy 间的夹角不易确定时，可先把力 $\boldsymbol{F}$ 投影到坐标平面 Oxy 上，得到力 F_{xy}，然后再把这个力投影到 x、y 轴上，此为间接投影法。在图 3-2 中，已知角 γ 和 φ，则力 $\boldsymbol{F}$ 在三个坐标轴上的投影为

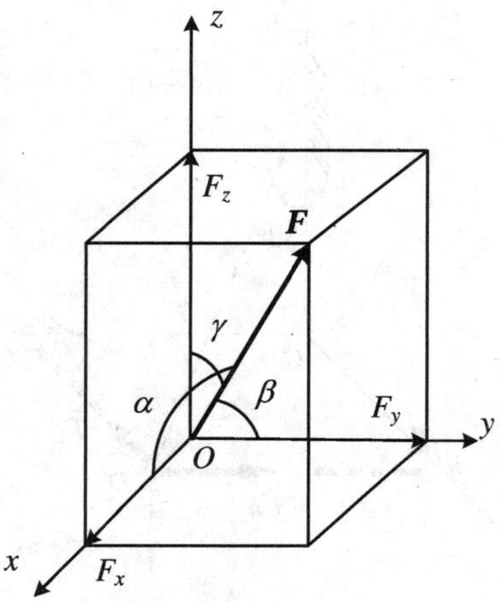

图 3-1

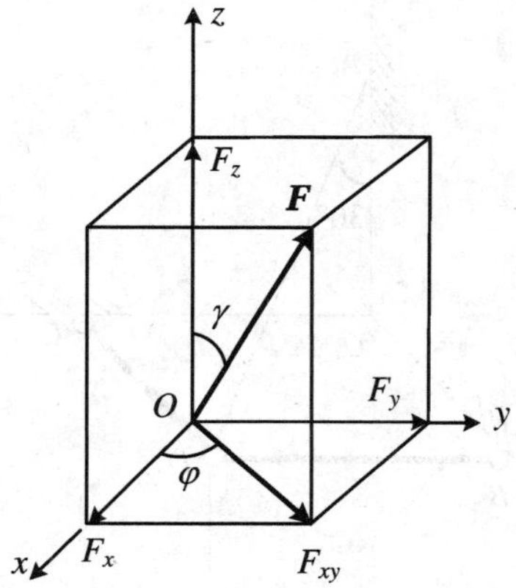

图 3-2

$$\begin{cases} F_x = F \cdot \sin\gamma \cdot \cos\varphi \\ F_y = F \cdot \sin\gamma \cdot \sin\varphi \\ F_z = F \cdot \cos\gamma \end{cases} \tag{3-2}$$

2. 空间汇交力系的合力与平衡条件

将平面汇交力系的合成法则扩展到空间,可得:空间汇交力系的合力等于各分力的矢量和,合力的作用线通过汇交点。合力矢为

$$\boldsymbol{F}_{\mathrm{R}} = \boldsymbol{F}_1 + \boldsymbol{F}_2 + \cdots + \boldsymbol{F}_n = \sum \boldsymbol{F}_i \tag{3-3}$$

或

$$\boldsymbol{F}_{\mathrm{R}} = \sum F_{xi}\boldsymbol{i} + \sum F_{yi}\boldsymbol{j} + \sum F_{zi}\boldsymbol{k} \tag{3-4}$$

其中$\sum F_{xi}$、$\sum F_{yi}$、$\sum F_{zi}$ 分别为合力$\boldsymbol{F}_{\mathrm{R}}$ 沿 x、y、z 轴的投影。

由于空间汇交力系可合成为一个合力,因此,空间汇交力系平衡的必要和充分条件为:该力系的合力等于零,即

$$\boldsymbol{F}_{\mathrm{R}} = \sum \boldsymbol{F}_i = 0 \tag{3-5}$$

由式(3-4)可知,要使合力 $\boldsymbol{F}_{\mathrm{R}}$ 为零,必须同时满足:

$$\sum F_x = 0, \quad \sum F_y = 0, \quad \sum F_z = 0 \tag{3-6}$$

故以解析法表示的空间汇交力系平衡的必要和充分条件为:该力系中所有各力在三个坐标轴上的投影的代数和分别等于零。式(3-6)称为空间汇交力系的平衡方程。

应用解析法求解空间汇交力系的平衡问题的步骤,与平面汇交力系问题相同,只不过需列出 3 个平衡方程,可求解 3 个未知量。

例 3-1 如图 3-3(a)所示,等长杆 BD、CD 铰接于D 点并用细绳固定在墙上

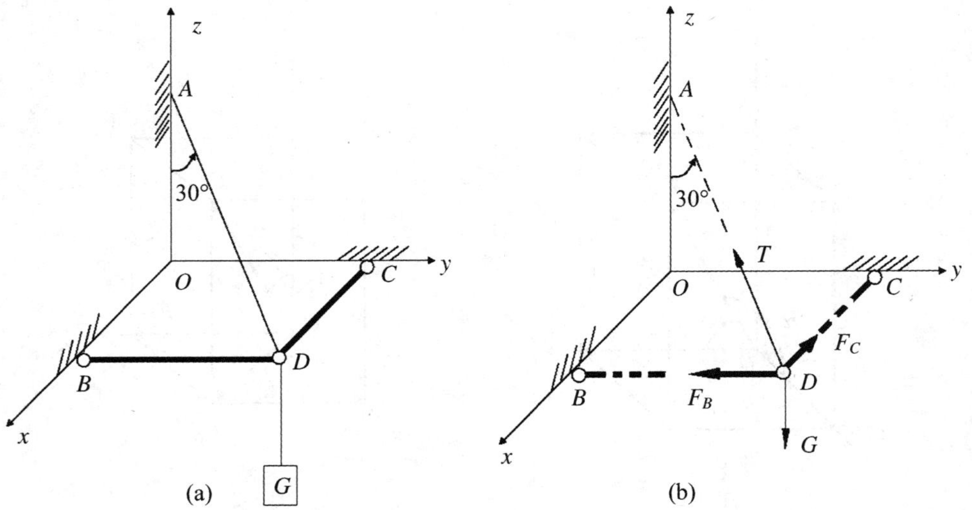

图 3-3

A 点而位于水平面内，D 点挂一重 G 的物块，不计杆重，求杆及绳的约束反力。

解　研究力的汇交点 D，画受力图，如图 3-3(b)所示，列平衡方程：

$$\sum F_x = 0: -T\sin 30°\cos 45° - F_C = 0$$

$$\sum F_y = 0: -T\sin 30°\sin 45° - F_B = 0$$

$$\sum F_z = 0: T\cos 30° - G = 0$$

解得

$$T = \frac{2\sqrt{3}}{3}G,\quad F_B = -\frac{\sqrt{6}}{6}G,\quad F_C = -\frac{\sqrt{6}}{6}G$$

3.2　力对点的矩和力对轴的矩

1. 力矩矢

对于平面力系，用代数量表示力对点的矩足以概括它的全部要素。但在空间情况下，不仅要考虑力矩的大小、转向，还要注意力与矩心所组成的平面(力矩作用面)的方位。方位不同，即使力矩大小一样，作用效果也将完全不同。这三个因素可以用力矩矢 $\boldsymbol{M}_O(\boldsymbol{F})$ 来描述，其中矢量的模即 $|\boldsymbol{M}_O(\boldsymbol{F})| = F \cdot h = 2A$（$A$ 为 $\triangle OAB$ 的面积)；矢量的方位和力矩作用面的法线方向相同；矢量的指向按右手螺旋法则来确定，见图 3-4。

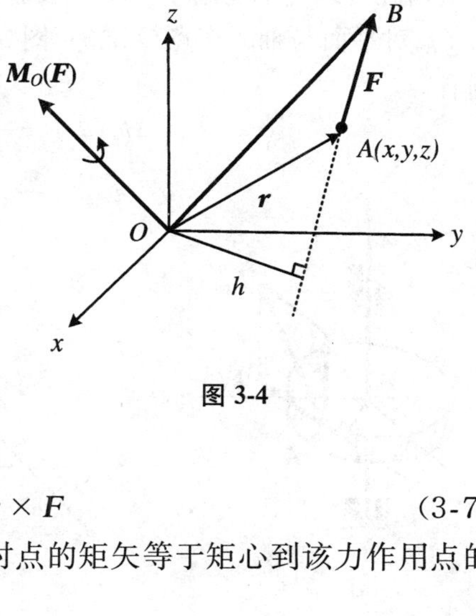

图 3-4

由图 3-4 可见，以 $\boldsymbol{r}$ 表示力作用点 A 的矢径，则矢积 $\boldsymbol{r} \times \boldsymbol{F}$ 的模等于三角形 OAB 面积的两倍，其方向与力矩矢一致。因此可得

$$\boldsymbol{M}_O(\boldsymbol{F}) = \boldsymbol{r} \times \boldsymbol{F} \tag{3-7}$$

上式为力对点的矩的矢积表达式，即力对点的矩矢等于矩心到该力作用点的矢径与该力的矢量积。

若以矩心 O 为原点，作空间直角坐标系 $Oxyz$，如图 3-4 所示。设力作用点 A 的坐标为 $A(x,y,z)$，力在 3 个坐标轴上的投影分别为 F_x、F_y、F_z，则矢径 $\boldsymbol{r}$ 和力 $\boldsymbol{F}$ 分别可表示为

$$\boldsymbol{r} = x\boldsymbol{i} + y\boldsymbol{j} + z\boldsymbol{k},\quad \boldsymbol{F} = F_x\boldsymbol{i} + F_y\boldsymbol{j} + F_z\boldsymbol{k}$$

代入式(3-7)，并采用行列式形式，得

$$M_O(F) = r \times F = \begin{vmatrix} i & j & k \\ x & y & z \\ F_x & F_y & F_z \end{vmatrix}$$

$$= (yF_z - zF_y)i + (zF_x - xF_z)j + (xF_y - yF_x)k \tag{3-8}$$

由上式可知，单位矢量 i、j、k 前面的三个系数，应分别表示力矩矢 $M_O(F)$在3个坐标轴上的投影，即

$$\begin{cases} [M_O(F)]_x = yF_z - zF_y \\ [M_O(F)]_y = zF_z - xF_z \\ [M_O(F)]_z = xF_z - yF_x \end{cases} \tag{3-9}$$

由于力矩矢 $M_O(F)$的大小和方向都与矩心 O 的位置有关，故力矩矢的始端必须在矩心，不可任意挪动，这种矢量称为定位矢量。

2. 力对轴的矩

工程中，经常遇到刚体绕定轴转动的情形，为了度量力对绕定轴转动刚体的作用效果，必须了解力对轴的矩的概念。

如图 3-5(a)所示，现计算作用在斜齿轮上的力 F 对 z 轴的矩。根据合力矩定理，将力 F 分解为F_z 与F_{xy}，其中分力 F_z 平行z 轴，不能使静止的齿轮转动，故它对 z 轴之矩为零；只有垂直 z 轴的分力F_{xy}对z 轴有矩，等于力 F_{xy}对轮心C 的矩。一般情况下，可先将空间一力 F 投影到垂直于z 轴的Oxy 平面内，得力 F_{xy}，再将力 F_{xy}对平面与轴的交点O 取矩(图 3-5(b))。以符号 $M_z(F)$表示力对 z 轴的矩，则有

$$M_z(F) = M_O(F_{xy}) = \pm F_{xy}h \tag{3-10}$$

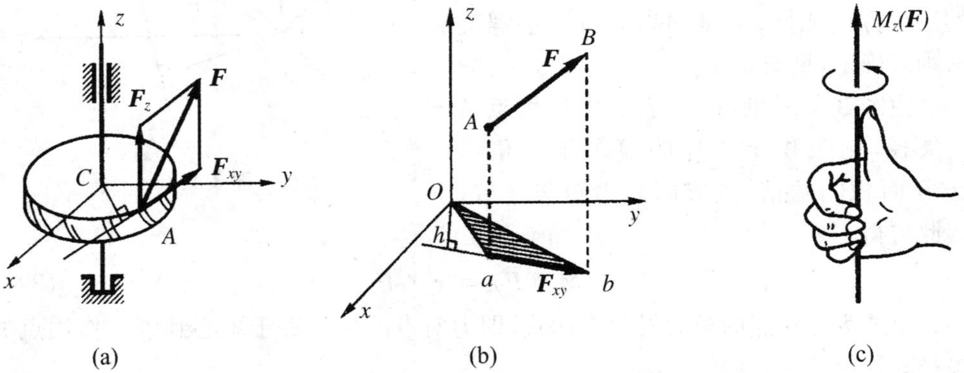

图 3-5

力对轴的矩的定义如下：力对轴的矩是力使刚体绕该轴转动效果的度量，是一个代数量。其绝对值等于该力在垂直于该轴的平面上的投影对这个平面与该轴的交点的矩。其正、负号如下确定：从 z 轴正端来看，若力的这个投影使物体绕该轴逆时针转动，则取正号，反之取负号。也可按右手螺旋法则确定其正、负号，如图

3-5(c)所示，拇指指向与 z 轴一致为正，反之为负。

力对轴的矩等于零的情形：

(1) 当力与轴相交时(此时 $h=0$)。

(2) 当力与轴平行时(此时 $|\boldsymbol{F}_{xy}|=0$)。

这两种情形可以合起来说：当力与轴在同一平面时，力对该轴的矩等于零。

力对轴的矩的单位为 N·m。

3. 力对点的矩与力对通过该点的轴的矩的关系

利用式(3-9)容易得到

$$\begin{cases}[\boldsymbol{M}_O(\boldsymbol{F})]_x = M_x(\boldsymbol{F}) \\ [\boldsymbol{M}_O(\boldsymbol{F})]_y = M_y(\boldsymbol{F}) \\ [\boldsymbol{M}_O(\boldsymbol{F})]_z = M_z(\boldsymbol{F})\end{cases} \tag{3-11}$$

上式说明，力对点的矩矢在通过该点的某轴上的投影等于力对该轴之矩。

式(3-11)建立了力对点的矩与力对轴的矩之间的关系。

例 3-2　如图 3-6(a)所示，半径为 r 的斜齿轮，齿轮到坐标原点的距离为 a，其上作用有力 $\boldsymbol{F}$，求力 $\boldsymbol{F}$ 沿坐标轴的投影及力 $\boldsymbol{F}$ 对 x、y、z 轴之矩。

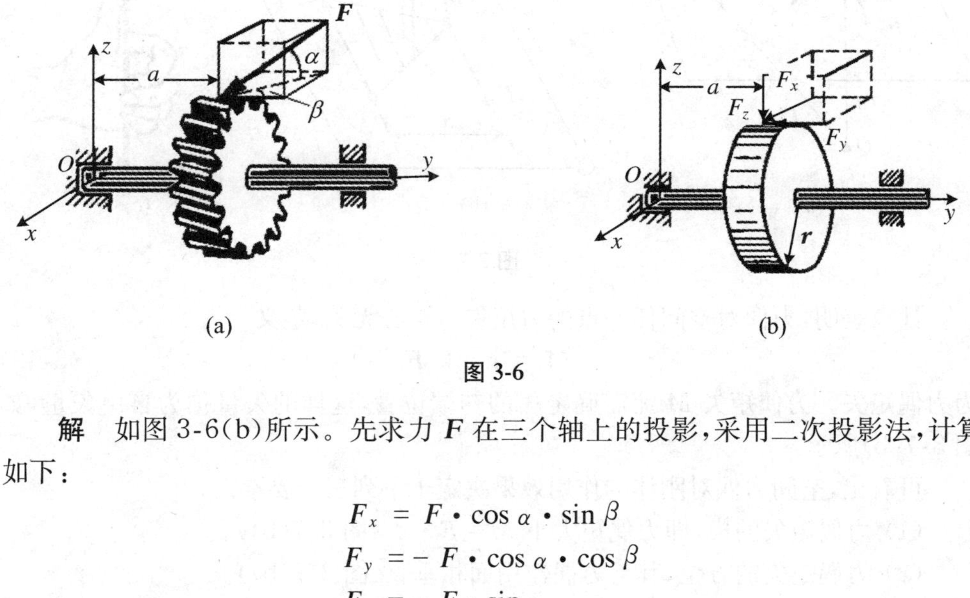

图 3-6

解　如图 3-6(b)所示。先求力 $\boldsymbol{F}$ 在三个轴上的投影，采用二次投影法，计算如下：

$$F_x = F\cdot\cos\alpha\cdot\sin\beta$$
$$F_y = -F\cdot\cos\alpha\cdot\cos\beta$$
$$F_z = -F\cdot\sin\alpha$$

力 $\boldsymbol{F}$ 对 x、y、z 轴之矩为

$$M_x(\boldsymbol{F}) = -F_z a + F_y r = Fa\sin\alpha - Fr\cos\alpha\cos\beta$$
$$M_y(\boldsymbol{F}) = F_x r = Fr\cos\alpha\sin\beta$$
$$M_z(\boldsymbol{F}) = F_x a = Fa\cos\alpha\sin\beta$$

3.3 空 间 力 偶

1. 力偶矩矢

空间力偶对刚体的作用效应,可用力偶矩矢来度量,即用力偶中的两个力对空间某点之矩的矢量和来度量。设有空间力偶($\boldsymbol{F},\boldsymbol{F}'$),其力偶臂为 d,如图 3-7(a)所示。力偶对空间任一点 O 的力矩矢以 $\boldsymbol{M}_O(\boldsymbol{F},\boldsymbol{F}')$表示,有

$$\boldsymbol{M}_O(\boldsymbol{F},\boldsymbol{F}') = \boldsymbol{M}_O(\boldsymbol{F}) + \boldsymbol{M}_O(\boldsymbol{F}') = \boldsymbol{r}_A \times \boldsymbol{F} - \boldsymbol{r}_B \times \boldsymbol{F}'$$

因为 $\boldsymbol{F}' = -\boldsymbol{F}$,故上式可改写为

$$\boldsymbol{M}_O(\boldsymbol{F},\boldsymbol{F}') = (\boldsymbol{r}_A - \boldsymbol{r}_B)\times \boldsymbol{F} = \boldsymbol{r}_{BA} \times \boldsymbol{F}$$

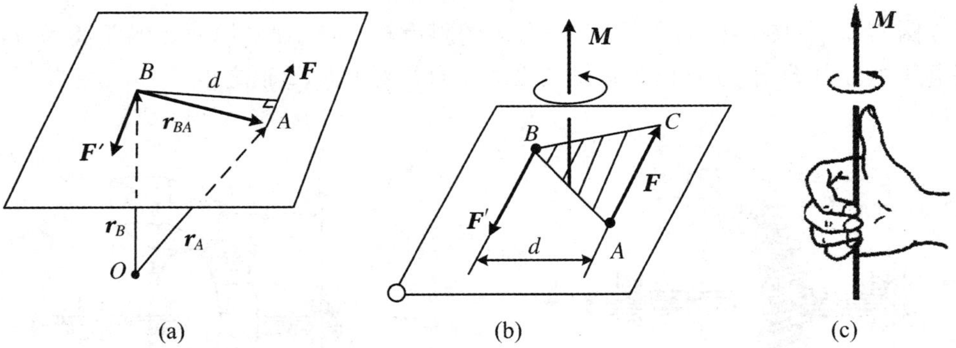

图 3-7

计算表明,力偶对空间任一点的力矩矢与矩心无关,定义

$$\boldsymbol{M} = \boldsymbol{r}_{BA} \times \boldsymbol{F} \tag{3-12}$$

为力偶矩矢。力偶矩矢 $\boldsymbol{M}$ 无需确定矢的初端位置,这样的矢量称为自由矢量,如图 3-7(b)所示。

可看出,空间力偶对刚体的作用效果决定于下列三个要素:

(1) 力偶矩矢的模,即力偶矩大小 $M = F \cdot d$ (图 3-7(b))。

(2) 力偶矩矢的方位,其与力偶作用面相垂直(图 3-7(b))。

(3) 力偶矩矢的指向以及力偶的转向(图 3-7(c))。

2. 空间力偶等效定理

由于空间力偶对刚体的作用效果完全由力偶矩矢来确定,而力偶矩矢是自由矢量,因此两个空间力偶不论作用在刚体的什么位置,也不论力的大小、方向及力偶臂的大小如何,只要力偶矩矢相等,力偶就等效。这就是空间力偶等效定理,即作用在同一刚体上的两个空间力偶,如果其力偶矩矢相等,则它们彼此等效。

这一定理表明：空间力偶可以平移到与其作用面平行的任意平面上而不改变力偶对刚体的作用效果；也可以同时改变力与力偶臂的大小或将力偶在其作用面内任意移转，只要力偶矩矢的大小、方向不变，其作用效果就不变。可见，力偶矩矢是空间力偶作用效果的唯一度量。

3．空间力偶系的合成与平衡条件

任意个空间分布的力偶可合成为一个合力偶，合力偶矩矢等于各分力偶矩矢的矢量和，即有

$$\boldsymbol{M} = \boldsymbol{M}_1 + \boldsymbol{M}_2 + \cdots + \boldsymbol{M}_n = \sum \boldsymbol{M}_i \tag{3-13}$$

这是由于空间力偶的作用效果完全由力偶矩矢确定，因此它们的合成必然是这些矢量的合成，其合成结果当然是力偶矩矢的矢量和。

合力偶矩矢的解析表达式为

$$\boldsymbol{M} = M_x\boldsymbol{i} + M_y\boldsymbol{j} + M_z\boldsymbol{k} \tag{3-14}$$

将式(3-13)分别向 x、y、z 轴投影，有

$$\begin{cases} M_x = M_{1x} + M_{2x} + \cdots + M_{nx} = \sum M_{ix} \\ M_y = M_{1y} + M_{2y} + \cdots + M_{ny} = \sum M_{iy} \\ M_z = M_{1z} + M_{2z} + \cdots + M_{nz} = \sum M_{iz} \end{cases} \tag{3-15}$$

即合力偶矩矢在 x、y、z 轴上的投影等于各分力偶矩矢在相应轴上投影的代数和。

例 3-3　工件如图 3-8(a)所示，在它的四个面上同时钻五个孔，每个孔所受的切削力偶矩均为 80 N·m，求工件所受合力偶的矩在 x、y、z 轴上的投影 M_x、M_y、M_z。

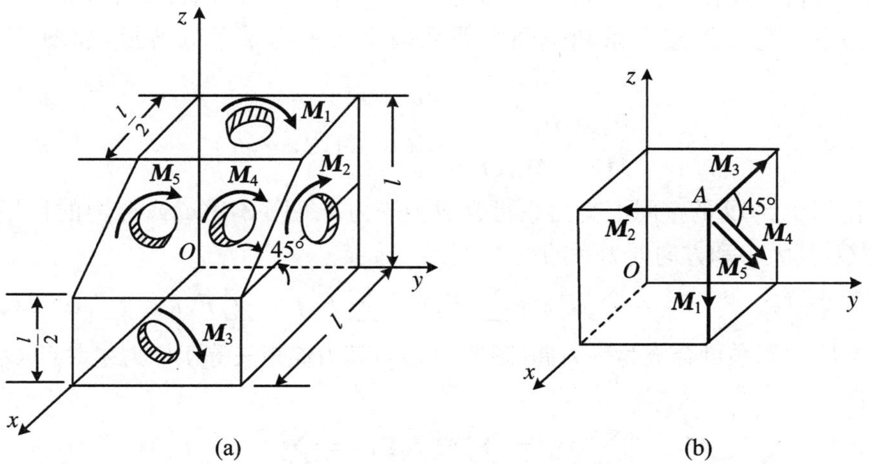

图 3-8

解　将作用在四个面上的力偶用力偶矩矢量表示，并将它们平行移到点 A，如图 3-8(b)所示。根据式(3-15)，可得

$$M_x = \sum M_x = -M_3 - M_4\cos 45° - M_5\cos 45° = -193.1\ \text{N}\cdot\text{m}$$

$$M_y = \sum M_y = -M_2 = -80\ \text{N}\cdot\text{m}$$

$$M_z = \sum M_z = -M_1 - M_4\cos 45° - M_5\cos 45° = -193.1\ \text{N}\cdot\text{m}$$

由于空间力偶系可以用一个合力偶来代替，因此空间力偶系平衡的必要和充分条件是：该力偶系的合力偶矩等于零，亦即所有力偶矩矢的矢量和等于零，即

$$\sum \boldsymbol{M}_i = 0 \tag{3-16}$$

欲使上式成立，必须同时满足：

$$\begin{cases} \sum M_x = 0 \\ \sum M_y = 0 \\ \sum M_z = 0 \end{cases} \tag{3-17}$$

上式为空间力偶系的平衡方程，即空间力偶系平衡的必要和充分条件为：该力偶系中所有各力偶矩矢在3个坐标轴上投影的代数和分别等于零。

上述3个独立的平衡方程可求解3个未知量。

3.4 空间任意力系向一点的简化　主矢和主矩

如图3-9(a)所示，刚体上作用空间任意力系 $\boldsymbol{F}_1, \boldsymbol{F}_2, \cdots, \boldsymbol{F}_n$，应用力的平移定理，依次将各力向简化中心 O 平移，同时附加一个相应的力偶。这样，原来的空间任意力系被空间汇交力系和空间力偶系两个简单力系等效替换，如图3-9(b)所示。

$$\begin{cases} \boldsymbol{F}'_i = \boldsymbol{F}_i \\ \boldsymbol{M}_i = \boldsymbol{M}_O(\boldsymbol{F}_i) \end{cases} \quad (i = 1, 2, \cdots, n)$$

作用于点 O 的空间汇交力系可合成为一力 $\boldsymbol{F}'_R$（图3-9(c)），此力的作用线通过点 O，其大小和方向同力系的主矢，即

$$\boldsymbol{F}'_R = \sum \boldsymbol{F}_i = \sum F_{xi}\boldsymbol{i} + \sum F_{yi}\boldsymbol{j} + \sum F_{zi}\boldsymbol{k} \tag{3-18}$$

空间力偶系可合成为一力偶（图3-9(c)），其力偶矩矢等于原力系对点 O 的主矩，即

$$\boldsymbol{M}_O = \sum \boldsymbol{M}_i = \sum \boldsymbol{M}_O(\boldsymbol{F}_i) = \sum (\boldsymbol{r}_i \times \boldsymbol{F}_i) \tag{3-19}$$

空间任意力系向任一点 O 简化，可得一个力和一个力偶：力的大小和方向同该力系的主矢，作用线通过简化中心 O；力偶的矩矢等于该力系对简化中心的主矩。与平面任意力系一样，主矢与简化中心的位置无关，主矩一般与简化中心的位

置有关。

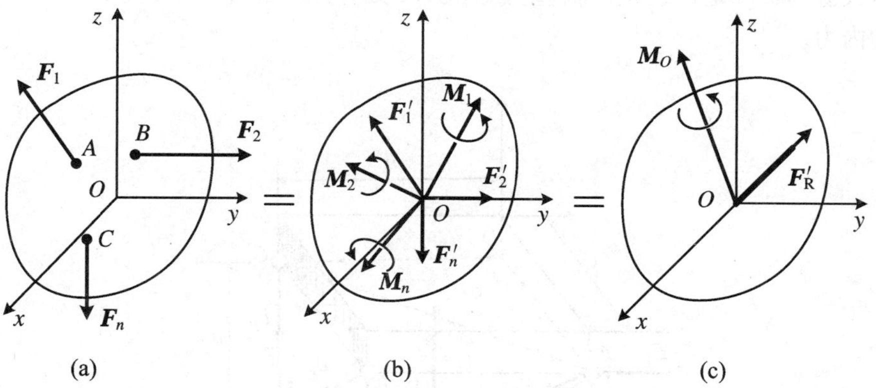

图 3-9

3.5 空间任意力系的平衡方程

空间任意力系平衡的必要和充分条件是：力系的主矢和对于任一点的主矩都等于零，即

$$F_R' = 0$$

$$M_O = 0$$

根据式(3-18)和式(3-19)，可将上述条件写成下面的形式：

$$\begin{cases} \sum F_x = 0, & \sum M_x(F) = 0 \\ \sum F_y = 0, & \sum M_y(F) = 0 \\ \sum F_z = 0, & \sum M_z(F) = 0 \end{cases} \tag{3-20}$$

空间任意力系平衡的必要和充分条件是：所有各力在 3 个坐标轴中每一个轴上的投影的代数和都等于零，并且这些力对于每一个坐标轴的矩的代数和也等于零。

我们可以从空间任意力系的普遍平衡方程中导出特殊情况的平衡方程，例如空间平行力系、空间汇交力系和平面任意力系等的平衡方程。

空间任意力系有 6 个独立的平衡方程，可求解 6 个未知量，但其平衡方程不局限于式(3-20)所示的形式。为使解题简便，每个方程中最好只包含一个未知量。为此，选投影轴时应尽量与其余未知力垂直；选取矩的轴时应尽量与其余的未知力平行或相交。投影轴不必相互垂直，取矩的轴也不必与投影轴重合，力矩方程的数目可取 3 个至 6 个。

例 3-4 图 3-10 所示均质长方体板由六根直杆支承于水平位置，直杆两端各用球铰链与板和地面连接。板重为 P，在 A 处作用一水平力 $\boldsymbol{F}$，且 $F=2P$。求各杆的内力。

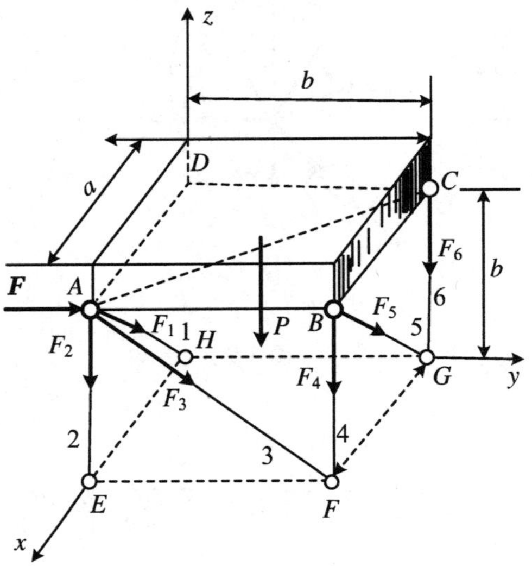

图 3-10

解 取长方体板为研究对象，各直杆均为二力杆，设它们均受拉力。板的受力图如图 3-10 所示。列平衡方程：

$$\sum M_{AE}(\boldsymbol{F}) = 0: F_5 = 0$$

$$\sum M_{BF}(\boldsymbol{F}) = 0: F_1 = 0$$

$$\sum M_{AC}(\boldsymbol{F}) = 0: F_4 = 0$$

$$\sum M_{AB}(\boldsymbol{F}) = 0: F_6 a + P\frac{a}{2} = 0$$

解得 $F_6 = -\dfrac{P}{2}$。

$$\sum M_{DH}(\boldsymbol{F}) = 0: Fa + F_3 a\cos 45^\circ = 0$$

解得 $F_3 = -2\sqrt{2}P$。

$$\sum M_{FG}(\boldsymbol{F}) = 0: Fb - F_2 b - \frac{1}{2}Pb = 0$$

解得 $F_2 = \dfrac{3}{2}P$。

上例中用 6 个力矩方程求得 6 根杆的内力。一般力矩方程比较灵活，常可使一个方程只含一个未知量。当然也可以采用其他形式的平衡方程求解。但无论怎样列方程，独立平衡方程的数目只有6个。空间任意力系平衡方程的基本形式为式(3-20)，即3个投影方程和3个力矩方程，它们是相互独立的。其他不同形式的平衡方程还有多组，也都只有6个独立方程，由于空间情况比较复杂，本书不再讨论其独立性条件，但只要各用一个方程逐个求出各未知数，这6个方程一定是独立的。

3.6 重 心

1. 平行力系中心

平行力系中心是平行力系合力通过的一个点。设在刚体上 A、B 两点作用有两个平行力 $\boldsymbol{F}_1$、$\boldsymbol{F}_2$，如图3-11所示。将其合成，得合力矢为

$$\boldsymbol{F}_\mathrm{R} = \boldsymbol{F}_1 + \boldsymbol{F}_2$$

由合力矩定理可确定合力作用点 C：

$$\frac{F_1}{BC} = \frac{F_2}{AC} = \frac{F_\mathrm{R}}{AB}$$

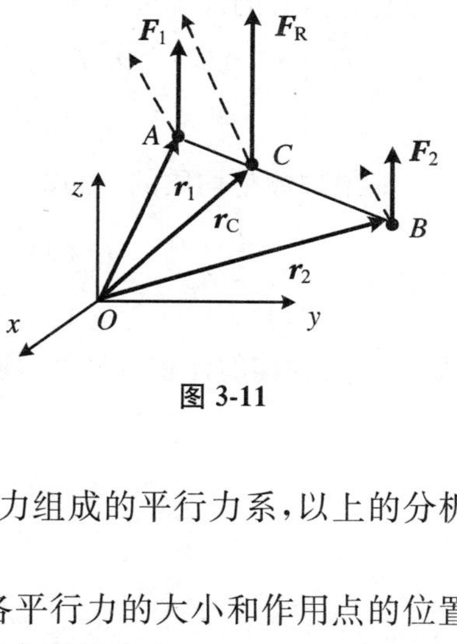

图 3-11

若将原有各力绕其作用点转过同一角度，使它们仍保持相互平行，则合力 $\boldsymbol{F}_\mathrm{R}$ 仍与各力平行也绕点 C 转过相同的角度，且合力的作用点 C 不变，如图3-11所示。

上面的分析对反向平行力也适用。对于多个力组成的平行力系，以上的分析方法和结论仍然适用。

由此可知，平行力系合力作用点的位置仅与各平行力的大小和作用点的位置有关，而与各平行力的方向无关。称该点为此平行力系的中心。

取各力作用点矢径如图3-11所示，由合力矩定理，得

$$\boldsymbol{r}_C \times \boldsymbol{F}_\mathrm{R} = \boldsymbol{r}_1 \times \boldsymbol{F}_1 + \boldsymbol{r}_2 \times \boldsymbol{F}_2$$

设力作用线方向的单位矢量为 $\boldsymbol{F}^0$，则上式变为

$$\boldsymbol{r}_C \times F_\mathrm{R}\boldsymbol{F}^0 = \boldsymbol{r}_1 \times F_1\boldsymbol{F}^0 + \boldsymbol{r}_2 \times F_2\boldsymbol{F}^0$$

从而可得

$$\boldsymbol{r}_C = \frac{F_1\boldsymbol{r}_1 + F_2\boldsymbol{r}_2}{F_\mathrm{R}} = \frac{F_1\boldsymbol{r}_1 + F_2\boldsymbol{r}_2}{F_1 + F_2}$$

如为由若干个力组成的平行力系，用上述方法可以求得合力大小：$F_\mathrm{R} = \sum F_i$，合力方向与各力方向平行，合力的作用点为

$$\boldsymbol{r}_c = \frac{\sum F_i \boldsymbol{r}_i}{\sum F_i} \tag{3-21}$$

显然，$\boldsymbol{r}_C$ 只与各力的大小及作用点有关，而与平行力系的方向无关。点 C 即为此平行力系的中心。

将式(3-21)中各量相应投影到图 3-11 中的直角坐标轴上，得

$$x_c = \frac{\sum F_i x_i}{\sum F_i},\quad y_c = \frac{\sum F_i y_i}{\sum F_i},\quad z_c = \frac{\sum F_i z_i}{\sum F_i} \tag{3-22}$$

2. 重心

地球半径很大，地表面物体各部分所受的重力可以看作是平行力系，此平行力系的中心即为物体的重心。重心有确定的位置，与物体在空间的位置无关。

设物体由若干部分组成，其第 i 部分重为 P_i，重心为 (x, y, z)，则由式(3-22)可得物体重心的计算公式为

$$x_c = \frac{\sum P_i x_i}{\sum P_i},\quad y_c = \frac{\sum P_i y_i}{\sum P_i},\quad z_c = \frac{\sum P_i z_i}{\sum P_i} \tag{3-23}$$

如果物体是均质的，由式(3-23)可得

$$x_c = \frac{\int_V x\mathrm{d}V}{V},\quad y_c = \frac{\int_V y\mathrm{d}V}{V},\quad z_c = \frac{\int_V z\mathrm{d}V}{V} \tag{3-24}$$

式中 V 为物体的体积。显然，均质物体的重心就是其几何中心，即形心。

第 4 章　材料力学基本概念

4.1　材料力学的任务

机械或工程结构的各组成部分,如机床的轴、建筑物的梁和柱等,统称为构件。当机械或工程结构工作时,构件将受到力的作用。例如,车床主轴受切削力和齿轮啮合力的作用;建筑物的梁受由地板传递来的力和自身重力的作用等。作用于构件上的这些力都可称为载荷。构件一般由固体制成,在载荷作用下,固体有抵抗破坏的能力,但这种能力又是有限度的。而且,在载荷作用下,固体的形状和尺寸还会发生变化,称为变形。

为保证机械或工程结构的正常工作,构件应有足够的能力负担起应当承受的载荷,也就是它应满足下述要求:

(1) 在规定载荷作用下构件不能破坏。例如,屋梁不应折断,储气罐不能破裂。所以,构件应有足够的抵抗破坏的能力,这就是强度要求。

(2) 在规定载荷作用下,某些构件除要满足强度要求外,变形也不能过大。例如,车床主轴的变形过大将影响加工精度。所以,构件应有足够的抵抗变形的能力,这就是刚度要求。

(3) 有些受压力作用的构件,如千斤顶的丝杆、驱动装置的活塞杆等,应始终保持原有的直线平衡形态,保证不被压弯。亦即构件应有足够的保持原有平衡形态的能力,这就是稳定性要求。

若构件的截面尺寸过小或材料质地不好,以致不能满足上述要求,便不能保证机械或工程结构的安全工作。反之,不恰当地加大横截面尺寸,选用优质材料,虽满足了上述要求,却增加了成本,未免浪费。二者往往是矛盾的。材料力学为合理地解决这一矛盾提供了理论基础及计算方法,从而可为受力构件选用适当的材料,确定合理的形状和尺寸。

材料力学的任务就是:

(1) 研究构件在外力作用下的内力、变形和破坏的有关规律。

(2) 为设计构件提供有关强度、刚度和稳定性计算的基本原理和方法。

前者是后者的理论基础,后者则是前者在工程中的应用。

在工程问题中，一般来说，构件都应有足够的强度、刚度和稳定性，但对具体构件又往往有所侧重。例如，储气罐主要是要保证强度，车床主轴主要是要具备一定的刚度，而受压的细长杆则主要应保持稳定性。此外，对某些特殊构件还可能有相反的要求。例如为防止超载，当载荷超出某一极限时，安全销应立即破坏。又如为发挥缓冲作用，车辆的缓冲弹簧应有较大的变形。

研究构件的强度、刚度和稳定性时，应了解材料在外力作用下表现出的变形和破坏等方面的性能，即材料的力学性能，而力学性能是由实验来确定的。此外，经过简化得出的理论是否可信，也要由实验来验证。还有一些尚无理论结果的问题，更必须借助实验方法来解决。所以，实验分析和理论研究同是材料力学解决问题的方法。

4.2 变形固体的基本假设

固体会因受外力作用而变形，故称为变形固体或可变形固体。为把变形固体抽象为力学模型，省略一些与强度、刚度和稳定性关系不大的因素，对变形固体做出下列假设。

1. 均匀连续假设

这一假设认为，在物体的整个体积内都毫无空隙地充满着物质，而且物体内任何部分的性质都完全相同。实际上，从物质结构上看，材料内部是存在着不同程度的空隙的，而且各基本组成部分（如金属中的晶粒）的性质也不尽一致。但由于材料力学是从宏观的角度去研究问题的，这些空隙远小于构件的尺寸，而且各组成部分的排列是错综复杂的，因此，由统计平均的观点看，这些空隙和非均匀性的影响可不加考虑。按此假设，可将物体中的一些物理量作为位置的连续函数来处理；并可从构件中取出无限小的部分来研究，然后将研究结果推广于整个构件；也可将由小尺寸试样测得的材料性质，用于构件的任何部位。

2. 各向同性假设

这一假设认为，沿任何方向固体的力学性能都是相同的。就单一的金属晶粒来说，沿不同方向性能并不完全相同，但因金属构件包含数量极多的晶粒，且又无序地排列，这样沿各个方向的性能就接近相同了。具有这种属性的材料称为各向同性材料。如铸钢、铸铜、玻璃等即为各向同性材料。

也有些材料沿不同方向性能并不相同，如木材、纤维织品和某些人工合成材料等。这类材料称为各向异性材料。在材料力学中，研究各向同性材料所得的结论，也可近似地用于具有方向性的材料。

3. 小变形假设——原始尺寸原理

工程实际中构件的变形一般是极其微小的，材料力学研究的问题就限于小变形的情况。这一假设认为无论是变形或由变形引起的位移，其大小都远小于构件的最小尺寸。例如在图 4-1 中，支架的各杆因受力而变形引起节点 A 的位移。因位移 δ_1 和 δ_2 都是非常微小的量，所以当列出节点 A 的平衡方程时，不计支架的变形，认为角 θ 未变，亦即沿用支架变形前的形状和尺寸。这种方法称为原始尺寸原理。它使计算得到很大的简化，否则，为求出 AB 和 AC 应先列出节点 A 的平衡方程，列平衡方程时又要考虑支架形状和尺寸的变化（即角 θ 的变化），而这种变化在求得 AB 和 AC 两杆受力之前又是未知的，这就使问题变得非常复杂了。

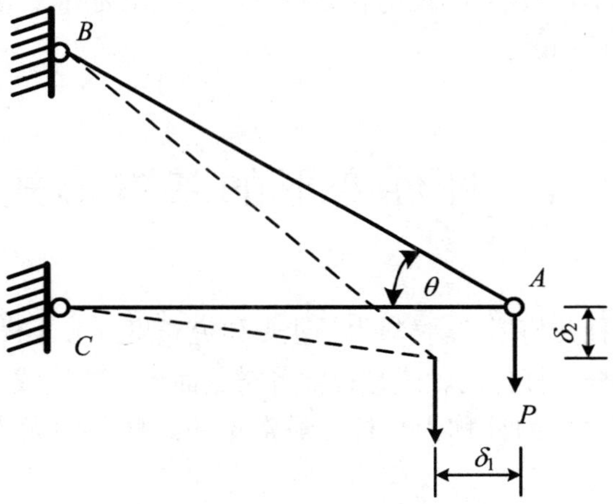

图 4-1

4.3　作用在构件上的载荷

当研究某一构件时，可以设想把这一构件从周围物体中单独取出，并用力来代替周围各物体对构件的作用。这些来自构件外部的力就是外力，即为载荷。按外力的作用方式可分为表面力和体积力。表面力是作用于物体表面的力，又可分为分布力和集中力。分布力是连续作用于物体表面的力，如作用于油缸内壁上的油压力，作用于船体上的水压力等。有些分布力是沿杆件的轴线作用的，如楼板对屋梁的作用力。若外力分布面积远小于物体的表面尺寸，或沿杆件轴线分布范围远小于轴线长度，就可看作是作用于一点的集中力，如火车轮对钢轨的压力、滚珠轴承对轴的反作用力等。体积力是连续分布于物体内部各点的力，例如物体的自重和惯性力等。

载荷按随时间变化的情况，又可分为静载荷和动载荷。若载荷缓慢地由零增加到某一定值,以后即保持不变,或变动很不显著,即为静载荷。例如,把机器缓慢地置放在基础上时,机器的重量对基础的作用便是静载荷。若载荷随时间而变化,则为动载荷。按其随时间变化的方式,动载荷又可分为交变载荷和冲击载荷。交变载荷是随时间做周期性变化的载荷,例如当齿轮传动时,作用于每一个齿上的力都是随时间做周期性变化的。冲击载荷则是物体的运动在瞬时内发生突然变化所引起的载荷,例如,急刹车时飞轮的轮轴、锻造时汽锤的锤杆等都受到冲击载荷的作用。

材料在静载荷下和在动载荷下的性能颇不相同,分析方法也颇有差异。因为静载荷问题比较简单,所建立的理论和分析方法又可作为解决动载荷问题的基础,所以首先研究静载荷问题。

4.4 杆件变形的基本形式

构件可以有各种几何形状,材料力学主要研究长度远大于横截面尺寸的构件,称为杆件或简称为杆。杆件的轴线是杆件各横截面形心的连线。轴线为曲线的杆称为曲杆。轴线为直线的杆称为直杆。最常见的是横截面大小和形状不变的直杆,称为等直杆。

杆件内一点周围的变形可由应变来描述。所谓应变是度量一点处变形程度的基本量,分为线应变和切应变两种。线应变 ε 表示线段长度的改变,切应变 γ 则用来表示角度的变化。它们都没有量纲。杆件所有各点变形的积累就形成它的整体变形。杆件的整体变形有以下几种基本形式:

1. 拉伸或压缩

杆件在大小相等、方向相反、作用线和轴线重合的一对力作用下,变形表现为长度的伸长或缩短,如图 4-2(a)所示。

2. 剪切

杆件受大小相等、方向相反且作用线靠近的一对力的作用,变形表现为杆件两部分沿外力方向发生相对错动,如图 4-2(b)所示。

3. 扭转

在垂直于杆件轴线的两个平面内,分别作用大小相等、方向相反的两个力偶矩时,变形表现为任意两个横截面发生绕轴线的相对转动,如图 4-2(c)所示。

4. 弯曲

在包含杆件轴线的纵向平面内,作用方向相反的一对力偶矩,或作用与轴线垂直的横向力时,变形表现为轴线由直线变为曲线,如图 4-2(d)所示。对曲杆来说,则是轴线的曲率发生变化。

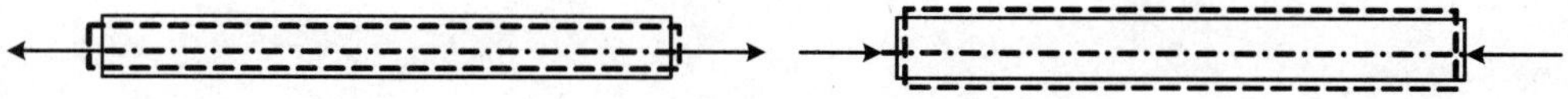

(a)

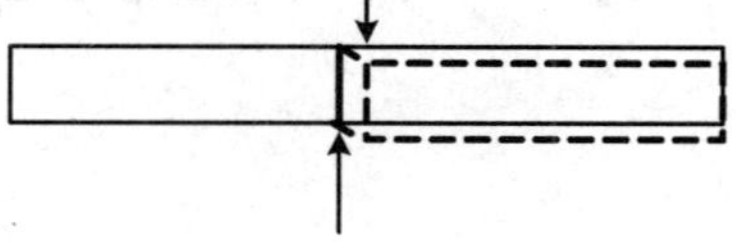

(b)

(c)

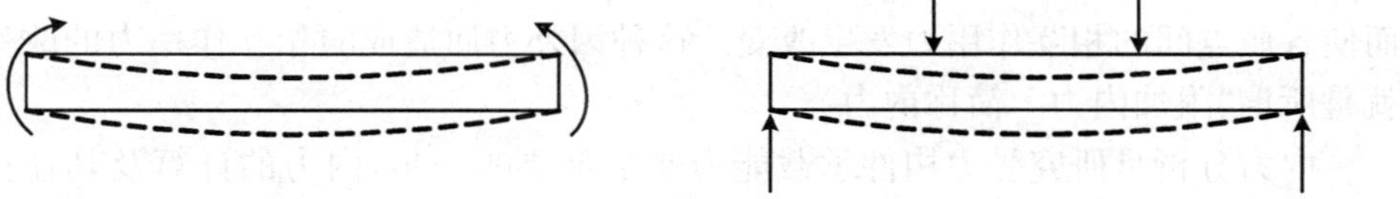

(d)

图 4-2

实际杆件的变形经常是几种基本变形的组合。例如车床主轴就是弯曲、扭转和压缩等变形的组合。这种情况称为组合变形。

第 5 章　杆件的内力

5.1　内力的概念　截面法

当物体受外力作用而变形时，物体内部各质点间的相对位置将会发生变化，从而使各质点间的相互作用力发生改变。这种因外力而造成的相互作用力的改变量就是所谓“附加内力”，简称内力。

内力分析是研究受力构件承载能力非常重要的一步，内力的计算及其在杆件内的变化情况，是分析和解决杆件强度、刚度和稳定性等问题的基础。

截面法是力学中研究受力构件内力的一种基本方法。它可以概括为以下四个步骤：

(1) 截：在欲求内力的截面处，沿该截面假想地将杆件截分为两部分。

(2) 留：保留其中任一部分为研究对象，抛弃另一部分。

(3) 代：用内力代替抛弃部分对保留部分的作用。

(4) 平：根据保留部分的平衡条件，确定该截面上内力的大小和方向。

为了研究杆件在外力作用下任一截面 $m\text{-}m$ 上的内力，假想将杆件沿 $m\text{-}m$ 截面截开为两部分，如图 5-1(a)所示；在截开的两个相对截面上作用着等值、反向的相互作用力，如图 5-1(b)所示。

任取一部分，例如左部分，将截面上的分布力向截面形心 O 简化，结果为一主矢和一主矩，它们是右部分对左部分的作用，将主矢和主矩在直角坐标系中分解，得到 6 个内力分量，如图 5-2 所示。

6 个内力分量及其对应的变形，如表 5-1 所示。

表 5-1

符号	名称	方向(转向)	对应的基本变形
N	轴力	沿截面法线	拉伸或压缩
Q_y、Q_z	剪力	沿截面切线	剪切
$T(M_x)$	扭矩	绕 x 轴	扭转
M_y、M_z	弯矩	绕 y、z 轴	弯曲

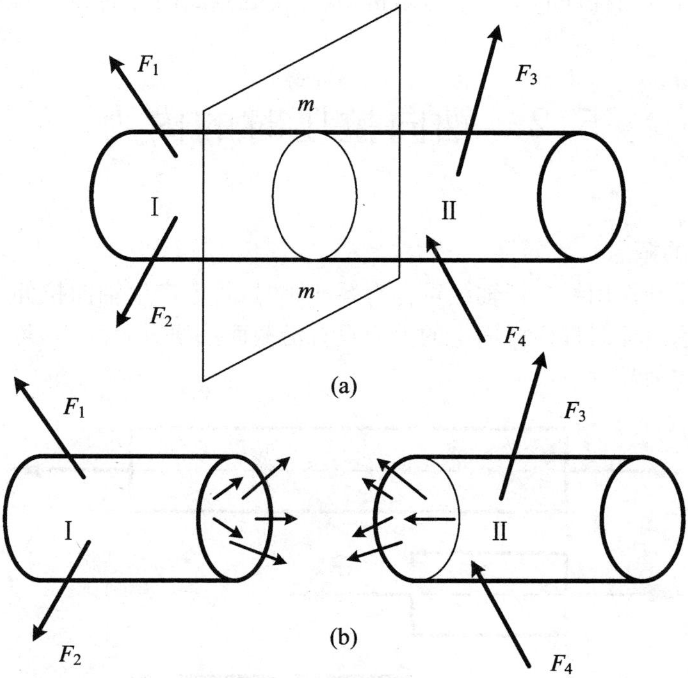

图 5-1

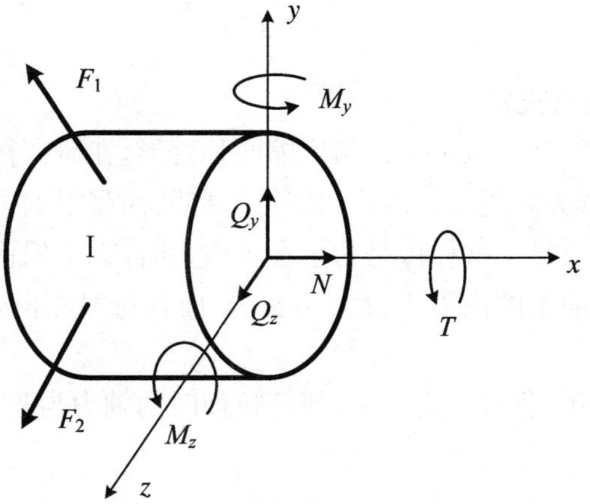

图 5-2

在外力作用下,杆件处于平衡状态,因此可以根据静力平衡条件确定内力的大小。

在对杆件进行内力分析时,一般都要解决四个问题:(1) 横截面上有何种内力;(2) 内力的正、负号是如何规定的;(3) 内力的大小是多少;(4) 内力沿杆的轴线是如何变化的,即绘出杆件的内力图。

内力的分类与杆件的基本变形紧密相联，正确判断内力的类型是非常重要的。

5.2 轴向拉压时的内力

1. 轴力的概念

当杆件受到作用线与杆轴线重合力系作用时，将会产生轴向拉伸或压缩变形。如图5-3所示。此时杆横截面上的内力只有沿截面法线方向的 N，称为轴力，其余的内力分量均为零。

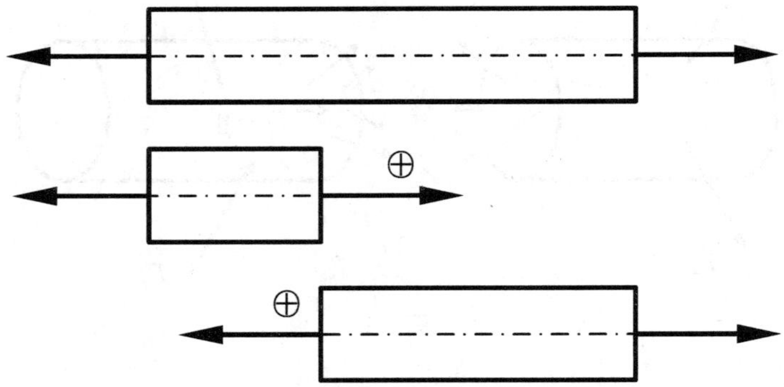

图 5-3

2. 轴力的正、负号规定

为了表示轴力的方向，区别拉伸与压缩两种变形，在研究杆件内效应时不再沿用静力分析时按投影方向规定力的正、负号的办法，而是根据内力所对应的基本变形来规定内力的正、负号。这样做是为了在求内力时，无论保留截面左边还是右边部分，都能使同一截面上的内力不仅大小相等，而且符号相同，即同为拉力或同为压力。

据此，对轴力的正、负号规定如下：使杆拉伸时的轴力为正；使杆压缩时的轴力为负。

3. 轴力图

表示轴力沿杆轴线变化的图形，称为轴力图。

例 5-1 已知 $F_1 = 10\ \text{kN}$，$F_2 = 20\ \text{kN}$，$F_3 = 35\ \text{kN}$，$F_4 = 25\ \text{kN}$，试画出图5-4(a)所示杆件的轴力图。

解 (1) 受力分析如图5-4(b)所示，计算各段的轴力。

$$AB\text{ 段}\quad \sum F_x = 0: N_1 = F_1 = 10\ \text{kN}$$

$$BC\text{ 段}\quad \sum F_x = 0: N_2 = F_1 - F_2 = -10\ \text{kN}$$

$$CD\text{段} \quad \sum F_x = 0: N_3 = F_4 = 25\ \mathrm{kN}$$

(2) 绘制轴力图,如图 5-4(c)所示。

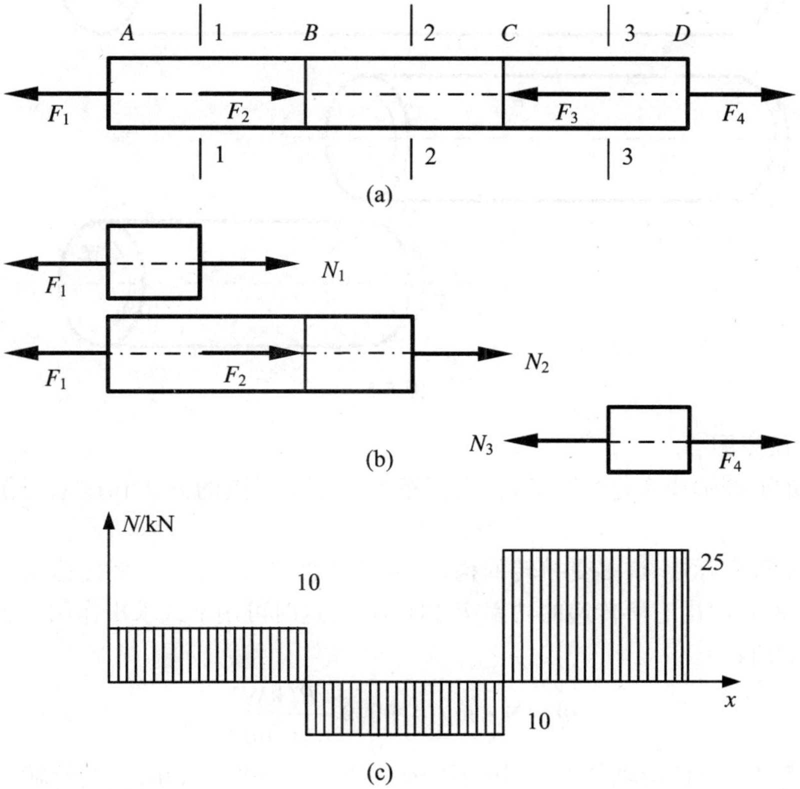

图 5-4

5.3　扭转时的内力

1. 扭矩的概念

如果在与圆杆轴线相垂直的两个平面内作用有大小相等、转向相反的外力偶,使杆的相邻截面发生绕轴线的相对转动,这种变形称为圆轴的扭转变形。如图 5-5 所示。此时横截面上只有绕 x 轴的内力偶分量 T,称为扭矩,其余的内力分量均为零。

2. 扭矩的正、负号规定

扭矩矢量方向与截面外法线方向一致时为正,反之为负。

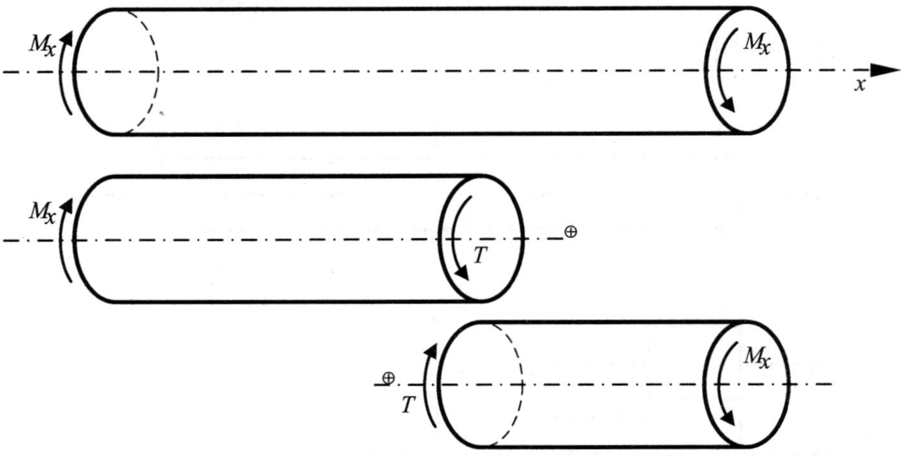

图 5-5

3. 扭矩图

扭矩沿杆轴线变化的图形，称为扭矩图。作扭矩图的方法和过程与作轴力图相似。

在工程实际中，许多受扭转的构件，如传动轴等，往往并不直接给出其外力偶矩之值，而是给出它所传递的功率 P 和转速 n，这时可用下式求出作用于轴上的外力偶矩的值：

$$m_x(\text{N}\cdot\text{m}) = 9549\,\frac{P(\text{kW})}{n(\text{r/min})} \tag{5-1}$$

例 5-2 一传动轴如图 5-6(a)所示，转速 $n = 300$ r/min；主动轮输入的功率 $P_1 = 500$ kW，三个从动轮输出的功率分别为：$P_2 = 150$ kW，$P_3 = 150$ kW，$P_4 = 200$ kW，试作轴的扭矩图。

解 (1) 计算作用在各轮上的外力偶矩：

$$M_1 = 9549 \times \frac{500}{300}\ \text{kN}\cdot\text{m} = 15.9\ \text{kN}\cdot\text{m}$$

$$M_2 = M_3 = 9549 \times \frac{150}{300}\ \text{kN}\cdot\text{m} = 4.78\ \text{kN}\cdot\text{m}$$

$$M_4 = 9549 \times \frac{200}{300}\ \text{kN}\cdot\text{m} = 6.37\ \text{kN}\cdot\text{m}$$

(2) 分别计算各段的扭矩，轴的受力如图 5-6(b)所示。

BC 段 $\sum M_x = 0: T_1 = -M_2 = -4.78\ \text{kN}\cdot\text{m}$

CA 段 $\sum M_x = 0: T_2 = -(M_2 + M_3) = -9.56\ \text{kN}\cdot\text{m}$

AD 段 $\sum M_x = 0: T_3 = M_4 = 6.37\ \text{kN}\cdot\text{m}$

(3) 绘制扭矩图，如图 5-6(c)所示。

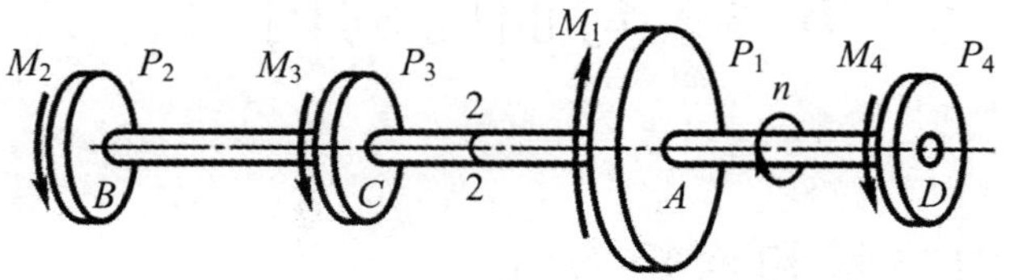

M2
P2
M3
P3
M1
P1
n
M4
P4
B
C
A
D
2
2

(a)

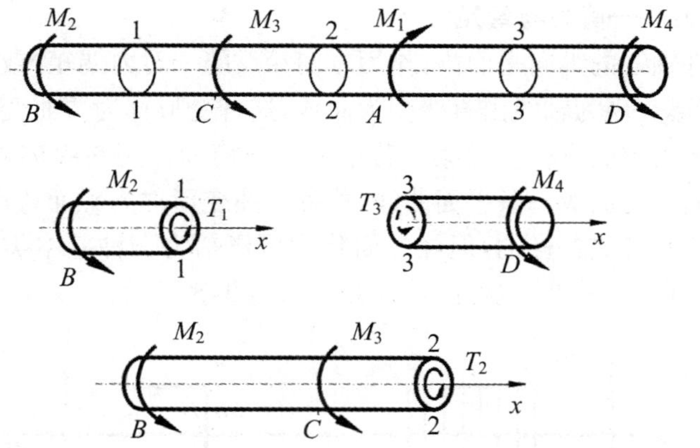

M2
M3
M1
M4
1
2
3
B
C
A
D
T1
T3
T2
x

(b)

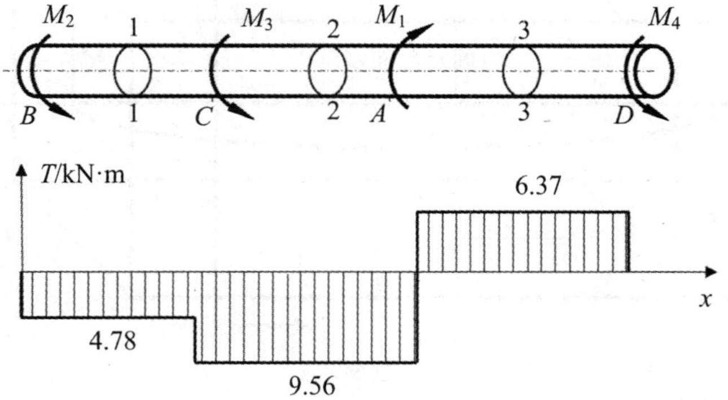

M2
M3
M1
M4
B
C
A
D
T/kN·m
6.37
4.78
9.56
x

(c)

图 5-6

5.4 弯曲时的内力

5.4.1 剪力方程和弯矩方程

1. 弯曲内力——剪力与弯矩

在包含杆件轴线的纵向平面内，作用方向相反的一对力偶矩，或作用与轴线垂直的横向力，变形表现为轴线由直线变为曲线，这种变形称为弯曲变形。

以弯曲变形为主的直杆称为梁。若梁上的载荷均作用在纵向对称面内，梁的轴线将在此平面内弯曲成一条平面曲线，这种弯曲变形称为平面弯曲，如图 5-7 所示。工程中的梁是各式各样的，但经过简化后可概括为三种基本类型：简支梁、悬臂梁和外伸梁（可一端外伸，也可两端外伸），如图 5-8 所示。

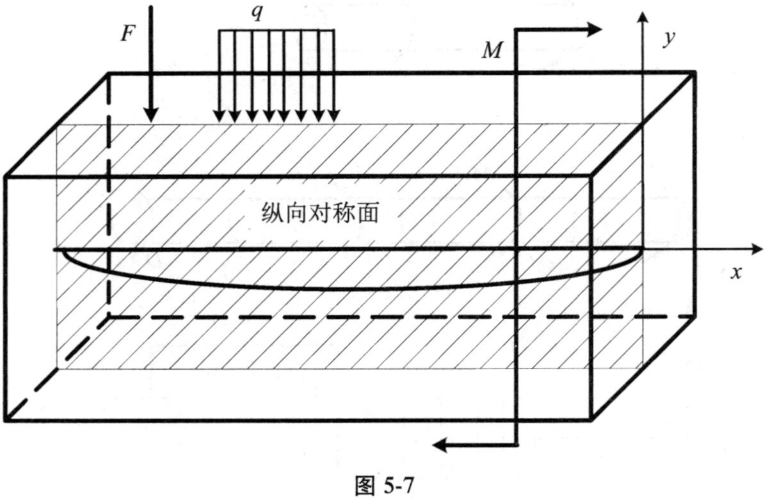

图 5-7

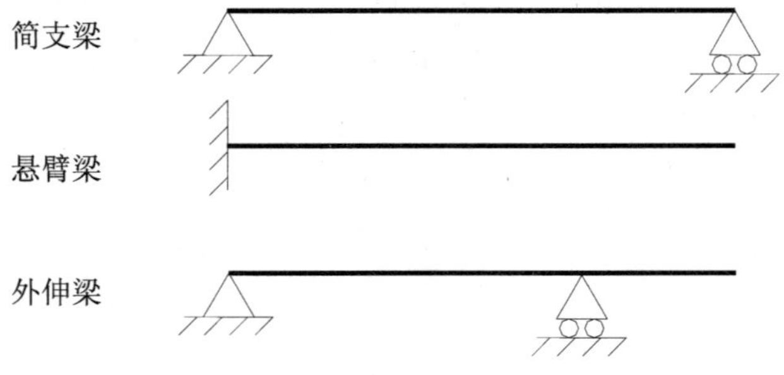

图 5-8

梁横截面上的内力既有沿截面切线方向的力 Q，称为剪力；也有绕 z 轴的内力偶 M，称为弯矩。其余的内力分量均为零。如图 5-9(a)所示。

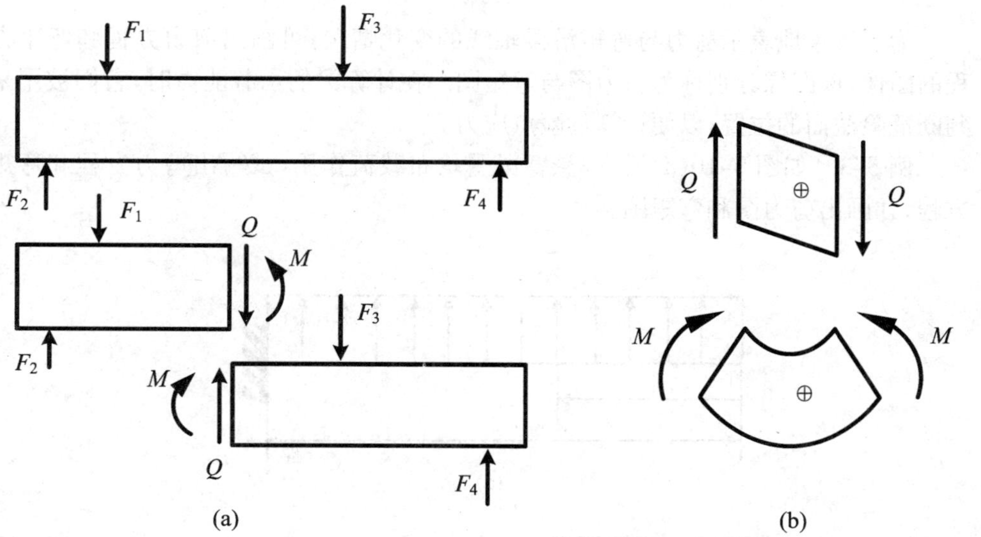

图 5-9

2．剪力与弯矩的正、负号规定

剪力：使截开部分杆件产生顺时针方向转动的为正，逆时针方向转动的为负；或在被截开部分左面向上为正、向下为负，在被截开部分右面向下为正、向上为负。

弯矩：使梁弯曲成上凹下凸的形状时弯矩为正，反之使梁弯成下凹上凸形状时弯矩为负；或在被截开部分左面顺时针方向转动为正、逆时针方向转动为负，在被截开部分右面逆时针方向转动为正、顺时针方向转动为负。

上述规律可归纳为：左上右下，剪力为正；左顺右逆，弯矩为正。如图 5-9(b)所示。

3．剪力方程和弯矩方程

一般情况下，剪力和弯矩沿梁的长度方向而变化。因此，以 x 表示横截面在轴线上的位置，则剪力和弯矩都可以表示为 x 的函数，分别称为梁的剪力方程和弯矩方程。

$$\begin{cases} Q = Q(x) \\ M = M(x) \end{cases} \tag{5-2}$$

梁的剪力方程和弯矩方程一般都是分段函数，当作用在梁上的外力有突变时，梁的剪力方程和弯矩方程将可能发生变化。因此，集中力、集中力偶以及分布载荷的起止点，均为剪力方程和弯矩方程的分段点。

5.4.2 剪力图和弯矩图

为了形象地表示剪力与弯矩沿梁轴线的变化情况，可画出剪力方程和弯矩方程的图像，该图像分别称为剪力图与弯矩图。在计算梁的承载能力时，它们被用来判断危险截面的位置，以便计算危险点应力。

例 5-3 如图 5-10(a)所示，悬臂梁受均布载荷作用，试写出剪力方程和弯矩方程，并画出剪力图和弯矩图。

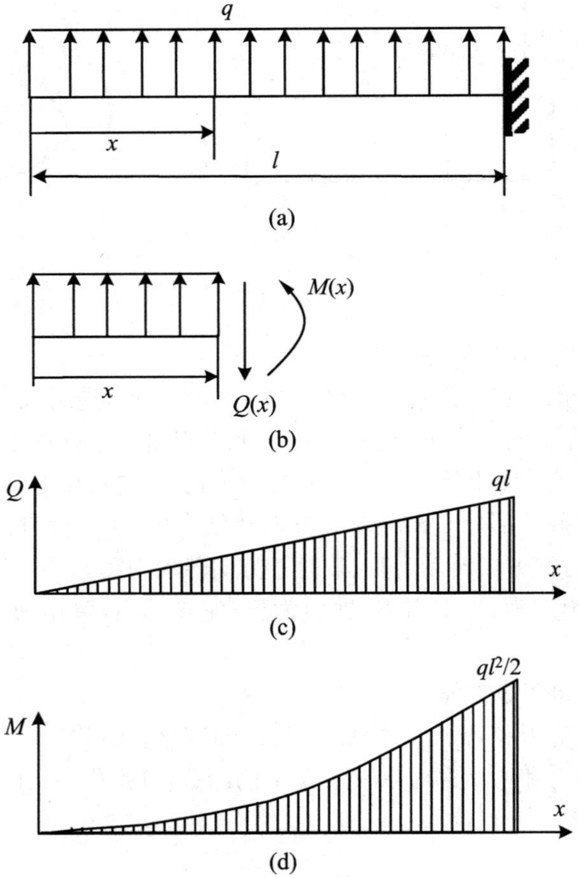

图 5-10

解 如图 5-10(b)所示，任选一截面 x，写出剪力方程和弯矩方程：$Q(x)=qx$，$M(x)=qx^2/2$，依方程作出剪力图和弯矩图，如图 5-10(c)、(d)所示。由剪力图、弯矩图可见，最大剪力和弯矩分别为 $Q_{max}=ql$，$M_{max}=ql^2/2$。

例 5-4 如图 5-11(a)所示，简支梁受集中力作用，试写出剪力方程和弯矩方程，并画出剪力图和弯矩图。

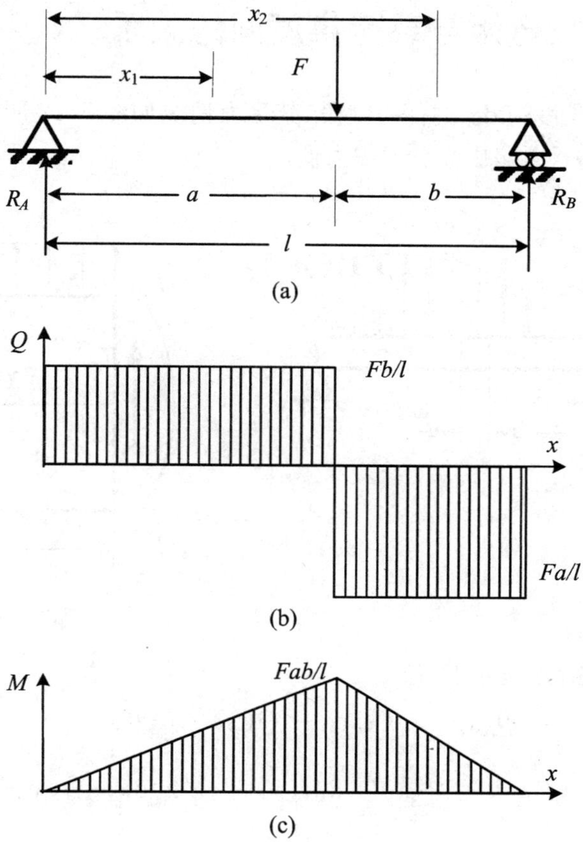

图 5-11

解　求支座反力：

$$R_A=\frac{Fb}{l},\quad R_B=\frac{Fa}{l}$$

显然梁的剪力方程和弯矩方程是分段函数：

$$Q(x)=\begin{cases}\dfrac{Fb}{l} & (0<x<a)(AC\text{ 段})\\ -\dfrac{Fa}{l} & (a<x<l)(CB\text{ 段})\end{cases}$$

$$M(x)=\begin{cases}\dfrac{Fb}{l}x & (0\leqslant x\leqslant a)(AC\text{ 段})\\ \dfrac{Fb}{l}(l-x) & (a<x\leqslant l)(CB\text{ 段})\end{cases}$$

依方程作出剪力图和弯矩图，如图 5-11(b)、(c)所示。由剪力图、弯矩图可见，当 $a>b$ 时，最大剪力 $Q_{\max}=Fa/l$，最大弯矩 $M_{\max}=Fab/l$。

5.4.3 剪力、弯矩与载荷集度间的关系

在梁上截取长度为 dx 的任一微段，其受力情况如图 5-12 所示。微段上的这些内力都取正值，且无集中力和集中力偶。

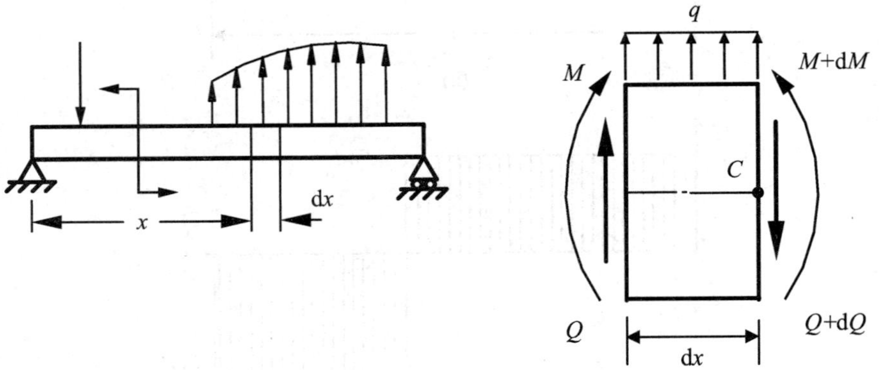

图 5-12

由微段的平衡方程可知，有

$$\begin{cases} \sum Y = 0:Q(x) + q(x)\mathrm{d}x - Q(x) - \mathrm{d}Q(x) = 0 \\ \sum M_C(F) = 0:M(x) + \mathrm{d}M(x) - Q(x)\mathrm{d}x - q(x)\dfrac{\mathrm{d}x^2}{2} = 0 \end{cases} \tag{5-3}$$

略去高阶微量后，得

$$\begin{cases} \dfrac{\mathrm{d}Q(x)}{\mathrm{d}x} = q(x) \\ \dfrac{\mathrm{d}M(x)}{\mathrm{d}x} = Q(x) \\ \dfrac{\mathrm{d}^2 M(x)}{\mathrm{d}x^2} = q(x) \end{cases} \tag{5-4}$$

上述微分关系，反映了载荷、剪力和弯矩之间的联系（斜率、面积等），利用它们，可以方便快捷地绘出剪力图和弯矩图。这种方法称为直接法。

表 5-2 列出了载荷图、剪力图和弯矩图之间的联系。

直接法作内力图可以简单概括为以下几个要点：

（1）零始零终：所有内力图的绘制都是从零出发，结束到零。

（2）图形定性：利用微分关系确定内力图是否为直线，斜率多少；或是抛物线。

（3）面积定值：微分关系反过来就是积分关系，即可通过求面积确定内力值。

作内力图时一般先要求出支座反力，同时正确的内力图还应做到：

（4）三图对齐：载荷、剪力、弯矩三图横坐标对齐。以便判断危险截面的位置。

（5）确定正负：一般横坐标上方为正。

（6）标明峰值：标明图形上各段的起止点的数值、抛物线的顶点等。

表 5-2

载荷	无载荷	均布载荷 q	集中力 F	集中力偶 M
Q 图特征	水平直线	斜直线	突变 F	无变化
M 图特征	斜直线 $Q>0$ $Q=0$ $Q<0$	抛物线	拐点	突变 M

例 5-5　用直接法作如图 5-13(a)所示梁的剪力图和弯矩图。

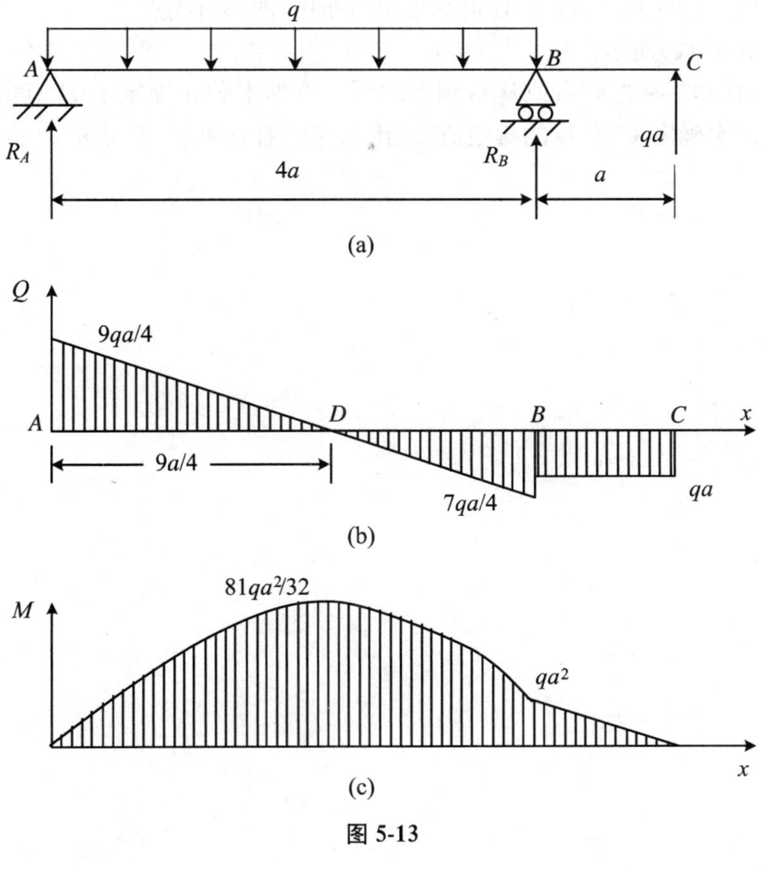

图 5-13

解 (1) 求支座反力：$R_A=9qa/4$，$R_B=3qa/4$。

(2) 从左到右作剪力图：从零出发，在 A 处受集中力 R_A 作用，图形有突变，上升了 R_A；在 AB 段受均布载荷作用，图形为向下的斜直线，下降值为均布载荷的矩形面积 $4qa$；在 B 处又受 R_B 集中力作用，图形有突变，上升了 R_B；BC 段无载荷，图形为水平直线；在 C 处再受集中力 qa 作用，图形有突变，上升了 qa；最终回到零。如图 5-13(b)所示。

(3) 从左到右作弯矩图：

从零出发，在 A 处受集中力 R_A 作用，图形有拐点。

在 AB 段受均布载荷作用，图形为开口向下的抛物线。对抛物线之类的二次曲线，一般需求出峰值。由高等数学知识可知，抛物线的极值点对应剪力为零的 D 点。D 点位置容易求得，进而可计算出剪力图上 AD 段的三角形面积 $81qa^2/32$，此即为抛物线的峰值。抛物线在 B 处的数值应为峰值加上剪力图 DB 段的三角形面积($-49qa^2/32$)。

在 B 处受 R_B 集中力作用，图形有拐点。

BC 段无载荷，因剪力为负，所以图形为向下的斜直线，下降值为剪力的矩形面积 qa。

此时图形已回到零，在 C 处再受集中力作用，图形有拐点。

如图 5-13(c)所示。

作内力图时，从左到右或从右到左均可。例如本题在确定了 D 点的峰值后，从右到左依次确定 C、B 点的弯矩值，就比从左到右计算 B、C 点的值显得更加方便快捷。

第 6 章　杆件的应力

6.1　应力的概念

内力分量是截面上分布内力的合力。仅确定内力，还不足以解决杆件的强度问题。例如，用同一种材料制成而粗细不同的两根杆，在相同拉力作用下，虽然两杆的轴力相同，但随着拉力的增大，细杆必然先被拉断。这说明，拉杆的强度不仅与轴力大小有关，还与杆件横截面面积大小有关，即取决于杆件截面上内力分布的密集程度(简称集度)。截面上一点处的分布内力集度，称为应力。

杆件在一般受力情况下，其截面上的内力并非均匀分布。而且，大小相同的内力以不同方式分布在截面上，产生的效果也不同。因此，需要建立应力的概念，以确切地描述内力在截面上的分布规律及一点处强度问题。

如图 6-1(a)所示的杆件，受任意力作用，在任意截面上任一点 C 的周围取一微小面积 ΔA，其上总内力为 ΔF，则 ΔA 上内力的平均集度称为 ΔA 上的应力，用 p_{m} 表示：

$$p_{\mathrm{m}} = \frac{\Delta F}{\Delta A} \tag{6-1}$$

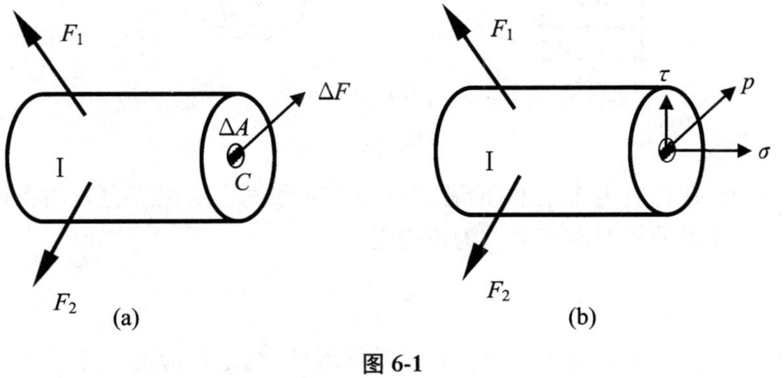

图 6-1

一般情况下，内力在截面上的分布并非均匀，为了确切地描述 C 点处内力的分布集度，应使 ΔA 面积缩小并趋近于零，则平均应力的极限值称为该截面 C 点

处的全应力,并用 p 表示,即

$$p = \lim_{\Delta A \to 0} \frac{\Delta F}{\Delta A} = \frac{\mathrm{d}F}{\mathrm{d}A} \tag{6-2}$$

全应力 p 是一个矢量,使用中常将其分解成垂直于截面的分量 σ,和与截面相切的分量 τ,前者称为正应力,后者称为切应力,如图 6-1(b)所示。

在国际单位制中,应力的单位为 Pa(帕),1 Pa = 1 N/m²。在工程实际中,这一单位太小,常用 MPa(兆帕)和 GPa(吉帕),其关系为 1 MPa = 10^6 Pa,1 GPa = 10^9 Pa。

6.2 应变的概念 胡克定律

若围绕受力弹性体中的任意点截取一微元体(通常为六面体),一般情形下微元体的各个面上均有应力作用。下面考察两种最简单的情形,如图 6-2 所示。

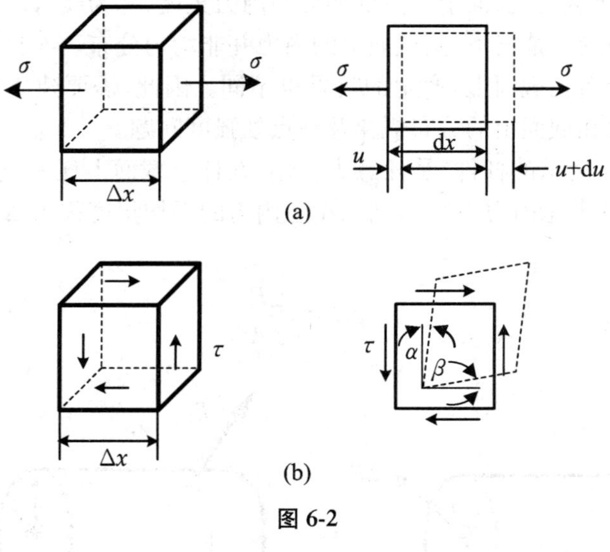

图 6-2

不难发现,在正应力作用下,沿着正应力方向和垂直于正应力方向将产生伸长或缩短,这种变形的相对改变量称为正应变:

$$\varepsilon = \frac{\mathrm{d}u}{\mathrm{d}x} \tag{6-3}$$

式中,ε 为该点沿 x 方向的正应变。ε 为无量纲量,约定拉应变为正,压应变为负。同理还可讨论沿 y 和 z 方向的正应变。

在切应力作用下,微元将发生剪切变形,剪切变形程度用微元直角的改变量度量。微元直角改变量称为切应变,用 γ 表示:

$$\gamma = \alpha + \beta \tag{6-4}$$

γ 的单位为 rad(弧度)。

ε 和 γ 是度量一点处变形程度的两个基本量。杆件由无数个点组成,各点处应变的累计形成杆件的变形。

对于工程中常用的材料,实验结果表明,在弹性范围内加载(应力小于某一极限值),若微元只承受单方向正应力或只承受切应力,则正应力与正应变以及切应力与切应变之间存在着线性关系:

$$\begin{cases} \sigma = E\varepsilon \\ \tau = G\gamma \end{cases} \tag{6-5}$$

式中,E 和 G 为与材料有关的弹性常数,分别称为弹性模量(或杨氏模量)和切变模量。上述两式均称为胡克定律。

6.3　轴向拉压时的正应力

1．轴向拉压时的正应力

为了求得横截面上任意一点的应力,必须了解内力在截面上的分布规律。又由于内力和变形之间存在一定的物理关系,故可通过实验观察变形的方法来了解内力的分布。

取一等截面直杆,试验前在杆件表面画一些垂直于杆轴的直线,如图 6-3(a)所示。然后在杆件两端施加一对轴向拉力,使杆件发生变形。此时可以观察到直线仍垂直于杆件的轴线,只是平移了一段距离,如图 6-3(b)所示。

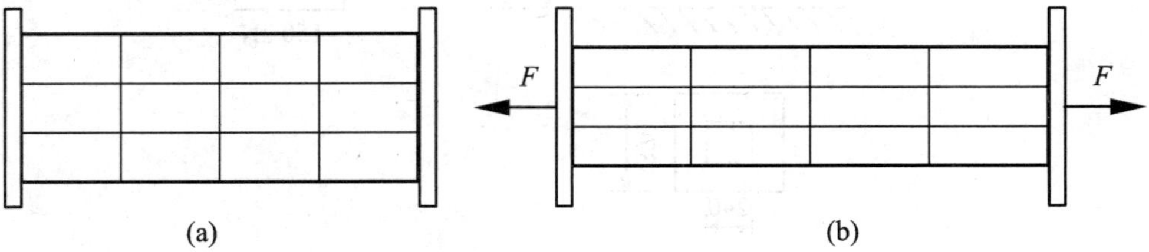

图 6-3

根据这一变形现象,通过由表及里的推理,可做如下假设:变形前的横截面,变形后仍为平面,仅沿轴线产生了相对平移,并仍与杆的轴线垂直。这个假设称为平面假设。平面假设意味着拉杆的任意两个横截面之间所有纵向线段的伸长相同。由材料的均匀性假设,可以推断出内力在横截面上的分布是均匀的,即横截面上各点处的应力大小相等,其方向与轴力 N 一致,垂直于横截面,为正应力,如图 6-4 所示。

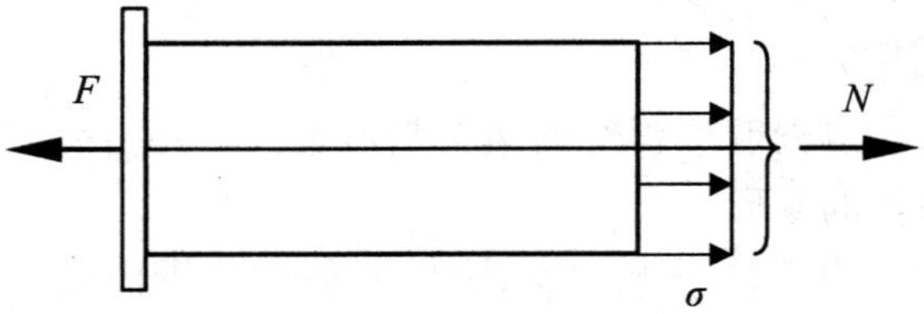

图 6-4

设杆件横截面面积为 A，则正应力的计算公式为

$$\sigma = \frac{N}{A} \tag{6-6}$$

例 6-1 一横截面为正方形的变截面杆，其截面尺寸及受力如图 6-5(a)所示，试求杆内的最大工作应力。

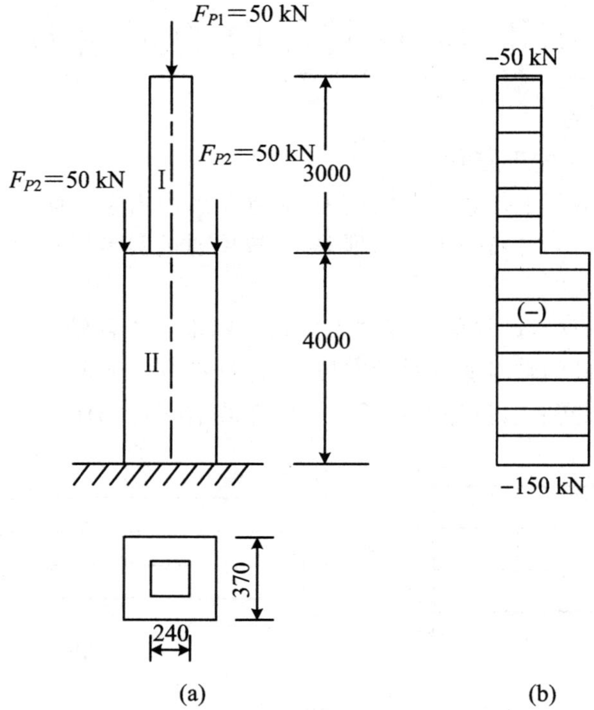

图 6-5

解 (1) 作杆的轴力图，如图 6-5(b)所示。

(2) 因为是变截面，所以要逐段计算：

$$\sigma_{\mathrm{I}} = \frac{F_{N\mathrm{I}}}{A_{\mathrm{I}}} = \frac{-50000\ \mathrm{N}}{240 \times 240 \times 10^{-6}\ \mathrm{m}^2} = -0.87\ \mathrm{MPa}(\text{压应力})$$

$$\sigma_{\mathrm{II}} = \frac{F_{N\mathrm{II}}}{A_{\mathrm{II}}} = \frac{-150\times10^{3}\ \mathrm{N}}{370\times370\times10^{-6}\ \mathrm{m}^{2}} = -1.1\ \mathrm{MPa}(\text{压应力})$$

$$\sigma_{\max} = \sigma_{\mathrm{II}} = -1.1\ \mathrm{MPa}(\text{压应力})$$

在上述公式中，轴力是外力的合力，而不考虑外力的分布方式。法国科学家圣维南提出：应力分布可视为与载荷的作用方式无关，只是在载荷作用位置附近有较大影响，这就是圣维南原理。利用圣维南原理，杆件上复杂的外力可以用简单的静力等效力系来替代。

2．应力集中的概念

若杆截面尺寸有突变，例如杆上有孔洞、沟槽时，截面突变处的局部区域内，应力变化剧烈，出现较大的应力峰值，这种现象称为应力集中，如图 6-6 所示。实验及理论分析表明，截面尺寸改变愈急剧、孔愈小，应力集中程度就愈严重。

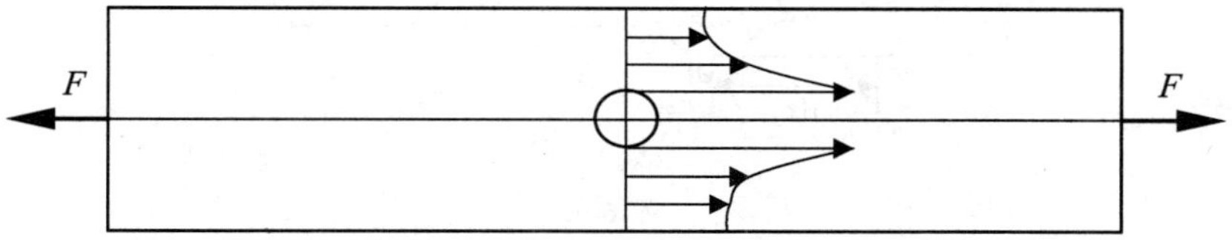

图 6-6

6.4　圆轴扭转时的切应力

1．圆轴扭转时的切应力

在圆截面杆件的表面画上几条纵向线和圆周线，然后施加一对大小相等、转向相反的力偶，圆轴会发生扭转变形，如图 6-7(a)所示。

圆轴扭转变形有如下特征：

(1) 所有纵向直线变为螺旋线，在小变形下，可近似为倾斜的直线。

(2) 圆周线大小和间距不变，只是在原地转过一个角度，不同圆周线转角不同。

(3) 杆件表面上的矩形(实际上是圆弧柱面，可近似视为矩形)变为平行四边形。

根据上述现象，做如下假设：圆轴扭转前的横截面，变形后仍为大小相同的平面，其半径仍为直线，且相邻两横截面之间的距离不变。

按照这一假设，圆轴无轴向线应变和横向线应变，所以横截面上无正应力，只可能存在切应力，如图 6-7(b)所示，再进一步寻找变形几何关系，综合考虑物理关系和静力学关系，最终得到计算应力的公式。

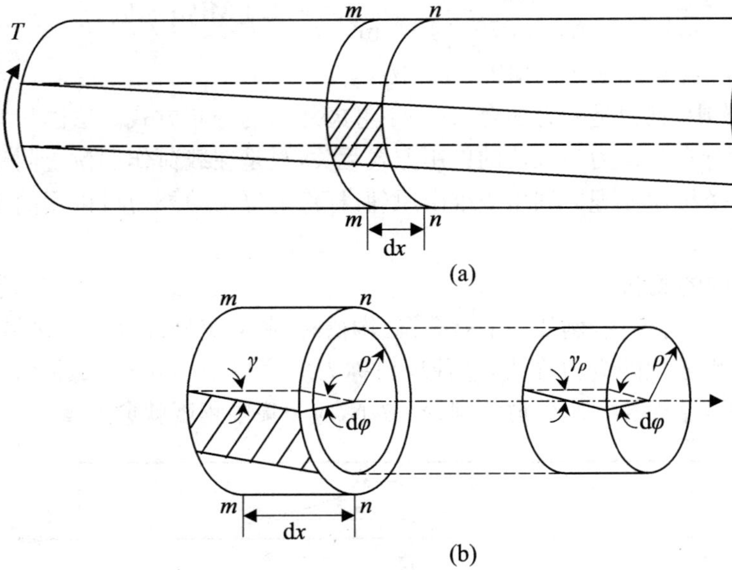

图 6-7

几何关系：

$$\gamma(\rho)=\frac{\rho\mathrm{d}\varphi}{\mathrm{d}x} \tag{6-7}$$

物理关系：

$$\tau(\rho)=G\gamma(\rho)=G\rho\frac{\mathrm{d}\varphi}{\mathrm{d}x} \tag{6-8}$$

静力学关系：

$$\int_A\tau(\rho)\cdot\rho\mathrm{d}A=T \tag{6-9}$$

将式(6-8)代入式(6-9)，得

$$G\frac{\mathrm{d}\varphi}{\mathrm{d}x}\int_A\rho^2\mathrm{d}A=GI_p\frac{\mathrm{d}\varphi}{\mathrm{d}x}=T \tag{6-10}$$

式中，$I_p=\int_A\rho^2\mathrm{d}A$，称为圆截面对其中心的极惯性矩。最终得到圆轴扭转时的切应力表达式：

$$\tau(\rho)=\frac{T}{I_p}\rho \tag{6-11}$$

对直径为 D 的实心圆截面：

$$I_p=\frac{\pi D^4}{32} \tag{6-12}$$

对外径为 D、内径为 d 的空心圆截面：

$$I_p = \frac{\pi D^4}{32}(1-\alpha^4), \quad \alpha = \frac{d}{D} \tag{6-13}$$

圆轴横截面上的切应力分布如图 6-8 所示，其中横截面上的最大切应力为 $\tau_{max} = \frac{T_{max}\rho_{max}}{I_p}$，令 $W_p = \frac{I_p}{\rho_{max}}$，称为抗扭截面模量，则有 $\tau_{max} = \frac{T}{W_p}$。

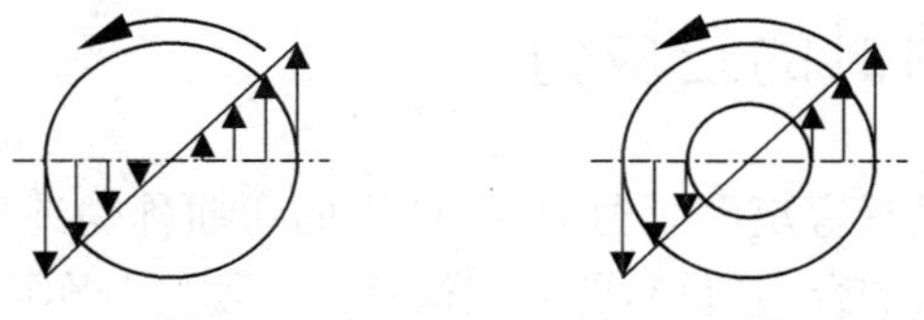

图 6-8

例 6-2　某主传动轴由 45# 钢的无缝钢管制成，外径 $D = 90$ mm，壁厚 $t = 2.5$ mm，工作时承受的外力偶矩为 $M_{max} = 1.5$ kN·m，求该轴横截面上的最大切应力。

解　(1) 该轴横截面上的扭矩 $T = M_{max} = 1.5$ kN·m。

(2) 该轴横截面上的最大切应力 $\tau_{max} = \frac{T}{W_p}$，有

$$W_p = \frac{\pi D^3}{16}(1-\alpha^4) = \frac{\pi \times 90^3}{16}(1-0.945^4)\ \text{mm}^3 = 29 \times 10^3\ \text{mm}^3$$

所以

$$\tau_{max} = \frac{T_{max}}{W_p} = \frac{1.5 \times 10^3}{29 \times 10^3 \times 10^{-9}}\ \text{MPa} = 51.7\ \text{MPa}$$

2. 切应力互等定理

在扭转圆轴中取出一微元体，左、右两侧面对应着圆轴的横截面，前、后两侧面对应着同轴圆柱面，如图 6-9 所示。因左、右两个侧面上有切应力 τ，它们组成一个顺时针转向的力偶，其大小为 $(\tau \mathrm{d}y\mathrm{d}z) \cdot \mathrm{d}x$，为使微元体保持平衡，在上、下两个侧面上，必然有切应力 τ' 存在，并由它们组成另一个逆时针转向的力偶，以保持微元体的平衡，即有

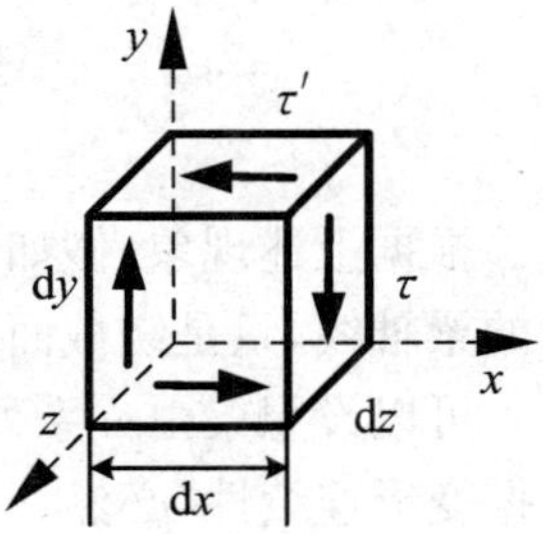

图 6-9

$$(\tau \mathrm{d}y\mathrm{d}z) \cdot \mathrm{d}x = (\tau' \mathrm{d}x\mathrm{d}z) \cdot \mathrm{d}y \tag{6-14}$$

$$\tau = \tau' \tag{6-15}$$

这表明，在单元体两个相互垂直的平面上，切应力必同时存在，且它们的大小相等，方向同时指向(或背离)两截面的交线。这个规律称为切应力互等定理。这种在微元体各个平面上只有切应力而无正应力作用的应力状态称为纯剪切。

6.5 对称弯曲时的应力

6.5.1 纯弯曲时的正应力

若梁横截面上只有弯矩而无剪力，则产生的弯曲称为纯弯曲。由于弯矩是横截面上法向分布内力的合力偶矩，剪力是横截面上切向分布内力的合力，所以当梁发生纯弯曲时，只存在正应力，而无切应力。下面综合考虑几何、物理和静力学三方面的关系，导出纯弯曲梁的正应力计算公式。

在梁的侧表面上画上几条纵向直线和横向直线，然后施加一对大小相等、转向相反的弯矩，使梁处于纯弯曲状态，如图 6-10(a)所示。纯弯曲变形有如下特征：

(1) 纵向线弯成为曲线，且上部的纵向线缩短，下部伸长。

(2) 横向线仍为直线，但有一转角，并正交于变形后的纵向曲线。

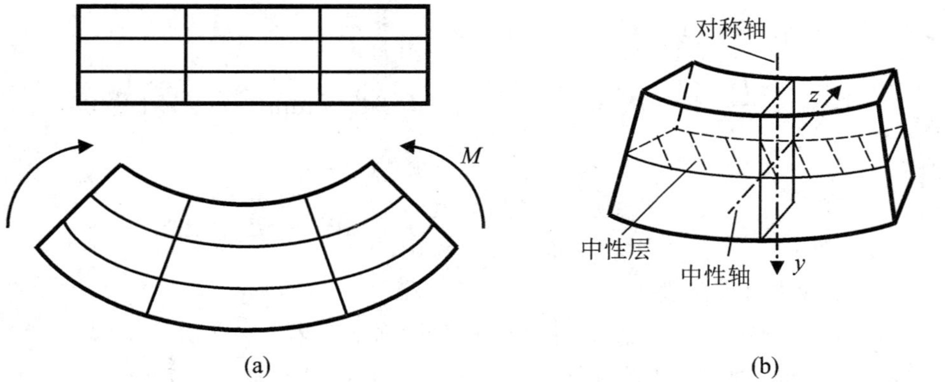

图 6-10

根据上述现象，做如下假设：梁的横截面变形后仍保持为平面，且垂直于变形后的梁轴线，只是绕截面上的某一轴转过一个角度。

可以设想梁由一系列纵向纤维组成，上部纵向纤维受压，下部纵向纤维受拉。根据变形连续性，必然存在一层纵向纤维既不伸长也不缩短，称为中性层。中性层与横截面的交线称为中性轴，显然横截面绕中性轴转动，如图 6-10(b)所示。

中性层与纵向对称面的交线为一曲线，该曲线的曲率半径用 ρ 表示，如图 6-11(a)所示。建立如图 6-11(b)所示的坐标轴。

几何关系：

$$\varepsilon(y)=\frac{(\rho+y)\mathrm{d}\theta-\rho\mathrm{d}\theta}{\rho\mathrm{d}\theta}=\frac{y}{\rho} \tag{6-16}$$

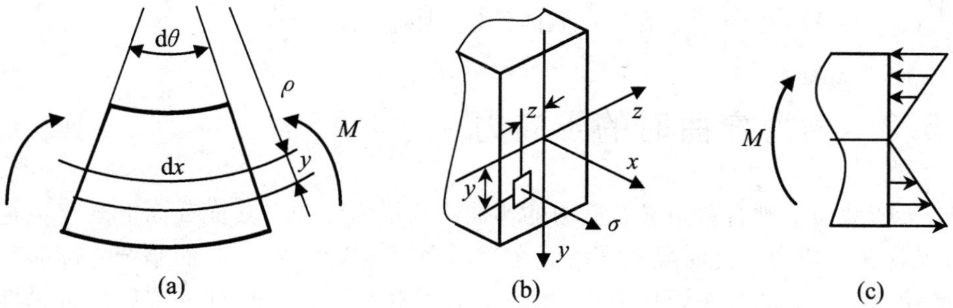

图 6-11

物理关系：

$$\sigma = E\varepsilon = \frac{E}{\rho}y \tag{6-17}$$

静力学关系：

$$\int_A \sigma \cdot \mathrm{d}A = N = 0 \tag{6-18}$$

$$\int_A y\sigma \cdot \mathrm{d}A = M_z \tag{6-19}$$

$$\int_A z\sigma \cdot \mathrm{d}A = M_y = 0 \tag{6-20}$$

由式(6-18)可知，中性轴（z 轴）必通过横截面形心。将式(6-17)代入式(6-19)，可得

$$\frac{1}{\rho} = \frac{M_z}{EI_z} \tag{6-21}$$

式中，$I_z = \int_A y^2 \mathrm{d}A$，称为横截面对中性轴（$z$ 轴）的惯性矩。

对宽为 b、高为 h 的矩形截面：

$$I_z = \frac{bh^3}{12} \tag{6-22}$$

对直径为 D 的实心圆截面：

$$I_z = \frac{\pi D^4}{64} \tag{6-23}$$

对外径为 D、内径为 d 的空心圆截面：

$$I_z = \frac{\pi D^4}{64}(1 - \alpha^4), \quad \alpha = \frac{d}{D} \tag{6-24}$$

最终得到梁纯弯曲时的正应力表达式：

$$\sigma = \frac{M_z}{I_z}y \tag{6-25}$$

横截面上的正应力分布如图 6-11(c)所示，其中横截面上的最大正应力为 $\sigma_{\max}$

$=\frac{M}{I_z}y_{\max}$，令 $W_Z=\frac{I_z}{y_{\max}}$，称为抗弯截面模量，则有 $\sigma_{\max}=\frac{M}{W_z}$。

6.5.2 横力弯曲时的正应力

梁横截面上既有弯矩又有剪力的弯曲称为横力弯曲。其横截面上既存在正应力，又存在切应力。此时梁的横截面在变形之后不再保持平面，而是产生翘曲。这种翘曲对正应力的分布影响很小，所产生的误差在工程所允许的范围内。弹性力学精确分析表明，当跨度 l 与横截面高度 h 之比 $l/h>5$（细长梁）时，纯弯曲正应力公式对于横力弯曲近似成立。因此，其正应力可近似按纯弯曲梁正应力公式计算。

横力弯曲最大正应力：

$$\sigma_{\max}=\frac{M_{\max}}{I_z}y_{\max} \tag{6-26}$$

例 6-3 矩形截面梁 AB 的载荷与截面尺寸如图 6-12(a)所示。(1) 求 C 截面上 K 点的正应力以及 C 截面上的最大正应力；(2) 求全梁上的最大正应力；(3) 若 $E=200$ GPa，则 C 截面的曲率半径 ρ 为多少？

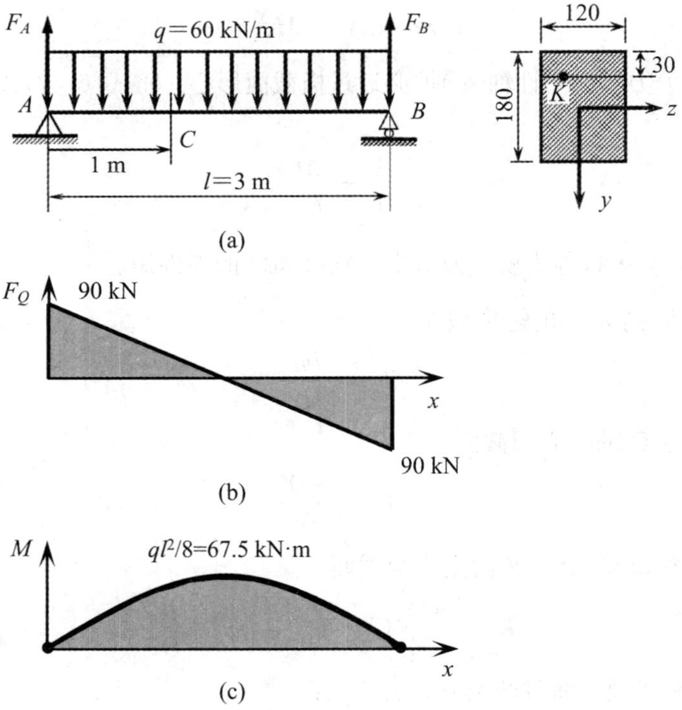

图 6-12

解 (1) 求支座 A、B 的约束力 F_A、F_B，由静力平衡可知 $F_A=90$ kN，$F_B=90$ kN。

梁的内力图如图 6-12(b)、(c)所示，$M_C = 90 \times 1 - 60 \times 1 \times 0.5 = 60\ \text{kN} \cdot \text{m}$。截面惯性矩为

$$I_z = \frac{bh^3}{12} = \frac{0.12 \times 0.18^3}{12}\ \text{m}^4 = 5.832 \times 10^{-5}\ \text{m}^4$$

则 C 截面上 K 点的正应力为

$$\sigma_K = \frac{M_C \cdot y_K}{I_z} = \frac{60 \times 10^3 \times \left(\frac{180}{2} - 30\right) \times 10^{-3}}{5.832 \times 10^{-5}}\ \text{Pa} = 61.7 \times 10^6\ \text{Pa} = 61.7\ \text{MPa}$$

C 截面上最大正应力为

$$\sigma_{C\max} = \frac{M_C \cdot y_{\max}}{I_z} = \frac{60 \times 10^3 \times \frac{180}{2} \times 10^{-3}}{5.832 \times 10^{-5}}\ \text{Pa} = 92.55 \times 10^6\ \text{Pa} = 92.55\ \text{MPa}$$

(2) 由内力图可知，该梁的最大弯矩 $M_{\max} = 67.5\ \text{kN} \cdot \text{m}$，故全梁上的最大正应力为

$$\sigma_{\max} = \frac{M_{\max} y_{\max}}{I_z} = \frac{67.5 \times 10^3 \times \frac{180}{2} \times 10^{-3}}{5.832 \times 10^{-5}}\ \text{Pa} = 104.17 \times 10^6\ \text{Pa} = 104.17\ \text{MPa}$$

(3) 由$\frac{1}{\rho} = \frac{M}{EI}$，可得 C 截面曲率半径为

$$\rho_C = \frac{EI_z}{M_C} = \frac{200 \times 10^9 \times 5.832 \times 10^{-5}}{60 \times 10^3}\ \text{m} = 194.4\ \text{m}$$

6.5.3 弯曲切应力

当梁发生横力弯曲时，横截面上还有切应力存在。弯曲切应力在截面上的分布是不均匀的，分布状况与截面的形状有关。在工程实际中，大家关心的是横截面上的最大切应力，其位置一般在中性轴处。

对矩形截面，最大切应力为

$$\tau_{\max} = \frac{3}{2} \frac{Q}{A} \tag{6-27}$$

对直径为 d 的圆截面，最大切应力为

$$\tau_{\max} = \frac{4}{3} \frac{Q}{A} \tag{6-28}$$

对内径为 d、外径为 D 的空心圆截面，最大切应力为

$$\tau_{\max} = 2 \frac{Q}{A} \tag{6-29}$$

式中，A 为横截面面积。

第 7 章　应力状态分析

7.1　应力状态概述

1. 一点处的应力状态

前面在研究轴向拉伸(或压缩)、扭转、弯曲等基本变形构件时已经知道,这些构件横截面上的危险点处只有正应力或切应力。但是在工程实际中,还常遇到一些复杂的强度问题。例如钻杆就同时存在扭转和压缩变形,这时杆横截面上危险点处不仅有正应力 σ,还有切应力 τ。对于这类构件,是否分别对正应力和切应力进行强度计算呢?实践证明,这将导致错误的结果。因为这些截面上的正应力和切应力并不是分别对构件的破坏起作用,而是有所联系的,因而应考虑它们的综合影响。

由前面的有关章节已知,弯曲和扭转时,横截面上的应力是逐点变化的,所以一点的应力是该点坐标的函数,而某一点处的应力又随截面的方位不同而改变。概括地说,一般情况下,受力构件内各点处的应力,随点的位置而有所异;在通过一点处各不同方位的截面上,应力也不相同。所谓一点处的应力状态,就是指通过受力构件内任一点处各不同方位的截面上的应力情况。

2. 应力状态的研究方法

由于构件内的应力分布一般是不均匀的,所以在分析各个不同方向截面上的应力时,不宜截取构件的整个截面来研究,而是在构件中的危险点处,截取一个微小的正六面体,即单元体来分析,以此来代表一点的应力状态。例如在图 7-1(a)所示的轴向拉伸构件中,为了分析 A 点处的应力状态,可以围绕 A 点以横向和纵向截面截取一个单元体来考虑。由于拉伸杆件的横截面上有均匀分布的正应力,所以这个单元体只在垂直于杆轴的平面上有正应力 $\sigma_x = \dfrac{P}{A}$,而其他各平面上都没有应力。在图 7-1(b)所示的梁中,在上、下边缘的 B 和 B' 点处,也可截取出类似的单元体,此单元体只在垂直于梁轴的平面上有正应力 $\sigma_x = \dfrac{My_{\max}}{I}$。又如圆轴扭转时,若在轴表面处截取单元体,则在垂直于轴线的平面上有切应力 $\tau_{xy} = \dfrac{TR}{I_p}$;再根据切应力互等定理，在通过直径的平面上也有大小相等、符号相反的切应力 τ_{yx}，如图 7-1(c)所示。显然，对于同时产生弯曲和扭转变形的圆杆，如图 7-1(d)所示，若在 D 点处截取单元体，则除有因弯曲而产生的正应力 σ_x 外，还存在因扭转而产生的切应力 τ_{xy}、τ_{yx}。上述这些单元体，都是由受力构件中取出的。因为所截取单元体的边长很小，所以可以认为单元体上的应力是均匀分布的。若令单元体的边长趋于零，则单元体上各截面的应力情况就代表一点的应力状态。

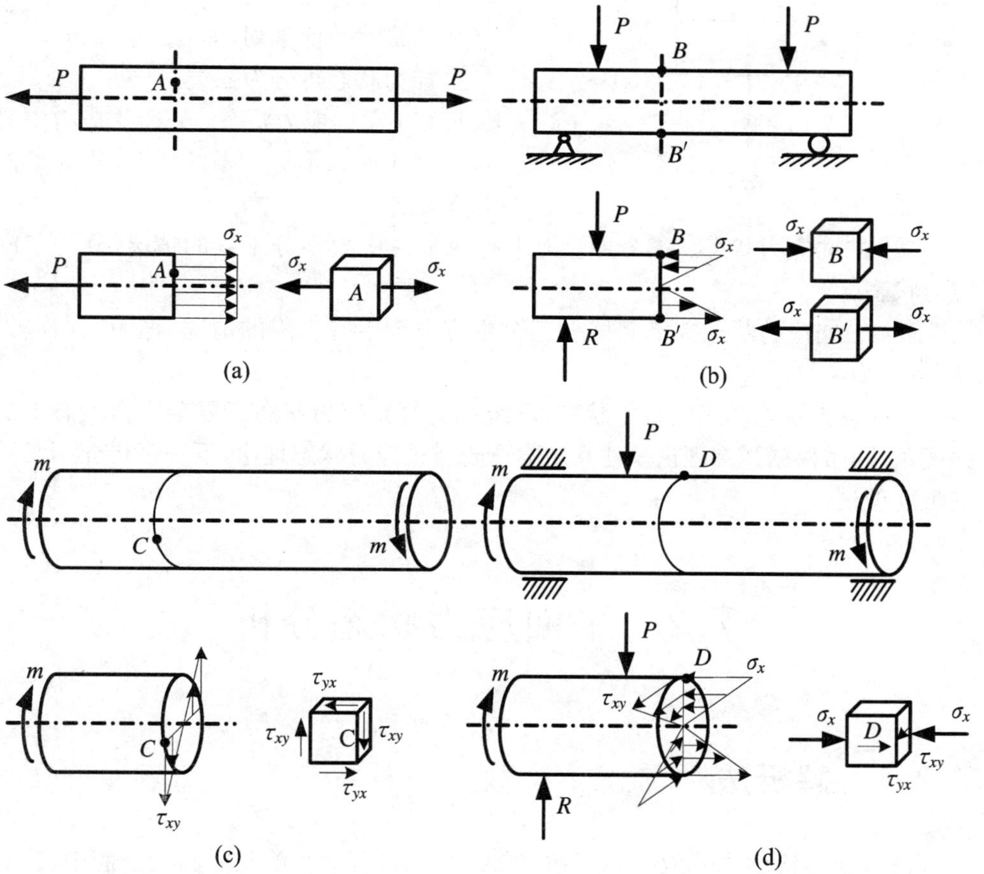

图 7-1

由上所述，研究一点的应力状态，就是研究该点处单元体各截面上的应力情况。以后将会看到，若已知单元体三对互相垂直面上的应力，则此点的应力状态也就确定。由于在一般工作条件下，构件处于平衡状态，显然从构件中截取的单元体也必须满足平衡条件。因此，可以利用静力平衡条件，来分析单元体各平面上的应力。这就是研究应力状态的基本方法。

3. 主应力和应力状态的分类

图 7-1(a)和图 7-1(b)所示的单元体，其各个平面上皆无切应力，这种没有切

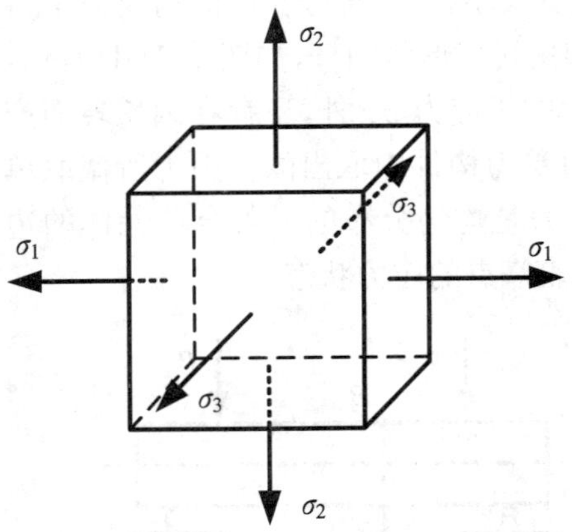

图 7-2

应力作用的平面，称为主平面；作用于主平面上的正应力，称为主应力。可以证明，在受力构件内任意点处，总可以找到一个特定方位的单元体，其三个互相垂直的平面为主平面。作用在主平面上的三个主应力，通常以 σ_1、σ_2、σ_3 表示，如图 7-2 所示，并规定拉应力为正，压应力为负。各应力按代数值排列，即 $\sigma_1 \geqslant \sigma_2 \geqslant \sigma_3$。

应力状态可分为三类：

(1) 单向应力状态。三个主应力中只有一个主应力不等于零的情况，称为单向应力状态。

(2) 二向应力状态。三个主应力中有两个主应力不等于零的情况，称为二向应力状态。

(3) 三向应力状态。单元体上三个主应力皆不等于零的情况，称为三向应力状态。

二向应力状态和三向应力状态，又统称为复杂应力状态。复杂应力状态下的强度条件，需根据强度理论来建立。本章先讨论应力状态理论，下一章再介绍常用的强度理论。

7.2 平面应力状态分析

7.2.1 解析法

设自受力构件中截取一单元体，如图 7-3(a)所示。单元体的六个面中，只有四个面上有应力作用，且各应力皆平行于无应力作用的一对平面，这样的应力状态通常又称为平面应力状态，它是二向应力状态存在的一般形式。平面应力状态是经常遇到的情况。如图 7-3(a)所示的单元体，为平面应力状态的最一般情况。在构件中截取单元体时，总是选取这样的截面位置，使单元体上所作用的应力均为已知。即在图 7-3(a)所示单元体的各面上，设应力 σ_x、σ_y、τ_{xy} 和 τ_{yx} 皆为已知量。图 7-3(b)为单元体的正投影。这里 σ_x 和 τ_{xy} 是法线平行于 x 轴的面上的正应力和切应力。切应力 τ_{xy} 有两个角标，第一个角标 x 表示切应力作用面的法线方向，第二个角标 y 则表示切应力平行于 y 轴。应力分量 σ_y 和 τ_{yx} 的角标也有相似的含意。

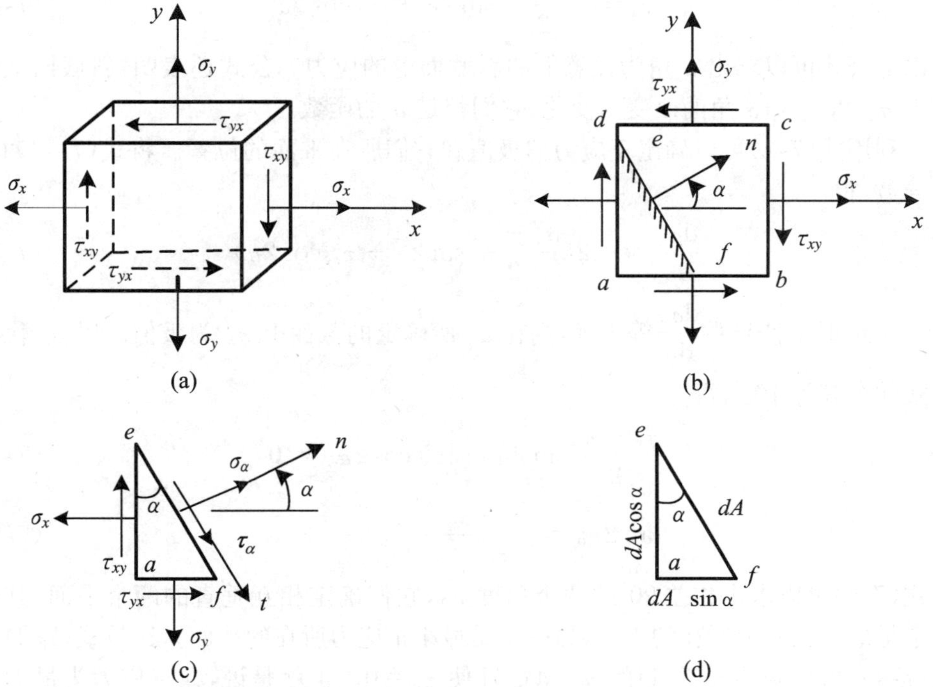

图 7-3

关于应力的符号规定:正应力以拉应力为正,压应力为负;切应力对单元体内任意点的矩为顺时针转向时规定为正,反之为负。按照这一符号规则,图 7-3(a)中的 σ_x、σ_y 和 τ_{xy} 为正,而 τ_{yx} 为负。

以任意斜截面 ef 将单元体分成两部分,并研究 aef 部分的平衡,如图 7-3(c)所示。斜截面 ef 仍垂直于纸面,其外法线 n 与 x 轴的夹角为 α,且规定由 x 转到 n 为逆时针方向时 α 为正。斜截面 ef 上的应力由正应力 σ_α 和切应力 τ_α 来表示。若 ef 面的面积为 dA,则 af 面和 ae 面的面积应分别是 $dA\sin\alpha$ 和 $dA\cos\alpha$,如图 7-3(d)所示。把作用于 aef 部分上的力投影于 ef 面的外法线 n 和切线 t 的方向,所得平衡方程是

$$
\begin{aligned}
&\sigma_\alpha dA + (\tau_{xy} dA\cos\alpha)\sin\alpha - (\sigma_x dA\cos\alpha)\cos\alpha \\
&\quad + (\tau_{yx} dA\sin\alpha)\cos\alpha - (\sigma_y dA\sin\alpha)\sin\alpha = 0 \\
&\tau_\alpha dA - (\tau_{xy} dA\cos\alpha)\cos\alpha - (\sigma_x dA\cos\alpha)\sin\alpha \\
&\quad + (\tau_{yx} dA\sin\alpha)\sin\alpha + (\sigma_y dA\sin\alpha)\cos\alpha = 0
\end{aligned}
$$

根据切应力互等定理,τ_{xy} 和 τ_{yx} 在数值上相等,以 τ_{xy} 代替 τ_{yx} 并简化上列平衡方程,最后得

$$
\begin{aligned}
\sigma_\alpha &= \sigma_x \cos^2\alpha + \sigma_y \sin^2\alpha - 2\tau_{xy}\sin\alpha\cos\alpha \\
&= \frac{\sigma_x + \sigma_y}{2} + \frac{\sigma_x - \sigma_y}{2}\cos 2\alpha - \tau_{xy}\sin 2\alpha \qquad (7\text{-}1)
\end{aligned}
$$

$$\tau_\alpha = \frac{\sigma_x - \sigma_y}{2}\sin 2\alpha + \tau_{xy}\cos 2\alpha \tag{7-2}$$

由以上公式可以求出 α 角为任意值的斜截面上的应力。公式还表明，斜截面上的应力 σ_α 和 τ_α 随 α 角的改变而变化，它们都是 α 的函数。

利用式(7-1)可以确定正应力的极值和它们所在平面的位置。将式(7-1)对 α 取导数，得

$$\frac{d\sigma_\alpha}{d\alpha} = -2\left(\frac{\sigma_x - \sigma_y}{2}\sin 2\alpha + \tau_{xy}\cos 2\alpha\right) \tag{7-3}$$

若 $\alpha = \alpha_0$ 时能使导数 $\frac{d\sigma_\alpha}{d\alpha}$ 等于零，则在 α_0 所确定的截面上 σ_α 为极值。以 α_0 代入上式并令其等于零，得

$$\frac{\sigma_x - \sigma_y}{2}\sin 2\alpha_0 + \tau_{xy}\cos 2\alpha_0 = 0 \tag{7-4}$$

$$\tan 2\alpha_0 = -\frac{2\tau_{xy}}{\sigma_x - \sigma_y} \tag{7-5}$$

由式(7-5)可以求出相差 90°的两个角度 α_0，它们确定相互垂直的两个平面，其中一个是最大正应力所在的平面，另一个是最小正应力所在的平面。比较式(7-2)和式(7-4)，可见满足式(7-4)的 α_0 角恰好使 $\tau_\alpha = 0$。也就是说，在正应力为最大或最小的平面上切应力等于零。因为切应力等于零的平面是主平面，主平面上的正应力是主应力，所以主应力就是最大或最小的正应力。这样，由式(7-5)解出的两个 α_0 确定了两个主平面的方位，把这两个 α_0 分别代入式(7-1)，便可求出两个主应力。

还可另外导出计算主应力的公式。由式(7-5)求得

$$\cos 2\alpha_0 = \pm\frac{\sigma_x - \sigma_y}{\sqrt{(\sigma_x - \sigma_y)^2 + 4\tau_{xy}^2}}, \quad \sin 2\alpha_0 = \mp\frac{2\tau_{xy}}{\sqrt{(\sigma_x - \sigma_y)^2 + 4\tau_{xy}^2}}$$

代入式(7-1)，得

$$\left.\begin{matrix}\sigma_{max}\\ \sigma_{min}\end{matrix}\right\} = \frac{\sigma_x + \sigma_y}{2} \pm \sqrt{\left(\frac{\sigma_x - \sigma_y}{2}\right)^2 + \tau_{xy}^2} \tag{7-6}$$

联合使用式(7-5)和式(7-6)时，如约定以 σ_x 表示两个正应力中代数值较大的一个，即 $\sigma_x > \sigma_y$，则在由式(7-5)确定的两个 α_0 中，绝对值较小的一个所确定的主平面是 σ_{max} 的作用面。

采用完全相似的方法，可以讨论切应力 τ_α 的极值和它们所在的平面。将式(7-2)对 α 取导数，得

$$\frac{d\tau_\alpha}{d\alpha} = (\sigma_x - \sigma_y)\cos 2\alpha - 2\tau_{xy}\sin 2\alpha \tag{7-7}$$

若 $\alpha = \alpha_1$ 时能使导数 $\frac{d\tau_\alpha}{d\alpha}$ 等于零，则在由 α_1 所确定的截面上 τ_α 为极值。以 α_1 代

入式(7-7)并令其等于零,得

$$(\sigma_x - \sigma_y)\cos 2\alpha_1 - 2\tau_{xy}\sin 2\alpha_1 = 0$$

$$\tan 2\alpha_1 = \frac{\sigma_x - \sigma_y}{2\tau_{xy}} \tag{7-8}$$

由式(7-8)可以解出相差 90°的两个角度 α_1,它们确定两个相互垂直的平面,分别作用着最大和最小切应力。由式(7-8)解出 $\sin 2\alpha_1$ 和 $\cos 2\alpha_1$,代入式(7-2)求得切应力的最大和最小值是

$$\left.\begin{matrix}\tau_{\max}\\ \tau_{\min}\end{matrix}\right\} = \pm\sqrt{\left(\frac{\sigma_x - \sigma_y}{2}\right)^2 + \tau_{xy}^2} \tag{7-9}$$

比较式(7-5)和式(7-8)两式,可见

$$\tan 2\alpha_0 = -\frac{1}{\tan 2\alpha_1}$$

故有

$$2\alpha_1 = 2\alpha_0 + \frac{\pi}{2}, \quad \alpha_1 = \alpha_0 + \frac{\pi}{4} \tag{7-10}$$

这表明最大和最小切应力所在平面与主平面的夹角为 45°。

例 7-1　单元体的应力状态如图 7-4 所示,试求主应力并确定主平面的位置。

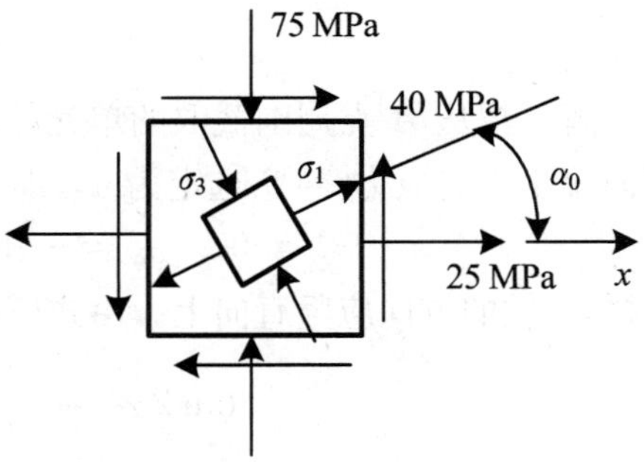

图 7-4

解　按应力的符号规则,选定 $\sigma_x = 25$ MPa,$\sigma_y = -75$ MPa,$\tau_{xy} = -40$ MPa。由式(7-5),得

$$\tan 2\alpha_0 = -\frac{2\times(-40)}{25-(-75)} = 0.80$$

$$2\alpha_0 = 38.66° \text{ 或 } 218.66°$$

$$\alpha_0 = 19.33° \text{ 或 } 109.33°$$

以 $\alpha_0 = 19.33°$和 $\alpha_0 = 109.33°$分别代入式(7-1),求出主应力为

$$\sigma_{19.33°} = \frac{25+(-75)}{2} + \frac{25-(-75)}{2}\times\cos 38.66° - (-40)\times\sin 38.66° \text{ MPa}$$
$$= 39 \text{ MPa}$$

$$\sigma_{109.33°} = \frac{25+(-75)}{2} + \frac{25-(-75)}{2}\times\cos 218.66° - (-40)\times\sin 218.66° \text{ MPa}$$
$$= -89 \text{ MPa}$$

可见在由 $\alpha_0 = 19.33°$确定的主平面上,作用着主应力 $\sigma_{\max} = 39$ MPa;在由 $\alpha_0 = 109.33°$确定的主平面上,作用着主应力 $\sigma_{\min} = -89$ MPa。按照主应力的记号规定,$\sigma_1 > \sigma_2 > \sigma_3$,单元体的三个主应力分别为

$$\sigma_1 = 39 \text{ MPa}, \quad \sigma_2 = 0, \quad \sigma_3 = -89 \text{ MPa}$$

也可联合使用式(7-5)和式(7-6)来确定主平面的位置和主应力的数值。下面的例 7-2 就采用了这一方法。

例 7-2 图 7-5(a)为横力弯曲下的梁,求得截面 $m-n$ 上的弯矩 M 和剪力 Q 后,可算出截面上 A 点(图 7-5(b))的弯曲正应力和切应力分别为 $\sigma=-70$ MPa,$\tau=14$ MPa。试确定 A 点的主平面方位,计算主应力,并讨论同一截面上其他点的应力状态。

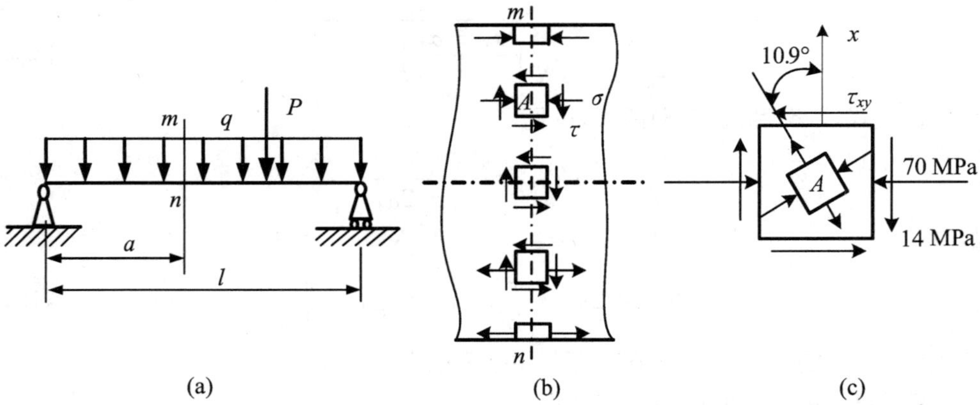

图 7-5

解 把从 A 点周围截取的单元体放大成图 7-5(c)。代数值较大的应力是 x 方向等于零的应力,将它选定为 σ_x,即

$$\sigma_x = 0,\quad \sigma_y = -70\ \text{MPa},\quad \tau_{xy} = -14\ \text{MPa}$$

这样,x 轴的方向应竖直向上。由式(7-5),有

$$\tan 2\alpha_0 = -\frac{2\times(-14)}{0-(-70)} = 0.40$$

$$2\alpha_0 = 21.8^\circ \text{ 或 } 201.8^\circ$$

$$\alpha_0 = 10.9^\circ \text{ 或 } 100.9^\circ$$

从 x 轴按逆时针方向量取 10.9°,确定 σ_{max}所在的主平面;按同一方向量取 100.9°,确定 σ_{min}所在的主平面。至于两个主应力的数值,可由式(7-6)求出,为

$$\left.\begin{matrix}\sigma_{max}\\ \sigma_{min}\end{matrix}\right\} = \frac{0+(-70)}{2} \pm \sqrt{\left[\frac{0-(-70)}{2}\right]^2 + (-14)^2}\ \text{MPa} = \begin{cases}2.7\ \text{MPa}\\ -72.7\ \text{MPa}\end{cases}$$

按照主应力的记号规则,有

$$\sigma_1 = 2.7\ \text{MPa},\quad \sigma_2 = 0,\quad \sigma_3 = -72.7\ \text{MPa}$$

在梁的横截面 $m-n$ 上,其他各点的应力状态都可用相同的方法进行分析。在梁的上、下边缘处,各点为单向拉伸或压缩,梁的横截面即为它们的主平面。在中性层内,各点的应力状态为纯剪切,主平面与梁轴成 45°(参见例 7-4)。从上边缘到下边缘各点的应力状态如图 7-5(b)所示。

例 7-3　分析轴向拉伸杆件的最大切应力的作用面，说明低碳钢拉伸时发生屈服的主要原因。

解　轴向拉伸时，杆上任意一点的应力状态为单向应力状态，如图 7-1(a)所示。在本例的情形下，$\sigma_x=\sigma$，$\sigma_y=0$，$\tau_{xy}=0$。根据式(7-1)和式(7-2)，任意斜截面上的应力为

$$\begin{cases}\sigma_\alpha=\dfrac{\sigma}{2}+\dfrac{\sigma}{2}\cos 2\alpha\\[2ex]\tau_\alpha=\dfrac{\sigma}{2}\sin 2\alpha\end{cases}$$

可见，当 $\alpha=45^\circ$时，切应力 τ_α 取最大值：

$$\tau_{max}=\frac{\sigma}{2}$$

这表明最大切应力发生在与轴线成 45°角的斜面上，这正是屈服时试件表面出现滑移线的方向，因此，可以认为屈服是由最大切应力引起的。

例 7-4　分析圆轴扭转时最大切应力的作用面，说明铸铁圆试件扭转破坏的主要原因。

解　圆轴扭转时，其上任意一点的应力状态为纯剪应力状态，如图 7-1(c)所示。

应用式(7-1)和式(7-2)，令其中 $\sigma_x=0$，$\sigma_y=0$，$\tau_{xy}=\tau$，得到单元体任意斜截面上的应力为

$$\begin{cases}\sigma_\alpha=-\tau\sin 2\alpha\\\tau_\alpha=\tau\cos 2\alpha\end{cases}$$

当 $\alpha=45^\circ$时，压应力最大，其值为 $\sigma_{max}^-=-\tau$；当 $\alpha=-45^\circ$时，拉应力最大，其值为 $\sigma_{max}^+=\tau$。实验结果表明，铸铁圆试件扭转时，是沿着最大拉应力作用面(即 45°螺旋面)断开的，因此，可以认为这种破坏是由最大拉应力引起的。

7.2.2　图解法

以上所述平面应力状态的应力分析，也可用图解法进行。由式(7-1)和式(7-2)可知，任意斜截面的正应力 σ_α 和切应力 τ_α 均随参量 α 变化。这说明，σ_α 和 τ_α 之间存在一定的函数关系。为了建立它们间的直接关系式，首先将式(7-1)、式(7-2)改写成如下形式：

$$\sigma_\alpha-\frac{\sigma_x+\sigma_y}{2}=\frac{\sigma_x-\sigma_y}{2}\cos 2\alpha-\tau_{xy}\sin 2\alpha$$

$$\tau_\alpha=\frac{\sigma_x-\sigma_y}{2}\sin 2\alpha+\tau_{xy}\cos 2\alpha$$

把两式等号两边平方然后相加，得

$$\left(\sigma_\alpha - \frac{\sigma_x + \sigma_y}{2}\right)^2 + \tau_\alpha^2 = \left(\frac{\sigma_x - \sigma_y}{2}\right)^2 + \tau_{xy}^2 \tag{7-11}$$

因为式中 σ_x、σ_y、τ_{xy} 皆为已知量，所以式(7-11)是以 σ_α 和 τ_α 为变量的圆周方程。在以 σ 为横坐标、τ 为纵坐标的坐标系中，圆心的横坐标为 $\frac{\sigma_x + \sigma_y}{2}$，纵坐标为零；圆的半径为 $\sqrt{\left(\frac{\sigma_x - \sigma_y}{2}\right)^2 + \tau_{xy}^2}$。这一圆周称为应力圆或莫尔圆。

现以图 7-6(a)所示二向应力状态为例说明应力圆的作法。按一定比例尺量取横坐标 $OA = \sigma_x$，纵坐标 $AD = \tau_{xy}$，确定 D 点，如图 7-6(b)所示。D 点的坐标代表以 x 为法线的面上的应力。量取 $OB = \sigma_y$，$BD' = \tau_{yx}$，确定 D' 点。τ_{yx} 为负，故 D' 的纵坐标也为负。D' 的坐标代表以 y 为法线的面上的应力。连接 DD'，与横坐标轴相交于 C 点，以 C 点为圆心、CD 为半径作圆。由于圆心 C 的横坐标为

$$\overline{OC} = \frac{1}{2}(\overline{OA} - \overline{OB}) + \overline{0B} = \frac{1}{2}(\overline{OA} + \overline{OB}) = \frac{\sigma_x + \sigma_y}{2} \tag{7-12}$$

圆心 C 的纵坐标为零，圆周半径为

$$\overline{CD} = \sqrt{\overline{CA}^2 + \overline{AD}^2} = \sqrt{\left(\frac{\sigma_x - \sigma_y}{2}\right)^2 + \tau_{xy}^2} \tag{7-13}$$

所以这个圆就是前面提到的应力圆。

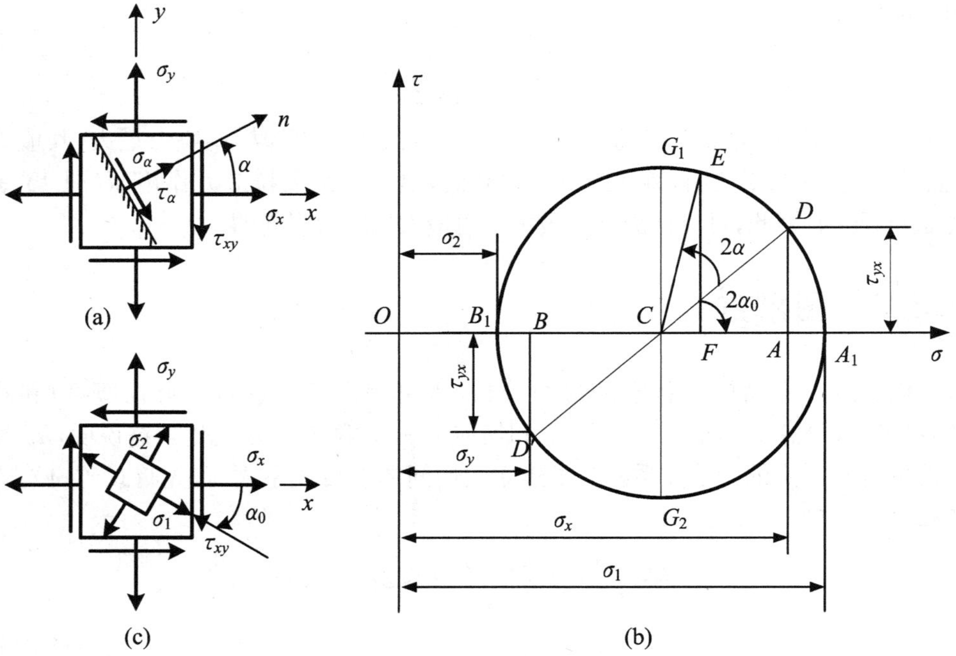

图 7-6

可以证明,单元体内任意斜面上的应力都对应着应力圆上的一个点。例如,由 x 轴到任意斜面法线 n 的夹角为逆时针的 α 角,在应力圆上,从 D 点(它代表以 x 为法线的面上的应力)也按逆时针方向沿圆周转到 E 点,且使 DE 弧所对圆心角为 α 的两倍,则 E 点的坐标就代表以 n 为法线的斜面上的应力。因为 E 点的坐标是

$$\begin{aligned}\overline{OF} &= \overline{OC} + \overline{CE}\cos(2\alpha_0 + 2\alpha)\\ &= \overline{OC} + \overline{CE}\cos 2\alpha_0\cos 2\alpha - \overline{CE}\sin 2\alpha_0\sin 2\alpha \quad \overline{EF} = \overline{CE}\sin(2\alpha_0 + 2\alpha)\\ &= \overline{CE}\sin 2\alpha_0\cos 2\alpha + \overline{CE}\cos 2\alpha_0\sin 2\alpha\end{aligned} \tag{7-14}$$

由于 $\overline{CE}$ 和 $\overline{CD}$ 同为应力圆半径,可以互相代替,故有

$$\overline{CE}\cos 2\alpha_0 = \overline{CD}\cos 2\alpha_0 = \overline{CA} = \frac{\sigma_x - \sigma_y}{2}$$

$$\overline{CE}\sin 2\alpha_0 = \overline{CD}\sin 2\alpha_0 = \overline{AD} = \tau_{xy}$$

把以上结果及式(7-12)一并代入式(7-14),便可得到

$$\overline{OF} = \frac{\sigma_x + \sigma_y}{2} + \frac{\sigma_x - \sigma_y}{2}\cos 2\alpha - \tau_{xy}\sin 2\alpha$$

$$\overline{EF} = \frac{\sigma_x - \sigma_y}{2}\sin 2\alpha + \tau_{xy}\cos 2\alpha$$

与式(7-1)和式(7-2)比较,可见 $\overline{OF} = \sigma_\alpha$,$\overline{EF} = \tau_\alpha$,这就证明了 E 点的坐标代表法线倾角为 α 的斜面上的应力。

利用应力圆可以求出主应力并确定主平面的位置。例如,在应力圆上,A_1 点的横坐标(代表正应力)大于圆上所有各点的横坐标,而纵坐标(代表剪应力)等于零,所以 A_1 点代表最大的主应力,即 $\overline{OA_1} = \sigma_1$。在应力圆上由 D 点(代表法线为 x 的平面)到 A_1 点所对圆心角为顺时针的 $2\alpha_0$,在单元体中由 x 也按顺时针量取 α_0(图7-6(c)),这就确定了 σ_1 所在主平面的法线位置。同理,B_1 点代表主应力 σ_2,它所在的主平面也可用同样的方法确定。

按照应力圆上的一点对应着单元体某一平面上的应力的规则,利用应力圆不难导出式(7-5)、式(7-6)、式(7-8)、式(7-9)等,这些都留给读者去完成。这就是用应力圆分析应力状态的图解法。

例7-5　用应力圆求图7-7(a)所示单元体的主应力和主平面的位置。

解　如图7-7(b)所示。按选定的比例尺,以 $\sigma_x = 25$ MPa,$\tau_{xy} = -40$ MPa 为坐标确定 D 点。以 $\sigma_y = -75$ MPa,$\tau_{yx} = 40$ MPa 为坐标确定 D' 点。连接 D、D' 与横轴交于 C 点。以 C 为圆心、DD' 为直径作应力圆。按所用比例尺从应力圆上量出

$$\sigma_1 = \overline{OA_1} = 39\ \text{MPa},\quad \sigma_3 = \overline{OB_1} = -89\ \text{MPa}$$

另一个主应力 $\sigma_2 = 0$。在应力圆上由 D 到 A_1 为逆时针,$\angle DCA_1 = 2\alpha_0 = 38.6°$。在单元体中从 x 按逆时针方向量取 $\alpha_0 = 19.3°$,便确定了 σ_1 所在主平面的法线。

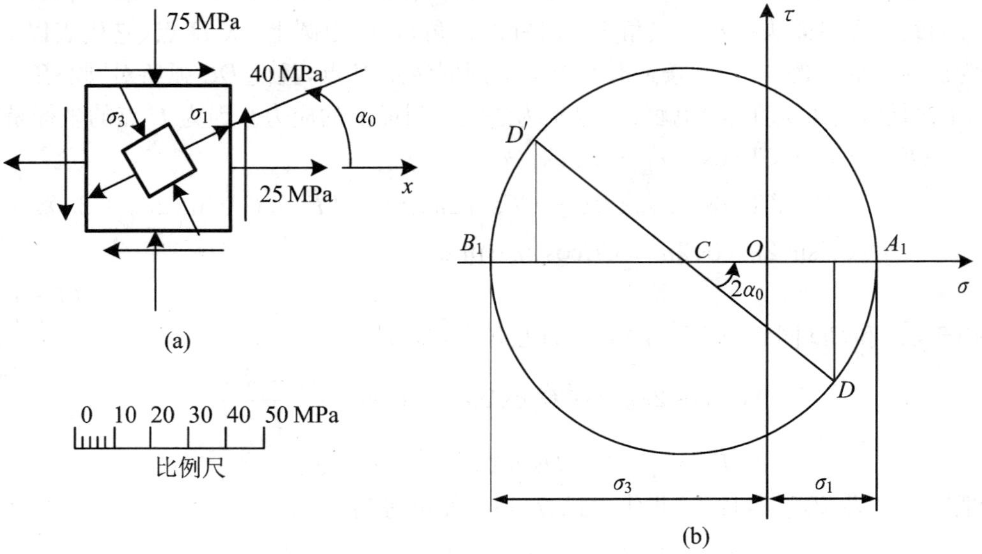

图 7-7

这里用应力圆得到的结果与例 7-1 的解析解是相符的。在二向应力状态分析中,往往一方面用 7.2.1 小节的解析公式计算,同时作应力圆草图进行校核,相互对照,可避免计算中的错误。

7.3 空间应力状态

一般说来,自受力构件中截取的三向应力状态的单元体,其三个互相垂直平面上的应力可能是任意方向的,但都可以将其分解为垂直于作用面的正应力及平行于单元体棱边的两个切应力,如图 7-8 所示。对三向应力状态本书不做深入讨论,只介绍三个主应力 σ_1、σ_2、σ_3 皆为已知量的情况。首先考察单元体内平行于 σ_3 的平面上的应力,亦即图 7-9(a)中画阴影线的平面上的应力。设想用这样的平面将单元体分成两部分,并研究图 7-9(b)所示棱柱部分。显然,垂直于面 abc 的力与垂直于面 $a'b'c'$ 的力相互平衡,不会在斜面 $bb'c'c$ 上引起应力。即平行于 σ_3 的平面上的应力不受 σ_3 的影响,只与 σ_1 和 σ_2 有关。因而分析这类平面上的应力时,就与只有 σ_1 和 σ_2 时的二向应力状态无异。或者说,这类平面上的应力,由 σ_1 和 σ_2 所确定的应力圆 A_1C_1 上的点的坐标来表示,如图 7-9(d)所示。同理,

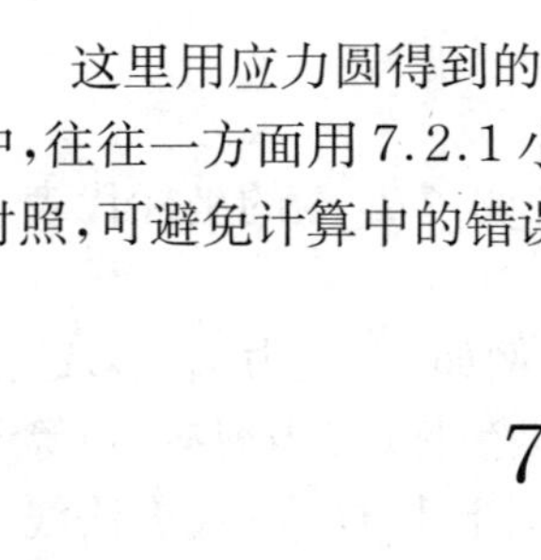

图 7-8

平行于 σ_2 的平面上的应力，由 σ_1 和 σ_3 所确定的应力圆 A_1B_1 上的点的坐标来表示。平行于 σ_1 的平面上的应力，由 σ_2 和 σ_3 所确定的应力圆 C_1B_1 上的点的坐标来表示。

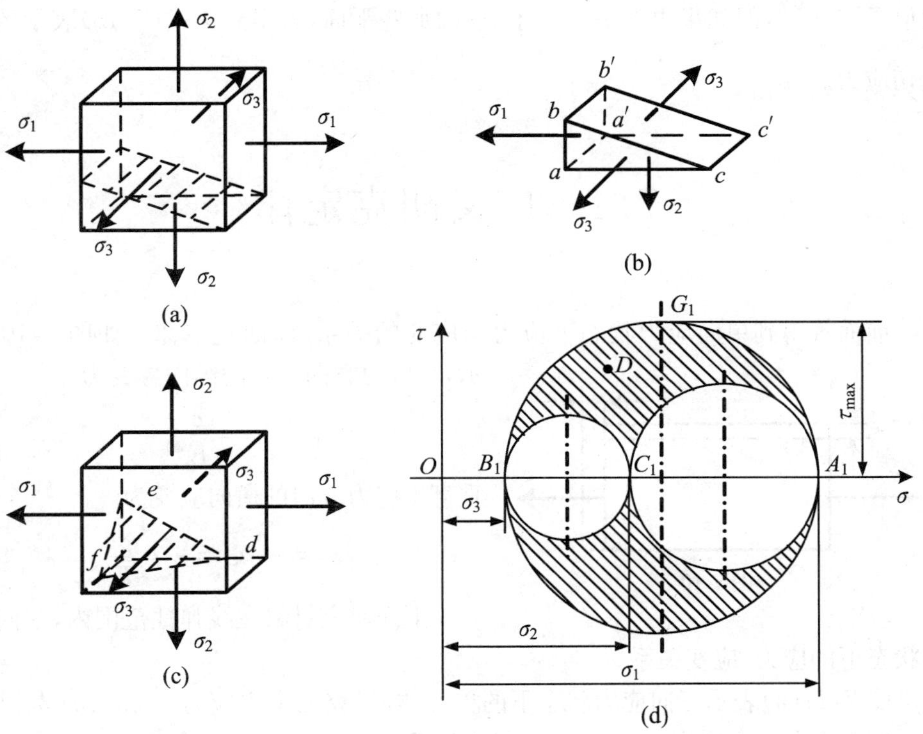

图 7-9

进一步的分析表明，除上述三类平面外，在与三个主应力都不平行的斜面 def（图 7-9(c)）上的应力，总可由图 7-9(d)中阴影线区域内某一点 D 的坐标来表示。由于阴影线区域内各点的横坐标都小于 A_1 点的横坐标并大于 B_1 点的横坐标，各点的纵坐标都小于 G_1 点的纵坐标，于是，最大和最小正应力以及最大切应力分别是

$$\sigma_{max} = \sigma_1, \quad \sigma_{min} = \sigma_3, \quad \tau_{max} = \frac{\sigma_1 - \sigma_3}{2} \tag{7-15}$$

G_1 点在 σ_1 和 σ_3 确定的圆周上，所以 τ_{max}所在平面平行于 σ_2，其法线与 σ_1 所在平面的法线成 45°角。

可以把二向应力状态看作是三向应力状态的特殊情况。当 $\sigma_1 > \sigma_2 > 0, \sigma_3 = 0$ 时，按式(7-15)，有

$$\tau_{max} = \frac{\sigma_1}{2} \tag{7-16}$$

这里所得最大切应力显然大于由式(7-9)得出的

$$\tau_{\max} = \sqrt{\left(\frac{\sigma_1 - \sigma_2}{2}\right)^2 + 0^2} = \frac{\sigma_1 - \sigma_2}{2}$$

这是因为在 7.2.1 小节中只考虑了平行于 σ_3 的各平面,在这类平面中切应力的最大值是$\frac{\sigma_1 - \sigma_2}{2}$,但如果再考虑平行于 σ_2 的那些平面,就得到由式(7-16)表示的最大切应力。

7.4 广义胡克定律

前面曾得到单向应力状态下应力与应变的关系,即胡克定律。如图 7-10 所示,与应力方向一致的纵向应变为

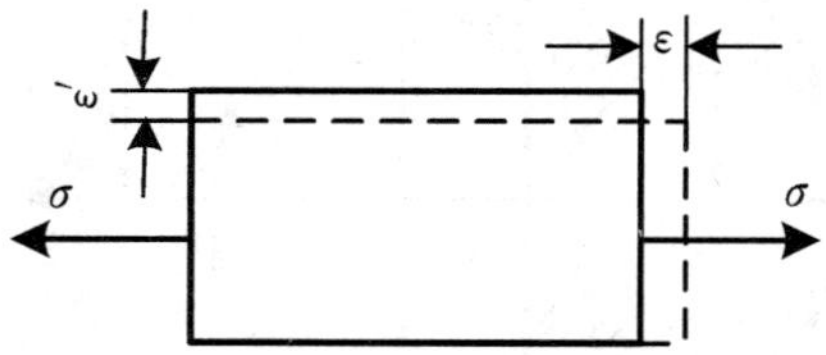

图 7-10

$$\varepsilon = \frac{\sigma}{E}$$

垂直于应力方向的横向应变为

$$\varepsilon' = -\mu\varepsilon = -\mu\frac{\sigma}{E}$$

下面研究材料在线弹性范围内,三向应力状态下的应力-应变关系。

图 7-11(a)表示三向应力状态下的单元体,研究三个主应力 σ_1、σ_2、σ_3 与沿三个主应力方向的主应变 ε_1、ε_2、ε_3 之间的关系。主应变 ε_1 不仅与主应力 σ_1 有关,同时也受主应力 σ_2、σ_3 的影响,可见,主应力 σ_1、σ_2、σ_3 对主应变 ε_1、ε_2、ε_3 的影响因素是复杂的。由于所研究的问题是线性的,故可应用叠加原理。

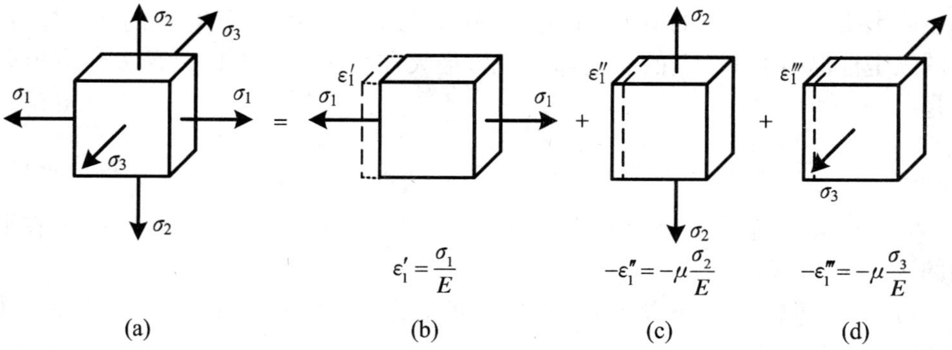

图 7-11

(1) 将单元体所处的三向应力状态(图 7-11(a))分解为图 7-11(b)、(c)、(d)所示的三个单向应力状态。

(2) 根据单向应力状态的胡克定律及横向变形关系研究每个单向应力状态。

σ_1 单独作用下，沿 σ_1 方向的线应变用 ε_1'来表示(图 7-11(b))。ε_1'和 σ_1 的方向一致，其值为

$$\varepsilon_1' = \frac{\sigma_1}{E}$$

σ_2 单独作用下，沿 σ_1 方向的线应变用 ε_1''来表示(图 7-11(c))。因 ε_1''是与 σ_2 垂直方向的线应变，所以其值为

$$\varepsilon_1'' = -\mu\frac{\sigma_2}{E}$$

σ_3 单独作用下，沿 σ_1 方向的线应变用 ε_1'''来表示(图 7-11(d))。因 ε_1'''也是与 σ_3 垂直方向的线应变，所以其值为

$$\varepsilon_1''' = -\mu\frac{\sigma_3}{E}$$

以上是三个主应力单独作用下的情况。将三个单向应力状态叠加，可将 σ_1、σ_2、σ_3 共同作用下沿 σ_1 方向的线应变(主应变)ε_1 写成如下式子：

$$\varepsilon_1 = \varepsilon_1' + \varepsilon_1'' + \varepsilon_1''' = \frac{\sigma_1}{E} - \mu\frac{\sigma_2}{E} - \mu\frac{\sigma_3}{E} = \frac{1}{E}[\sigma_1 - \mu(\sigma_2 + \sigma_3)]$$

用同样方法，可得到沿 σ_2 方向的主应变 ε_2 和沿 σ_3 方向的主应变 ε_3 与三个主应力的类似关系，汇集在一起用式(7-17)表示：

$$\begin{cases} \varepsilon_1 = \dfrac{1}{E}[\sigma_1 - \mu(\sigma_2 + \sigma_3)] \\ \varepsilon_2 = \dfrac{1}{E}[\sigma_2 - \mu(\sigma_3 + \sigma_1)] \\ \varepsilon_3 = \dfrac{1}{E}[\sigma_3 - \mu(\sigma_1 + \sigma_2)] \end{cases} \tag{7-17}$$

上式给出了空间应力状态下，任意一点处沿主应力方向的线应变与主应力之间的关系，通常称之为广义胡克定律。注意此定律只在应力未超过比例极限时才能成立。式中的 σ_1、σ_2、σ_3 均应以代数值代入，求出的 ε_1、ε_2、ε_3，若为正值则表示应变为伸长，若为负值则表示应变为缩短。与主应力的顺序类似，按代数值排列，这三个线应变的顺序是 $\varepsilon_1 > \varepsilon_2 > \varepsilon_3$。并且，沿 σ_1 方向的线应变 ε_1 是所有不同方向线应变中的最大值，即

$$\varepsilon_{max} = \varepsilon_1 \tag{7-18}$$

在最普遍的情况下，描述一点处的应力状态需要 9 个应力分量，如图 7-12 所示。考虑到切应力互等定理，τ_{xy}和τ_{yx}、τ_{yz}和τ_{zy}、τ_{zx}和τ_{xz}应分别数值相等。这样，9 个应力分量中独立的就只有 6 个。对于这种普遍情况，即单元体的各个表面上既有正应力，又有切应力时，由于对各向同性材料，在小变形条件下，线应变只与正应力有关，而与切应力无关，故沿正应力 σ_x、σ_y、σ_z 方向的线应变ε_x、ε_y、ε_z 与σ_x、σ_y、σ_z

之间的关系仍可采用式(7-17)来表示,只需将该公式中的数字下标 1、2、3 分别改为 x、y、z 即可。另外,切应变只与切应力有关,而与正应力无关,故切应力与切应变之间的关系仍服从胡克定律:

$$\gamma_{xy} = \frac{\tau_{xy}}{G},\quad \gamma_{yz} = \frac{\tau_{yz}}{G},\quad \gamma_{zx} = \frac{\tau_{zx}}{G} \tag{7-19}$$

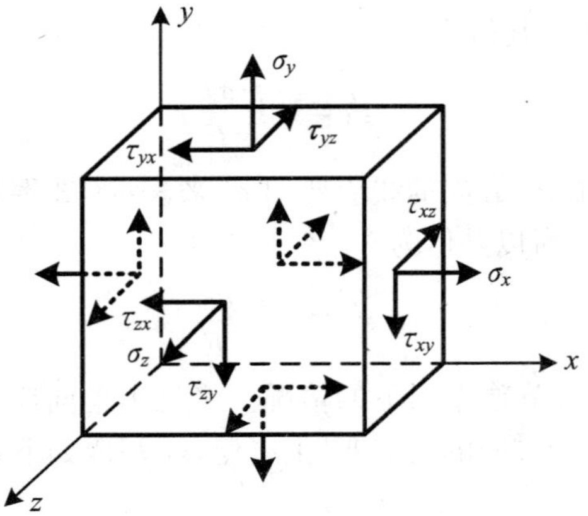

图 7-12

例 7-6 如图 7-13 所示,钢块上有一个贯穿的槽,其深度与宽度均为 10 mm。一铝制立方块的尺寸是 10 mm×10 mm×10 mm,恰好放入槽内。铝块顶面受到压力 $F = 5$ kN 的作用。假设槽的变形可略去不计,铝的弹性模量 $E = 70$ GPa,泊松比 $\mu = 0.33$,试求铝块中的三个主应力及相应的主应变。

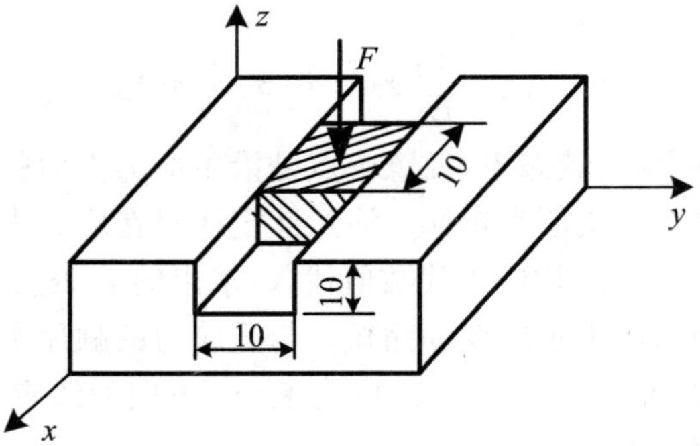

图 7-13

解 由于铝块表面不存在切应力,所以这三对平面就是主平面。三个主应力暂以 σ_x、σ_y、σ_z 称之,其计算如下:

$$\sigma_z = -\frac{5\times10^3}{10\times10\times10^{-6}}\ \text{Pa} = -50\ \text{MPa}$$

$$\sigma_x = 0$$

σ_y 的计算,要利用钢块不变形,其变形协调条件 $\varepsilon_y=0$,即

$$\frac{1}{E}(\sigma_y-\mu\sigma_z-\mu\sigma_x)=0$$

则有

$$\sigma_y=\mu\sigma_z=-0.33\times 50\ \text{MPa}=-16.5\ \text{MPa}$$

故

$$\sigma_1=0,\quad \sigma_2=-16.5\ \text{MPa},\quad \sigma_3=-50\ \text{MPa}$$

由此计算主应变:

$$\varepsilon_1=\frac{1}{E}[\sigma_1-\mu(\sigma_2+\sigma_3)]=313.5\times 10^{-6}$$

$$\varepsilon_2=\frac{1}{E}[\sigma_2-\mu(\sigma_3+\sigma_1)]=0$$

$$\varepsilon_3=\frac{1}{E}[\sigma_3-\mu(\sigma_1+\sigma_2)]=-637\times 10^{-6}$$

第 8 章 强 度 设 计

8.1 金属材料轴向拉压时的力学性能

构件的强度、刚度与稳定性，不仅与构件的形状、尺寸及所受外力有关，而且与材料的力学性能有关。材料的力学性能由试验测定，试验不仅是确定材料力学性质的唯一方法，而且也是建立理论和验证理论的重要手段。低碳钢和铸铁在一般工程中应用比较广泛，它们在拉伸或压缩时的力学性能也比较典型，因此是研究材料力学性能最基本、最常用的试验对象。

1. 低碳钢拉伸时的力学性能

进行拉伸试验，应先将材料加工成标准试件，然后在试验机上对试件缓慢加载，记录下试件所受的载荷和变形，得到应力-应变的关系曲线，如图 8-1 所示。

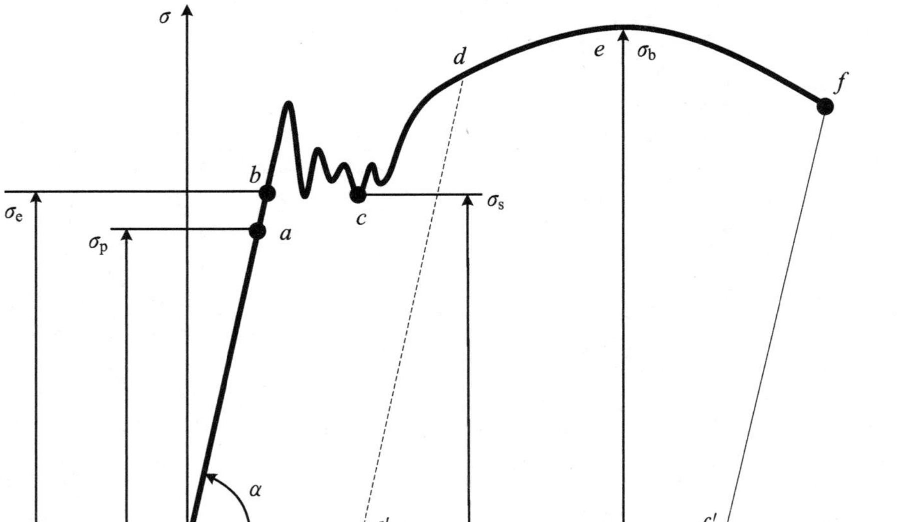

图 8-1

(1) 弹性阶段 Ob

试件在此阶段，如果卸载(即将载荷逐渐减小至零)，则所产生的变形将全部消失，这种变形称为弹性变形。在 Oa 部分，应力与应变成正比，比例常数即为材料的弹性模量 E。

σ_p 称为比例极限，只有应力低于 σ_p，材料才服从胡克定律。σ_e 则称为弹性极限。

(2) 屈服阶段 bc

在此阶段，应力做窄幅波动，应变却明显增大。这种现象称为屈服(失去抵抗变形的能力)，σ_s 称为屈服极限。

(3) 强化阶段 ce

过了屈服阶段后，材料恢复了抵抗变形的能力，要使它继续变形必须增加拉力，这种现象称为强化。强化阶段的最高值 σ_b 称为强度极限，它是衡量材料强度的一个重要指标。

(4) 颈缩与断裂阶段 ef

应力超过强度极限后，试件局部范围内横向尺寸急剧缩小，这种现象称为颈缩。颈缩后试件变形所需拉力相应减少，直至试件拉断。

过了屈服阶段后，试件卸载过程将沿图上的虚线进行，即使载荷全部卸除，试件仍有部分残余变形，称为塑性变形。如果卸载后短期再加载，则加载过程也沿虚线进行，此时材料的比例极限得到了提高，这种现象称为冷作硬化。

2. 铸铁拉伸时的力学性能

铸铁拉伸时，从开始加载直至拉断，试件的变形都很小。而且，应力-应变图上没有明显的直线段，也没有屈服和颈缩现象。如图 8-2 所示。

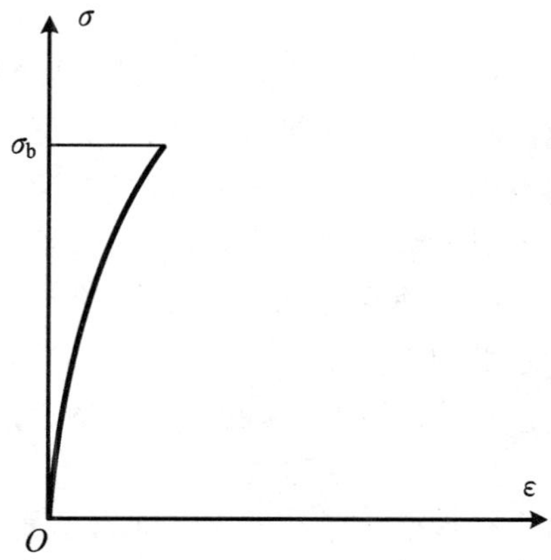

图 8-2

铸铁拉断时的最大应力即为其强度极限 σ_b，它是衡量材料强度的唯一指标。

3. 低碳钢和铸铁压缩时的力学性能

金属的压缩试验，通常采用短试件，以免被压弯。在屈服前，低碳钢压缩试验的应力-应变曲线与拉伸的曲线基本重合，即压缩时的弹性模量 E 和屈服极限 σ_s 都与拉伸时相同。但屈服后，由于试件愈压愈扁，应力-应变曲线不断上升，试件不会发生破坏。

铸铁压缩时的强度极限却远远大于拉伸时的数值，对于抗拉和抗压强度不等的材料，其抗拉和抗压强度极限分别用 σ_b^+ 和 σ_b^- 表示。

8.2 强度失效形式　常用强度理论

前述试验表明，当正应力达到某一极限值时，会引起断裂，或将产生显著的塑性变形，这在工作中都是不容许的，称为强度失效。强度失效的形式主要有两类：脆性断裂——无明显的变形下突然断裂，断面较粗糙；屈服失效——材料出现显著的塑性变形而丧失其正常的工作能力。

不同材料，失效形式不同；同种材料，在不同应力状态下，其失效形式也不同。

对于单向受力状态，可以通过拉（压）试验或纯剪试验测定试件的极限应力，以此作为强度指标，除以适当的大于 1 的系数 n，称为安全系数，得到的应力称为许用应力，用$[\sigma]$表示。

对脆性材料：

$$[\sigma]=\frac{\sigma_b}{n} \tag{8-1}$$

对塑性材料：

$$[\sigma]=\frac{\sigma_s}{n} \tag{8-2}$$

材料正常工作时的应力应小于许用应力，此即为单向受力状态的强度条件：

$$\sigma\leqslant[\sigma]\quad 或 \quad \tau\leqslant[\tau] \tag{8-3}$$

在复杂应力状态下，不论破坏的表面现象如何复杂，其强度失效的形式不外乎脆性断裂和塑性屈服，而同一类型的破坏则可能是某一个共同因素所引起的。人们根据大量的破坏现象，通过判断、推理、概括，提出了种种关于破坏原因的假说，找出引起破坏的主要因素，经过实践检验，不断完善，在一定范围与实际相符合，上升为强度理论；并利用材料在单向应力状态时的试验结果，来建立材料在复杂应力状态下的强度条件。

目前，常用的强度理论有三个。

1．最大拉应力理论

材料发生断裂的主要因素是最大拉应力达到了极限值：

$$\sigma_{max}\leqslant[\sigma]\quad 即 \quad \sigma_1\leqslant[\sigma] \tag{8-4}$$

2．最大切应力理论

无论材料处于什么应力状态，只要发生屈服，都是由于微元内的最大切应力达到了某一极限值：

$$\tau_{max}\leqslant[\tau]\quad 即 \quad \sigma_1-\sigma_3\leqslant[\sigma] \tag{8-5}$$

3．形状改变比能理论

无论材料处于什么应力状态，只要发生屈服，都是由于微元的最大形状改变比能达到了一个极限值：

$$\sqrt{\frac{1}{2}[(\sigma_1-\sigma_2)^2+(\sigma_2-\sigma_3)^2+(\sigma_3-\sigma_1)^2]}\leqslant[\sigma] \tag{8-6}$$

可以将上述强度理论所对应的强度条件统一为

$$\sigma_r\leqslant[\sigma] \tag{8-7}$$

式中 σ_r 称为相当应力。在工程中，最大切应力理论的相当应力又称为 Tresca 应力，形状改变比能理论的相当应力又称为 Mises 应力。

脆性材料一般选用最大拉应力理论，塑性材料一般选用最大切应力理论或形状改变比能理论。但材料的屈服强度失效形式不仅取决于材料的性质，还与其所处的应力状态、温度以及加载速度有关。如塑性材料在三向等拉时，会发生脆性断裂；而脆性材料在三向等压时，会发生塑性屈服。

8.3　杆件基本变形时的强度设计

8.3.1　轴向拉压时的强度设计

对受轴向拉伸或压缩的杆件，其强度条件为

$$\sigma=\frac{N}{A}\leqslant[\sigma] \tag{8-8}$$

根据上述强度条件，可进行以下三类强度计算：

(1) 强度校核。已知外力、杆件的横截面尺寸以及材料的许用应力，可检验杆件是否满足强度条件，即杆件能否安全工作。

(2) 截面设计。已知外力及材料的许用应力，可设计杆件的横截面面积及尺寸：

$$A\geqslant\frac{N_{max}}{[\sigma]} \tag{8-9}$$

(3) 确定许可载荷。已知杆件的横截面尺寸及材料的许用应力，可确定杆件能承受的最大载荷：

$$N_{max}\leqslant A\cdot[\sigma] \tag{8-10}$$

例 8-1　如图 8-3(a)所示简易吊车中，木杆 AC 的横截面面积 $A_1=100\ \text{cm}^2$，许用应力 $[\sigma]_1=7$ MPa；钢杆 BC 的横截面面积 $A_2=6\ \text{cm}^2$，许用应力 $[\sigma]_2=160$ MPa。试求许可吊重 F。

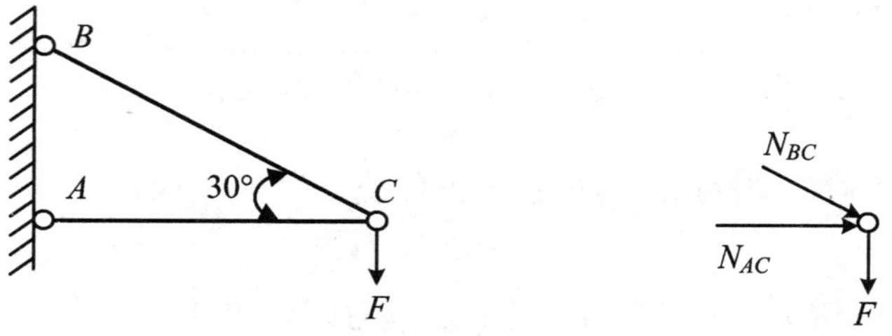

(a) (b)

图 8-3

解 (1) 铰链 C 的受力图如图 8-3(b)所示。由平衡方程,有

$$\sum X = 0: N_{AC} - N_{BC}\cos 30^\circ = 0$$

$$\sum Y = 0: N_{BC}\sin 30^\circ - F = 0$$

得

$$N_{AC} = \sqrt{3}F, \quad N_{BC} = 2F$$

(2) 按照木杆的强度要求确定许可吊重:

$$\sigma_{木} = \frac{N_{AC}}{A_1} = \frac{\sqrt{3}F}{A_1} \leqslant [\sigma]_1 \quad \Rightarrow \quad \sqrt{3}F \leqslant A_1 \cdot [\sigma]_1$$

即

$$[F] \leqslant 40.4\ \text{kN}$$

(3) 按照钢杆的强度要求确定许可吊重:

$$\sigma = \frac{N_{BC}}{A_2} = \frac{2F}{A_2} \leqslant [\sigma]_2 \quad \Rightarrow \quad 2F \leqslant A_2 \cdot [\sigma]_2$$

即

$$[F] \leqslant 48\ \text{kN}$$

(4) 比较上面求得的两种许可吊重,取其最小值,得

$$[F] \leqslant 40.4\ \text{kN}$$

8.3.2 圆轴扭转时的强度设计

圆轴扭转时横截面上的最大切应力发生在边缘上各点,其值为

$$\tau_{\max} = \frac{T}{I_p}\rho_{\max} = \frac{T}{W_p} \tag{8-11}$$

式中 $W_p = \dfrac{I_p}{\rho_{\max}}$ 称为抗扭截面系数。对直径为 D 的实心圆截面:

$$W_p = \frac{\pi D^3}{16} \tag{8-12}$$

对外径为 D、内径为 d 的空心圆截面：

$$W_p = \frac{\pi D^3}{16}(1-\alpha^4),\quad \alpha = \frac{d}{D} \tag{8-13}$$

圆轴扭转时的强度条件为

$$\tau_{\max} = \frac{T}{W_p} \leqslant [\tau] \tag{8-14}$$

在静载作用下，许用切应力与许用拉应力之间存在一定的关系。对塑性材料，$[\tau]=(0.5\sim0.6)[\sigma]$；对脆性材料，$[\tau]=(0.8\sim1.0)[\sigma]$。利用式(8-14)可解决强度校核、截面设计和确定许可载荷等三类扭转强度问题。

例 8-2　实心轴和空心轴通过牙嵌式离合器连接在一起，如图 8-4 所示。已知轴的转速 $n=100\ \mathrm{r/min}$，传递的功率 $P=7.5\ \mathrm{kW}$，材料的许用应力 $[\tau]=40\ \mathrm{MPa}$。试选择实心轴的直径 D_1 和内外径比为 1∶2 的空心轴的外径 D_2。

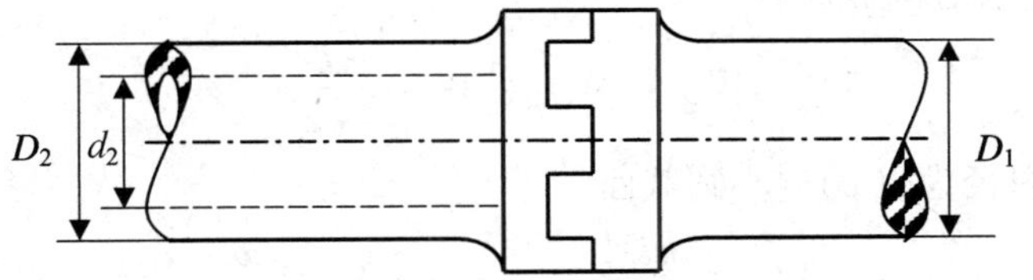

图 8-4

解　(1) 计算轴所传递的扭矩：

$$T = 9549\frac{P}{n} = 9549\times\frac{7.5}{100}\ \mathrm{N\cdot m} = 716\ \mathrm{N\cdot m}$$

(2) 由实心轴的强度条件：

$$\tau_{\max} = \frac{T}{W_p} = \frac{16T}{\pi D_1^3} \leqslant [\tau]$$

得

$$D_1 \geqslant \sqrt[3]{\frac{16T}{\pi[\tau]}} = \sqrt[3]{\frac{16\times716}{\pi\times40\times10^6}}\ \mathrm{m} = 45\ \mathrm{mm}$$

(3) 由空心轴的强度条件：

$$\tau_{\max} = \frac{T}{W_p} = \frac{16T}{\pi D_1^3(1-\alpha^4)} \leqslant [\tau]$$

得

$$D_1 \geqslant \sqrt[3]{\frac{16T}{\pi[\tau](1-\alpha^4)}} = 46\ \mathrm{mm}$$

(4) 实心轴和空心轴的横截面面积之比为

$$\frac{A_1}{A_2} = \frac{D_1^2}{D_2^2(1-\alpha^2)} = \frac{45^2}{46^2(1-0.5^2)} = 1.28$$

上式表明，与实心轴相比，采用空心轴可节省28%的材料。

8.3.3 梁的强度设计

一般载荷作用下的细长梁，弯曲正应力的强度条件是设计梁的主要依据，而横截面上的最大正应力位于距中性层最远处，即

$$\sigma_{max} = \frac{M_{max}}{I_z}y_{max} = \frac{M_{max}}{W_z} \leqslant [\sigma] \tag{8-15}$$

式中 $W_z = \dfrac{I_z}{y_{max}}$ 称为抗弯截面系数。对宽为 b、高为 h 的矩形截面：

$$W_z = \frac{bh^2}{6} \tag{8-16}$$

对直径为 D 的实心圆截面：

$$W_z = W_y = W = \frac{\pi D^3}{32} \tag{8-17}$$

对外径为 D、内径为 d 的空心圆截面：

$$W_z = \frac{\pi D^3}{32}(1-\alpha^4), \quad \alpha = \frac{d}{D} \tag{8-18}$$

对于拉伸和压缩强度不等的材料，强度条件为

$$\sigma_{max}^{+} \leqslant [\sigma]^{+} \tag{8-19}$$

$$\sigma_{max}^{-} \leqslant [\sigma]^{-} \tag{8-20}$$

式中 $[\sigma]^{+}$ 和 $[\sigma]^{-}$ 分别为材料的拉伸许用应力和压缩许用应力。

例 8-3 T 形截面铸铁梁的载荷和截面尺寸如图 8-5(a)所示。铸铁的抗拉许用应力和抗压许用应力分别为 $[\sigma]^{+} = 30$ MPa 和 $[\sigma]^{-} = 160$ MPa，试校核梁的强度。

解 (1) 确定横截面中性轴（z 轴）的位置，计算横截面对中性轴的惯性矩 I_z。由平面图形的几何性质可得

$$y_1 = 52\ \text{mm}, \quad I_z = 763\ \text{cm}^4$$

(2) 求梁的支座反力：

$$R_A = 2.5\ \text{kN}, \quad R_B = 10.5\ \text{kN}$$

(3) 作梁的弯矩图如图 8-5(b)所示，在截面 B 和截面 C 处，弯矩有极值。

(4) 在截面 B 上，弯矩为负值，最大拉应力发生于上边缘，最大压应力发生于下边缘：

$$\sigma_{max}^{+} = \frac{M_B}{I_z}y_1 = 27.2\ \text{MPa}, \quad \sigma_{max}^{-} = \frac{M_B}{I_z}y_2 = 46.2\ \text{MPa}$$

(5) 在截面 C 上，弯矩为正值，最大拉应力发生于下边缘，最大压应力发生于上边缘：

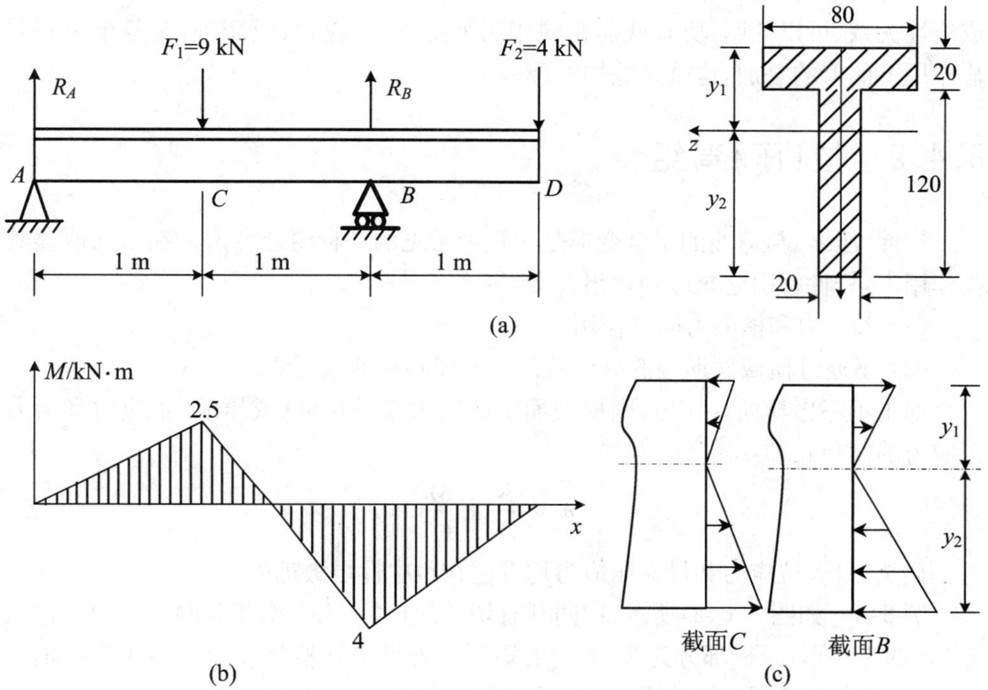

图 8-5

$$\sigma_{\max}^{+} = \frac{M_C}{I_z}y_2 = 28.8\text{ MPa},\quad \sigma_{\max}^{-} = \frac{M_C}{I_z}y_1 = 17\text{ MPa}$$

(6) 综合上述分析,最大拉应力发生在截面 C 的下边缘,最大压应力发生在截面 B 的下边缘,它们都未超过材料的许用应力,满足强度条件。

8.4　杆件组合变形时的强度设计

8.4.1　组合变形与叠加原理

所谓组合变形,是指拉压、扭转和弯曲等基本变形的组合。分析组合变形包含三个过程:

(1) 将杆件上的外力简化或分解成几组静力等效的载荷,使每组载荷对应一种基本变形。

(2) 分别计算每种基本变形情况下杆件内的应力和变形。

(3) 最后将所得的结果叠加,得到横截面上各点的应力和应力状态。

杆件在小变形和服从胡克定律的条件下，由于位移、应力、应变、内力等与外力成线性关系，可以证明，所有载荷共同作用下的内力、应力、应变等，是各个单独载荷作用下的值的叠加，这就是叠加原理。

8.4.2 拉(压)弯组合

拉伸(压缩)与弯曲的组合变形是工程中常见的一种组合变形。在下面两类载荷作用下，杆件将引起拉(压)弯组合变形：

(1) 轴向力和横向力同时作用。

(2) 不通过横截面形心的纵向载荷——偏心拉伸或压缩。

如果不考虑弯曲切应力，则横截面上的应力就是拉伸(或压缩)正应力和弯曲正应力的简单相加：

$$\sigma = \frac{N}{A} + \frac{M}{I_z}y \tag{8-21}$$

显然，最大拉应力和最大压应力均发生在距中性层最远处。

例 8-4 如图 8-6(a)所示，中间开有切槽的短柱，未开槽部分的横截面是边长为 $2a$ 的正方形，开槽部分为 $2a \times a$ 的矩形。若沿未开槽部分的中心线作用轴向拉力，试确定开槽部分横截面上的最大正应力与未开槽时的比值。

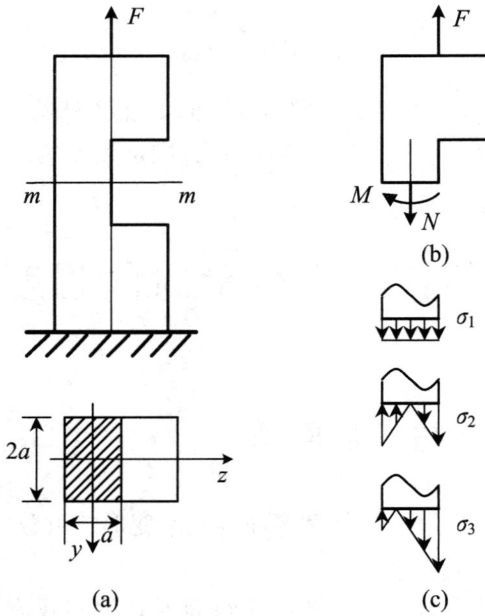

图 8-6

解 (1) 未开槽时的应力为

$$\sigma = \frac{N}{A} = \frac{F}{4a^2}$$

(2) 开槽后的内力向截面形心简化,得到轴力 N 和弯矩 M,如图 8-6(b)所示。

(3) 轴力 N 产生的应力为

$$\sigma_1 = \frac{N}{A_1} = \frac{F}{2a^2}$$

(4) 弯矩 M 产生的应力为

$$\sigma_2 = \frac{M}{I_z}y$$

式中 $M = \frac{Fa}{2}, I_z = \frac{2a^4}{12}$。

(5) 开槽部分横截面上的正应力 $\sigma_3 = \sigma_1 + \sigma_2$,其应力分布如图 8-6(c)所示。

(6) 开槽部分最大拉应力与未开槽时之比为

$$\left(\frac{F}{2a^2} + \frac{3F}{2a^2}\right) : \frac{F}{4a^2} = 8 : 1$$

8.4.3 扭弯组合

圆轴的扭转与弯曲组合变形也是工程中常见的一种组合变形。由于扭转在横截面上产生切应力,弯曲在横截面上产生正应力(同样不考虑弯曲切应力的影响),则横截面上的应力就不能简单相加,而应进行应力状态分析,并选用适当的强度理论进行强度计算。

例 8-5　钢制摇臂轴如图 8-7(a)所示,AB 段为等截面圆杆,直径为 D,A 端固定,在自由端 C 作用有铅垂向下的集中力 F,试讨论摇臂轴的强度计算。

解　(1) 将 C 点的集中力 F 向 AB 杆的截面 B 的形心平移,得到一横向力 F 和扭矩 $T = Fa$,此横向力使 AB 杆发生平面弯曲,扭矩使 AB 杆发生扭转变形,因此 AB 杆产生弯扭组合变形。分别作 AB 杆的扭矩图和弯矩图,如图 8-7(b)所示。

(2) 由内力图可知 A 截面为危险截面,作出 A 截面上各应力的分布规律如图 8-8(a)所示。

(3) 依次选取 A 截面上的上、下、左、右各点进行应力分析,如图 8-8(b)所示,显然,危险点为上、下缘的 1、2 两点。

(4) 取危险点 1 进行研究。1 点处于平面应力状态,其中 $\tau = \frac{T}{W_p}, \sigma = \frac{M}{W}$。主应力为

$$\left.\begin{matrix}\sigma_1\\ \sigma_3\end{matrix}\right\} = \frac{1}{2}(\sigma \pm \sqrt{\sigma^2 + 4\tau^2}),\quad \sigma_2 = 0$$

(5) 强度计算。

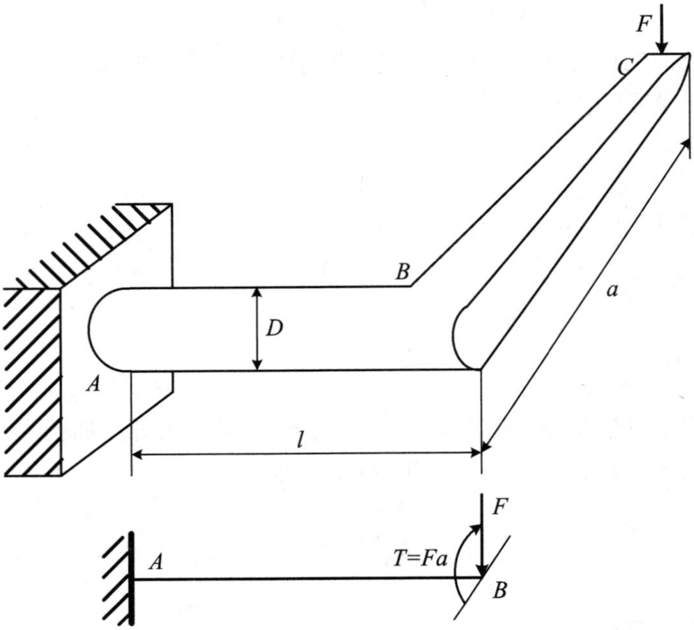

(a)

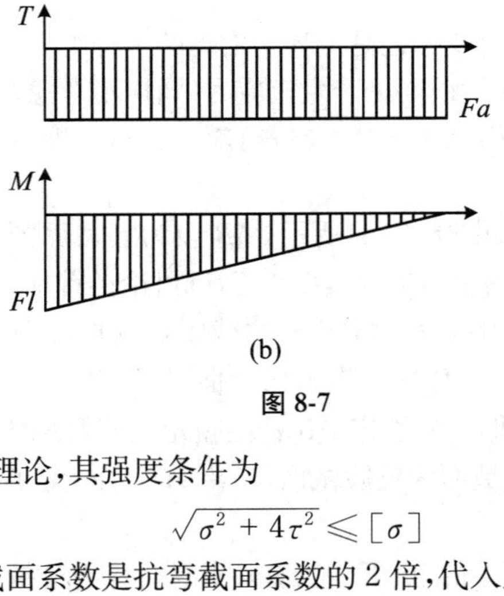

(b)

图 8-7

按最大切应力理论，其强度条件为

$$\sqrt{\sigma^2 + 4\tau^2} \leqslant [\sigma] \tag{8-22}$$

对于圆截面，抗扭截面系数是抗弯截面系数的 2 倍，代入上式，得

$$\frac{\sqrt{M^2 + T^2}}{W} \leqslant [\sigma] \tag{8-23}$$

按形状改变比能理论，其强度条件为

$$\sqrt{\sigma^2 + 3\tau^2} \leqslant [\sigma] \tag{8-24}$$

$$\frac{\sqrt{M^2 + 0.75T^2}}{W} \leqslant [\sigma] \tag{8-25}$$

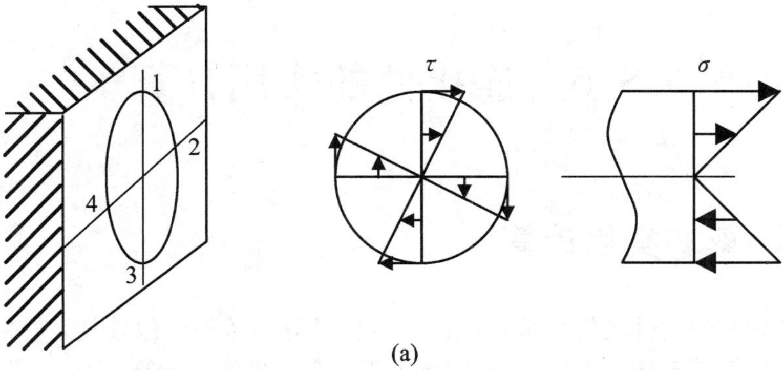

(a)

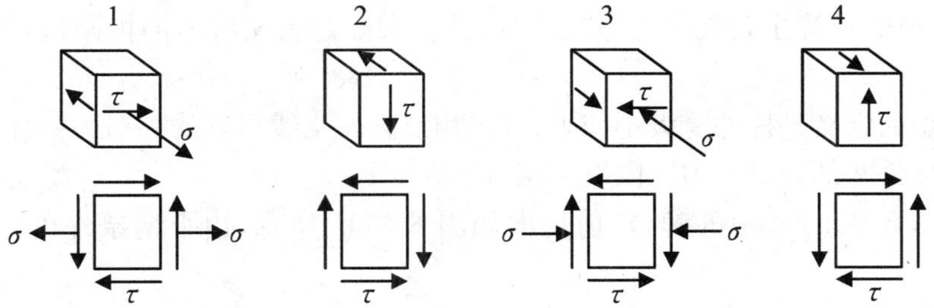

(b)

图 8-8

8.4.4 斜弯曲

以前讨论梁的弯曲问题，都是指平面弯曲，即梁上的载荷均作用在纵向对称面内，梁的轴线也在此平面内弯曲成一条平面曲线。若载荷不作用在梁的纵向对称面内，梁的轴线变形后将不再位于外力所在平面内，这种弯曲称为斜弯曲。

如果梁有两个以上的纵向对称面，则可以将斜弯曲分解成两个纵向对称面内的平面弯曲，然后将两个平面弯曲引起的应力相加，得到横截面上的应力分布。

显然正应力的最大值必然发生在矩形截面的角点处：

$$\sigma_{\max} = \frac{M_y}{W_y} + \frac{M_z}{W_z} \tag{8-26}$$

上式对工字形等具有水平和垂直两对称轴的截面都适用。

对于圆截面，过形心的任意轴均为截面的对称轴，所以当横截面上同时作用两弯矩时，可以先将两弯矩矢量合成，然后再求合弯矩作用下的弯曲应力。此时弯曲为平面弯曲。

圆截面上的最大正应力为

$$\sigma_{\max} = \frac{\sqrt{M_y^2 + M_z^2}}{W} \tag{8-27}$$

8.5 连接件的实用计算

8.5.1 剪切实用计算

杆件和其他构件之间常采用螺栓、销钉、键等连接件加以连接，这些连接件要从理论上计算其工作应力较复杂，因此工程中常采用实用计算，即假设连接件的应力分布规律，计算出名义应力，然后利用试验来确定名义应力的极限值，从而建立强度条件。

剪切的定义是杆件受大小相等、方向相反且作用线靠近的一对力的作用，变形表现为杆件两部分沿外力方向发生相对错动。

如图 8-9(a)所示的铆钉，剪切面如图 8-9(b)所示，由平衡条件可知剪力 $Q = F$。

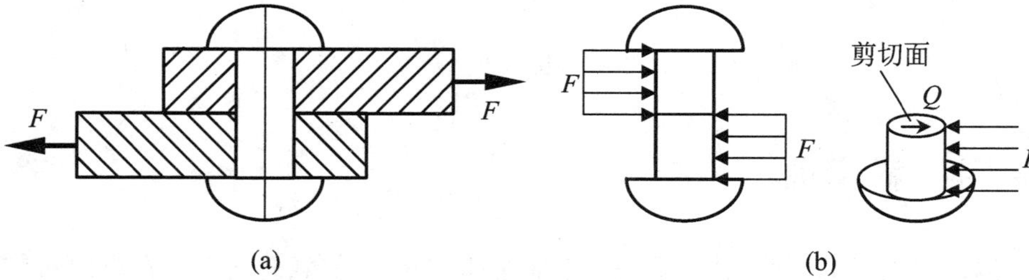

图 8-9

名义切应力

$$\tau = \frac{Q}{A} \tag{8-28}$$

式中 A 为剪切面积。

强度条件为

$$\tau = \frac{Q}{A} \leqslant [\tau] \tag{8-29}$$

8.5.2 挤压实用计算

在外力作用下，连接件和被连接件的构件之间，必将在接触面上及其邻近的局部区域内产生很大的压应力，足以在这些局部区域内产生塑性变形或破坏，这种现象称为挤压，如图 8-10(a)所示。

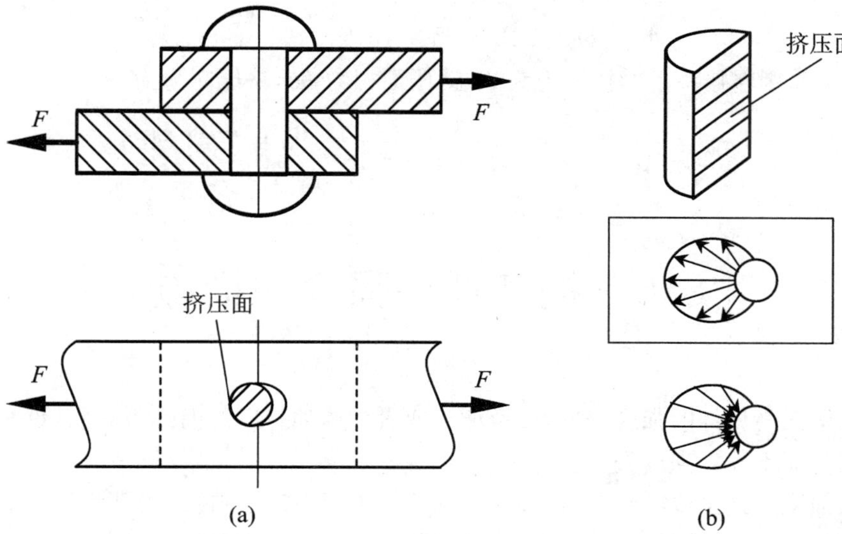

图 8-10

挤压应力 σ_{bs}的实用计算公式为

$$\sigma_{bs} = \frac{F}{A_{bs}} \tag{8-30}$$

式中 A_{bs}为挤压面积。若为平面接触,挤压面积等于接触面积。当接触面为圆柱面时,挤压应力分布如图 8-10(b)所示。实用计算时,挤压面积等于直径平面的投影面积,所得应力与实际最大应力接近。

强度条件为

$$\sigma_{bs} = \frac{F}{A_{bs}} \leqslant [\sigma_{bs}] \tag{8-31}$$

例 8-6　木榫接头如图 8-11 所示。$a = b = 12$ cm,$h = 35$ cm,$c = 4.5$ cm,$F = 40$ kN。试求接头的剪切和挤压应力。

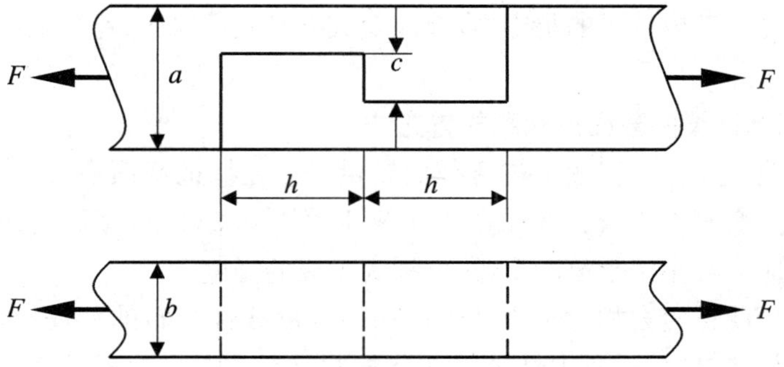

图 8-11

解　(1) 作用在接头上的剪力 $Q = F$,剪切面积为 bh,剪切应力为

$$\tau = \frac{Q}{A} = \frac{F}{bh} = \frac{40 \times 10^3}{12 \times 35 \times 10^{-4}}\ \text{Pa} = 0.925\ \text{MPa}$$

(2) 作用在接头上的挤压力为 F，挤压面积为 bc，挤压应力为

$$\sigma_{bs} = \frac{F}{A_{bs}} = \frac{F}{bc} = \frac{40 \times 10^3}{12 \times 4.5 \times 10^{-4}}\ \text{Pa} = 7.41\ \text{MPa}$$

8.6 提高杆件强度的措施

所谓提高杆件的强度，是指在不增加或者少增加材料的前提下，使杆件承受更大的载荷而不发生强度失效。

从强度条件可以看到，杆件强度的安全性不但取决于材质，也即许用应力的大小，还取决于杆件的最大工作应力。杆件的最大工作应力不但与杆件的受力、约束类型有关，还与杆件材质、横截面的形状以及放置方法有关。因此，只要减小危险截面上的内力分量或采用各种方法使危险面得以加固，设法降低杆件的最大工作应力，就可以达到提高强度的目的。

提高杆件的强度有以下两种主要措施：

(1) 合理安排支承和载荷的位置，或者通过辅助构件，使杆件内力的峰值尽量减小。

(2) 根据横截面上应力分布的特点，选择经济合理的截面形状。

梁的强度计算相对说来要复杂一些，现就以梁为例，说明工程上经常采用的提高梁强度的一些措施。

1. 合理安排梁的载荷和约束

对于长梁，其强度受控于弯曲正应力强度条件，等截面梁的最大弯曲正应力取决于最大弯矩，若能降低最大弯矩，就能提高梁的强度。例如，把作用在简支梁上的较大集中力分散成较小的集中力，或改变成分布载荷，最大弯矩的数值可有显著的降低。

2. 合理选择梁的截面形状和放置方法

最大弯曲正应力还依赖于抗弯截面模量。可在保证截面面积不变的条件下，尽可能提高抗弯截面模量。例如在相同载荷和约束条件下，竖放的矩形截面梁的最大弯曲正应力将小于平放的梁，这就提高了梁的强度。

考虑到弯曲正应力相对于中性轴沿曲面高度线性分布的特征，可考虑在中性轴附近少分配些材料，远离中性轴处多分配些材料。工字形截面就是根据这种思想设计的，其截面抗弯模量有明显的提高。采用槽形或箱形也是基于同样的想法，空心圆截面也比实心圆截面更合理、更经济。类似的，采用空心受扭圆轴也可取得

同样效果。

需要注意的是，截面形状的改变是有一定限度的，还要考虑梁的侧向稳定性，以及结构和工艺的要求。

从材料性质考虑，也能提出提高梁强度的措施。对于塑性材料，其抗拉和抗压能力相等，故宜采用相对于中性轴对称的截面，例如矩形截面和圆形截面。而对于脆性材料，其抗压能力大于抗拉能力，为使危险点的应力同时达到许用拉应力和许用压应力，应采用 T 形这类中性轴与上、下边缘不等距离的截面，并使中性轴按一定比例偏向于拉伸一边，使最大拉应力小于最大压应力，从而使材料得以充分利用。

3. 采用等强度梁

对材料力学中的强度问题，只要杆件的危险点失效，就认为杆件强度不足。如果危险点的应力状态达到材料的许用应力，而杆件上其余各点的应力尚小于许用应力，甚至远小于这一数值，就没有充分发挥材料的作用。可让梁的截面尺寸随弯矩的变化而变化，在弯矩较大处采用较大截面，弯矩较小处采用较小截面，这就是变截面梁。若变截面梁上的最大正应力都等于材料的许用应力，则称该梁为等强度梁。工程中的等强度梁同样要考虑结构和工艺上的问题，常用阶梯形梁代替。

第 9 章　位移分析与刚度设计

工程中的杆件，不仅要满足强度要求，还应满足刚度要求。过大的变形和位移会影响构件的正常工作。例如，齿轮轴变形过大，会造成齿轮和轴承的不均匀磨损，引起噪音，降低寿命；机床主轴变形过大，会影响到机床的加工精度。所以，即使杆件的变形是弹性的，但若超过允许值，也将使杆件丧失承载能力而失效。为了保证杆件具有足够的刚度，通常将变形限制在一定的允许范围内。

研究杆件的变形，主要目的是在工程实际中限制过大的弹性变形，确保不产生塑性变形，这就是杆件的刚度设计。同时计算杆件的变形也是求解静不定问题的需要。

9.1　杆件的拉压变形

直杆在轴向拉力作用下，将引起轴向尺寸的增大和横向尺寸的缩小，如图 9-1 所示。反之，在轴向压力作用下，将引起轴向尺寸的缩短和横向尺寸的增大。我们把杆件轴线方向的变形称为纵向变形，垂直于轴线方向的变形称为横向变形。

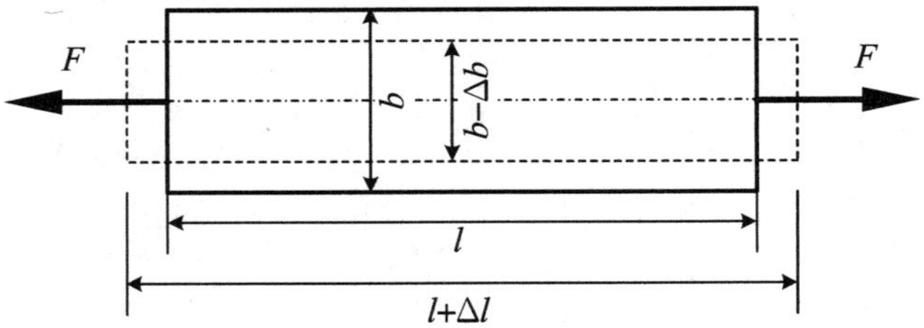

图 9-1

在杆件中任取一微段 dx，在轴力 N 的作用下纵向变形为 Δdx，则根据胡克定律，有

$$\Delta dx = \varepsilon \cdot dx = \frac{\sigma}{E}dx = \frac{N dx}{EA} \tag{9-1}$$

式中，EA 称为杆的抗拉(抗压)刚度。

在整个杆长内积分，可得杆件的总伸长量为

$$\Delta l = \int_l \frac{N\mathrm{d}x}{EA} \tag{9-2}$$

若轴力和杆的抗拉(抗压)刚度均为常数,杆的伸长量为

$$\Delta l = \frac{Nl}{EA} \tag{9-3}$$

设横向变形的应变为 ε',试验表明,在弹性范围内,横向应变和纵向应变有下列关系:

$$\varepsilon' = -\mu\varepsilon \tag{9-4}$$

式中 μ 称为泊松比。

与弹性模量 E 一样,泊松比 μ 也为材料的固有弹性常数。常见金属材料的弹性常数列于表 9-1 中。

表 9-1

材料	E/GPa	μ
灰铸铁	78～157	0.23～0.27
低碳钢	196～216	0.25～0.33
合金钢	186～216	0.24～0.33
铝合金	70	0.33
铜及其合金	72～128	0.31～0.42

例 9-1　如图 9-2(a)所示简易吊车中,木杆 AC 的横截面面积 $A_1 = 100\ \mathrm{cm}^2$,弹性模量 $E_1 = 10$ GPa;钢杆 BC 的横截面面积 $A_2 = 6\ \mathrm{cm}^2$,弹性模量 $E_2 = 210$ GPa;吊重 $F = 40$ kN。试求 C 点的位移。

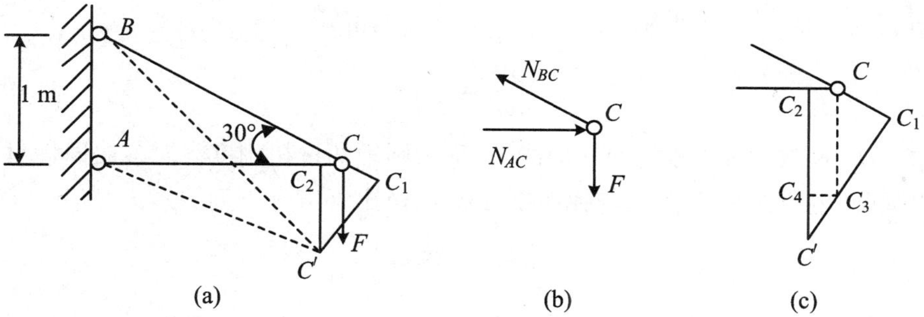

图 9-2

解　(1) 铰链 C 的受力图如图 9-2(b)所示。由平衡方程,有

$$\sum X = 0: N_{AC} - N_{BC}\cos 30^\circ = 0$$

$$\sum Y = 0: N_{BC}\sin 30^\circ - F = 0$$

得

$$N_{AC} = \sqrt{3}F, \quad N_{BC} = 2F$$

(2) 计算 AC、BC 两杆的变形：

$$\Delta l_{AC} = \frac{N_{AC}l_{AC}}{E_1A_1} = \frac{40\sqrt{3}\times 10^3\times\sqrt{3}}{10\times 10^9\times 100\times 10^{-4}}\ \text{m} = 1.2\times 10^{-3}\ \text{m}$$

$$\Delta l_{BC} = \frac{N_{BC}l_{BC}}{E_2A_2} = \frac{80\times 10^3\times 2}{210\times 10^9\times 6\times 10^{-4}}\ \text{m} = 1.27\times 10^{-3}\ \text{m}$$

(3) AC 缩短了 C_2C，BC 伸长了 CC_1。分别以 A、B 为圆心，AC_2、BC_1 为半径作弧，其交点 C' 即为 C 点的新位置。因为是小变形，可用切线代替圆弧，如图 9-2(c)所示。

(4) 综合上述分析可知：C 点的水平位移为

$$\Delta_{\text{H}} = C_4C_3 = C_2C = 1.2\times 10^{-3}\ \text{m}$$

C 点的垂直位移为

$$\Delta_{\text{V}} = C_2C' = C_2C_4 + C_4C' = CC_1\times 2 + C_2C\times\sqrt{3} = 4.6\times 10^{-3}\ \text{m}$$

9.2 圆轴的扭转变形

圆截面直杆扭转时，小变形情况下，可认为各横截面之间的距离保持不变，仅绕轴线做相对转动，两横截面间相对转过的角度称为扭转角，用 φ 表示，如图 9-3(a) 所示。取一微段 $\mathrm{d}x$ 研究，设微段的相对扭转角为 $\mathrm{d}\varphi$，沿轴线方向的变化率为 $\frac{\mathrm{d}\varphi}{\mathrm{d}x}$，如图 9-3(b)所示。在线弹性范围内，由式(6-10)可知

$$\frac{\mathrm{d}\varphi}{\mathrm{d}x} = \frac{T}{GI_p} \tag{9-5}$$

式中，GI_p 反映了圆轴抵抗变形的能力，称为圆轴的抗扭刚度。对各向同性材料，可以证明，剪切弹性模量 G 与弹性模量 E、泊松比 μ 存在下列关系：

$$G = \frac{E}{2(1+\mu)} \tag{9-6}$$

相距 l 的两截面之间的相对扭转角为

$$\varphi = \int_l \frac{T\mathrm{d}x}{GI_p} \tag{9-7}$$

扭转的刚度条件是单位长度上的相对扭转角 θ 限制在允许的范围内，即

$$\theta = \frac{\mathrm{d}\varphi}{\mathrm{d}x} = \frac{T}{GI_p} \leqslant [\theta] \tag{9-8}$$

式中，[θ]称为单位长度许用相对扭转角，其值可在有关设计手册或规范中查到。

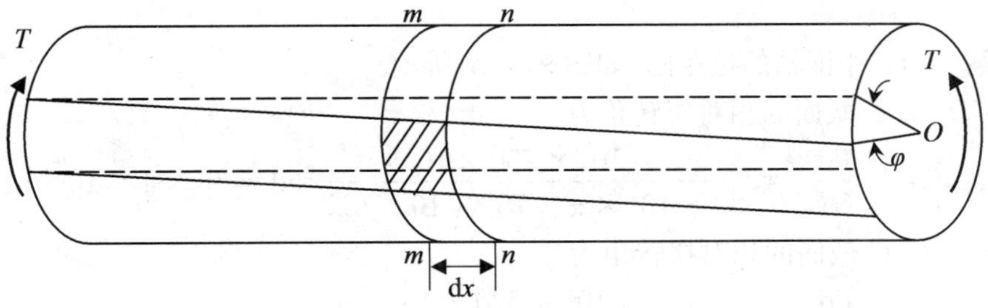

(a)

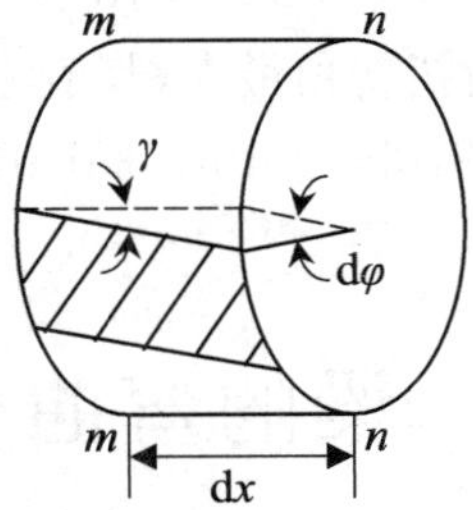

(b)

图 9-3

例 9-2　变截面钢轴如图 9-4(a)所示，已知 AB 段直径为 75 mm，BC 段直径

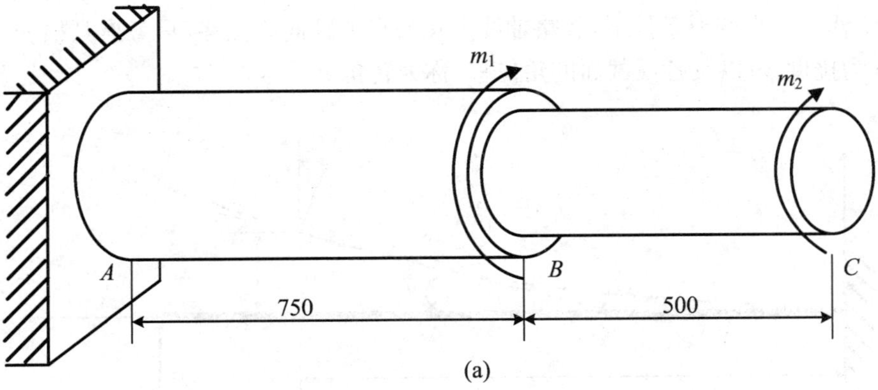

(a)

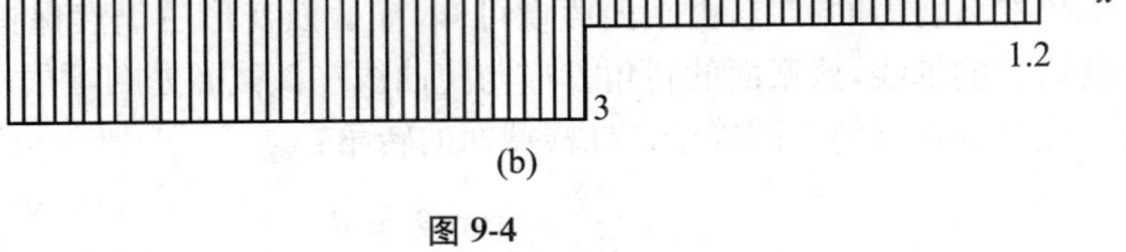

(b)

图 9-4

为 50 mm,材料的剪切弹性模量 $G = 80$ GPa。现在 B 截面作用外力偶矩 $m_1 = 1.8$ kN・m,在 C 截面作用外力偶矩 $m_2 = 1.2$ kN・m,试求钢轴的最大相对扭转角。

解 (1) 作钢轴的扭矩图,如图 9-4(b)所示。

(2) A、B 截面的相对扭转角为

$$\varphi_{AB} = \int_l \frac{T\mathrm{d}x}{GI_p} = \frac{3 \times 10^3 \times 750 \times 10^{-3}}{80 \times 10^9 \times \pi \times 75^4 \times 10^{-12}/32}\ \mathrm{rad} = 9.054 \times 10^{-3}\ \mathrm{rad}$$

(3) B、C 截面的相对扭转角为

$$\varphi_{BC} = \int_l \frac{T\mathrm{d}x}{GI_p} = \frac{1.2 \times 10^3 \times 500 \times 10^{-3}}{80 \times 10^9 \times \pi \times 50^4 \times 10^{-12}/32}\ \mathrm{rad} = 0.012 \times 10^{-3}\ \mathrm{rad}$$

(4) 显然 A、C 截面的相对扭转角最大,其值为

$$\varphi_{AC} = \varphi_{AB} + \varphi_{BC} = 9.054 \times 10^{-3} + 0.012 \times 10^{-3}\ \mathrm{rad} = 1.22^\circ$$

9.3 梁的弯曲变形

1. 挠度和转角

梁在平面弯曲时,轴线由直线变为平面曲线,称为挠曲线,如图 9-5 所示。考察其轴线上任意一点,其位移有轴向线位移、横向线位移和各横截面绕中性轴转动的角位移。在小变形条件下,忽略轴线上每一点的轴向线位移,只考虑其横向线位移,称为挠度 y;以及各横截面的角位移,称为转角 θ。

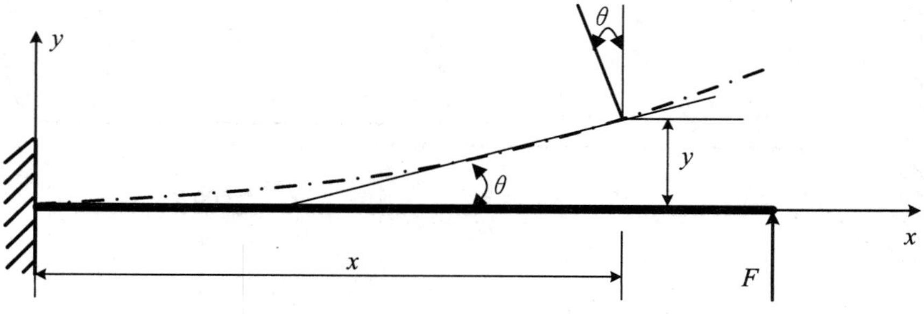

图 9-5

如果忽略剪力的影响,由平面假设可知,横截面变形后仍然保持平面,且仍垂直于变弯后的轴线,该截面的转角 θ 应与挠曲线在该截面处的倾角相等,即挠曲线在任一点处的切线斜率即等于该处横截面的转角:

$$\frac{\mathrm{d}y}{\mathrm{d}x} = \tan\theta \approx \theta \tag{9-9}$$

很显然,知道了挠曲线方程 $y(x)$,就可以求得转角方程 $\theta(x)$,从而确定梁的

变形。

2. 挠曲线微分方程

在建立弯曲正应力公式时曾得到曲率的表达式(式(6-21))：$\frac{1}{\rho}=\frac{M}{EI_z}$，$EI_z$ 称为梁的抗弯刚度。根据高等数学知识，挠曲线方程 $y(x)$ 的曲率为

$$\frac{1}{\rho(x)}=\pm\frac{\frac{\mathrm{d}^2 y}{\mathrm{d}x^2}}{\left[1+\left(\frac{\mathrm{d}y}{\mathrm{d}x}\right)^2\right]^{\frac{3}{2}}} \tag{9-10}$$

考虑到在小变形下转角 θ 很小，其平方项可以忽略，并根据弯矩的正负规定，可得到挠曲线的近似微分方程：

$$\frac{\mathrm{d}^2 y}{\mathrm{d}x^2}=\frac{M(x)}{EI_z} \tag{9-11}$$

3. 积分法求弯曲变形

将式(9-11)直接积分一次，得

$$\theta=\frac{\mathrm{d}y}{\mathrm{d}x}=\int\frac{M(x)}{EI_z}\mathrm{d}x+C \tag{9-12}$$

将式(9-12)再积分一次，得

$$y=\iint\frac{M(x)}{EI_z}\mathrm{d}x\mathrm{d}x+Cx+D \tag{9-13}$$

式中，C、D 为积分常数，需要用边界条件来确定。在铰支座处梁的挠度为零，固定端处梁的挠度、转角均为零。

若梁上的弯矩或抗弯刚度分段发生变化，应分段建立挠曲线方程，此时会出现多对 C、D，需结合连续性条件来确定。所谓连续性条件，是指在分段处，梁的挠度、转角保持连续。

例 9-3　简支梁 AB 受力如图 9-6 所示，梁的抗弯刚度为 EI。求此梁的变形，并确定最大转角和最大挠度。

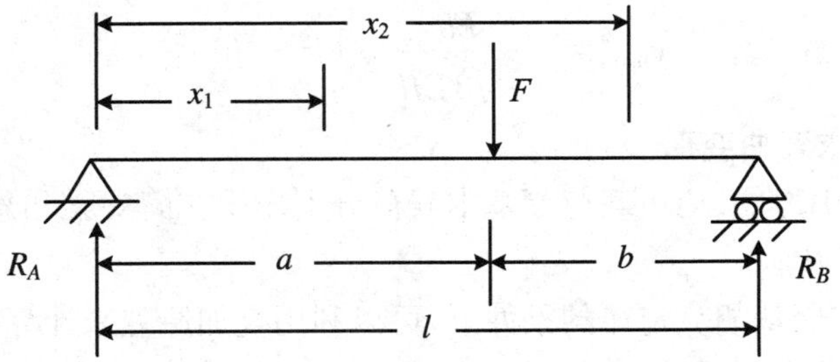

图 9-6

解　(1) 求支座反力：

$$R_A = \frac{Fb}{l}, \quad R_B = \frac{Fa}{l}$$

(2) 列弯矩方程:

$$AC\text{ 段}: M_1(x) = \frac{Fb}{l}x_1 \quad (0 \leqslant x_1 \leqslant a)$$

$$CB\text{ 段}: M_2(x) = \frac{Fb}{l}x_2 - F(x_2 - a) \quad (a \leqslant x_2 \leqslant l)$$

(3) 分段建立挠曲线微分方程并积分:

$$AC\text{ 段}: EIy_1(x) = \frac{Fb}{6l}x_1^3 + C_1x_1 + D_1$$

$$CB\text{ 段}: EIy_2(x) = \frac{Fb}{6l}x_2^3 - \frac{F}{6}(x_2 - a) + C_2x_2 + D_2$$

(4) 确定积分常数。边界条件:

$$y_1(0) = y_2(l) = 0$$

连续性条件:

$$y_1(a) = y_2(a), \quad \theta_1(a) = \theta_2(a)$$

解得

$$D_1 = D_2 = 0, \quad C_1 = C_2 = -\frac{Fb}{6l}(b^2 - l^2)$$

(5) 挠曲线方程:

$$AC\text{ 段}: EIy_1(x) = -\frac{Fbx_1}{6l}(l^2 - b^2 - x_1^2) \quad (0 \leqslant x_1 \leqslant a)$$

$$CB\text{ 段}: EIy_2(x) = -\frac{Fb}{6l}\left[(l^2 - b^2 - x_2^2)x_2 + \frac{l}{b}(x_2 - a)^3\right] \quad (a \leqslant x_1 \leqslant l)$$

(6) 当 $a > b$ 时,最大转角为

$$\theta_{\max} = \theta_B = -\frac{Fab}{6EIl}(l + b)$$

最大挠度为

$$y_{\max} = -\frac{Fb}{9\sqrt{3}EIl}\sqrt{(l^2 - b^2)^3}$$

4. 叠加法求弯曲变形

集中力、集中力偶、均布载荷等基本载荷分别作用在简支梁和悬臂梁上的变形结果列于表 9-2 中。

在小变形和服从胡克定律的条件下,可以利用叠加原理来计算梁的变形。

例 9-4 悬臂梁受均布载荷作用,如图 9-7(a)所示,求自由端 C 的挠度,设 EI 为常数。

表 9-2

序号	梁的简图	挠曲线方程	端截面转角	最大挠度
1	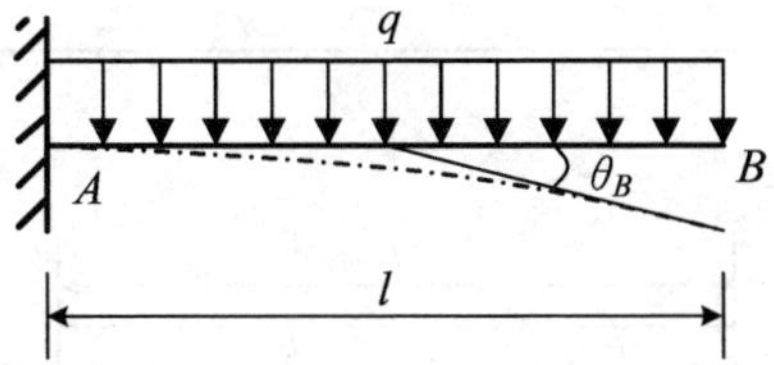	$y=-\dfrac{qx^2}{24EI}(x^2-4lx+6l^2)$	$\theta_B=-\dfrac{ql^3}{6EI}$	$y_B=-\dfrac{ql^4}{8EI}$
2	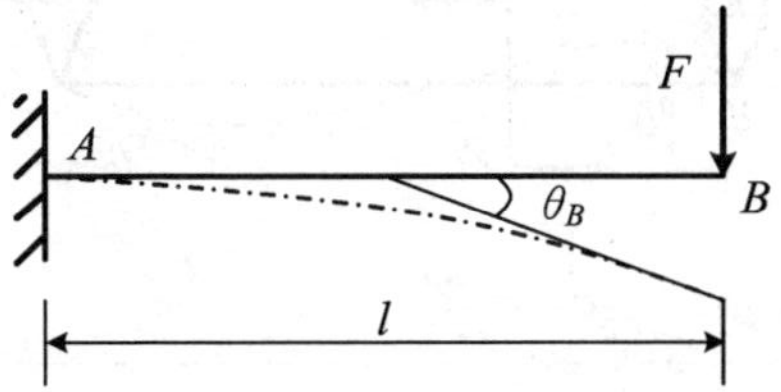	$y=-\dfrac{Fx^2}{6EI}(3l-x)$	$\theta_B=-\dfrac{Fl^2}{2EI}$	$y_B=-\dfrac{Fl^3}{3EI}$
3	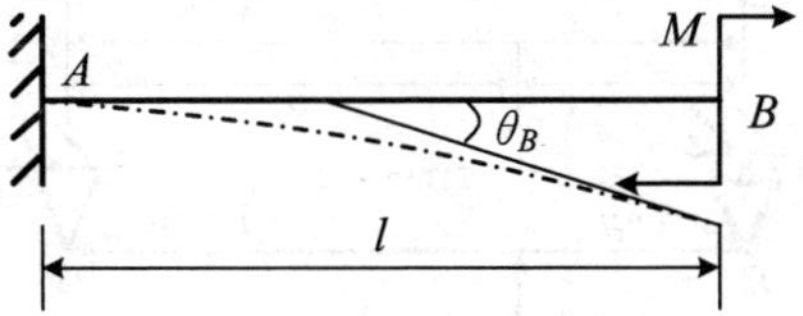	$y=-\dfrac{Mx^2}{2EI}$	$\theta_B=-\dfrac{Ml}{EI}$	$y_B=-\dfrac{Ml^2}{2EI}$
4	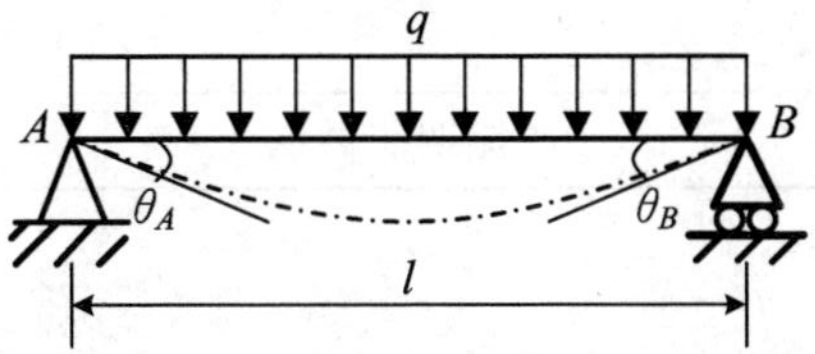	$y=-\dfrac{qx}{24EI}(x^3-2lx^2+l^3)$	$\theta_A=-\theta_B=-\dfrac{ql^3}{24EI}$	$y_{max}=-\dfrac{5ql^4}{384EI}$

续表

序号	梁的简图	挠曲线方程	端截面转角	最大挠度
5	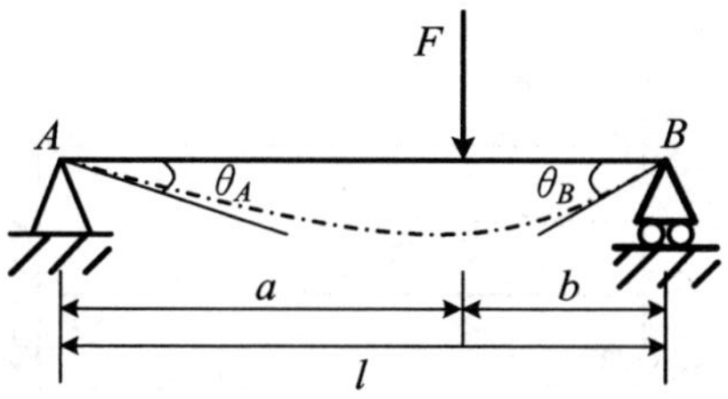	$y=-\frac{Fbx}{6EIl}(l^2-x^2-b^2)$ $(0\leqslant x\leqslant a)$ $y=-\frac{Fb}{6EIl}\left[\frac{l}{b}(x-a)^3+(l^2-b^2)x-x^3\right]$ $(a\leqslant x\leqslant l)$	$\theta_A=-\frac{Fab(l+b)}{6EIl}$ $\theta_B=\frac{Fab(l+a)}{6EIl}$	设 $a>b$， 在 $x=\sqrt{\frac{l^2-b^2}{3}}$处， $y_{\max}=-\frac{Fb(l^2-b^2)^{3/2}}{9\sqrt{3}EIl}$， $y_{\frac{l}{2}}=-\frac{Fb(3l^2-4b^2)}{48EI}$
6	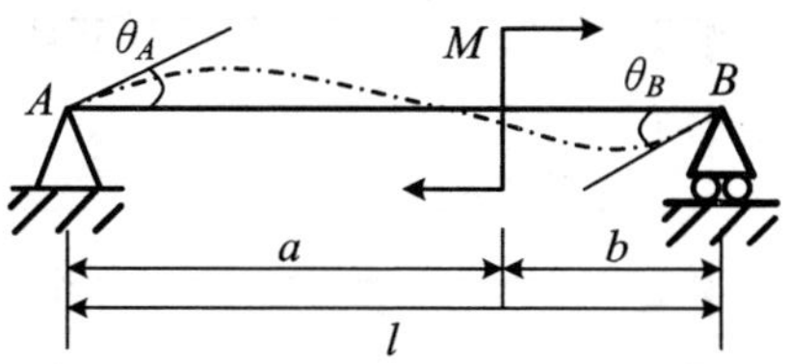	$y=\frac{Mx}{6EIl}(l^2-x^2-3b^2)$ $(0\leqslant x\leqslant a)$ $y=-\frac{M(l-x)}{6EIl}[l^2-3a^2-(l-x)^2]$ $(a\leqslant x\leqslant l)$	$\theta_A=\frac{M(l^2-3b^2)}{6EIl}$ $\theta_B=\frac{M(l^2-3a^2)}{6EIl}$	在 $x=\sqrt{\frac{l^2-3b^2}{3}}$处， $y_{\max1}=\frac{M(l^2-3b^2)^{3/2}}{9\sqrt{3}EIl}$； 在 $x=\sqrt{\frac{l^2-3a^2}{3}}$处， $y_{\max2}=-\frac{M(l^2-3a^2)^{3/2}}{9\sqrt{3}EIl}$

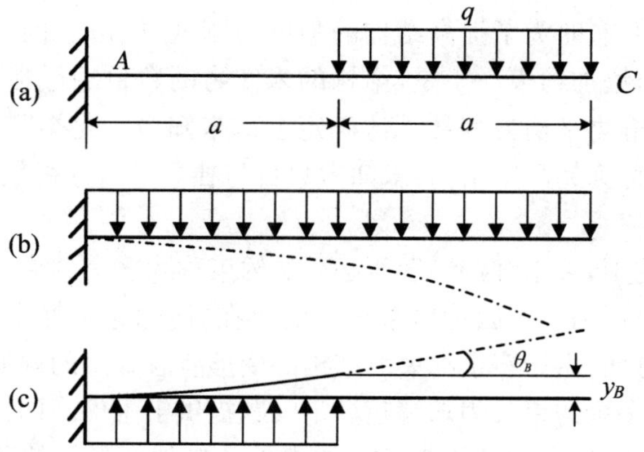

图 9-7

解　(1) 将原载荷静力等效分解为图 9-7(b)和图 9-7(c)所示的两种载荷，然后分别计算各个载荷产生的变形。

(2) 在图 9-7(b)中，查表得

$$y_C = -\frac{q\,(2a)^4}{8EI} = -\frac{2qa^4}{EI}$$

(3) 在图 9-7(c)中，BC 段无载荷作用，此段梁将保持直线而仅产生刚性转动，可查表求得 B 截面的挠度和转角：

$$y_C = y_B + \theta_B \cdot a = \frac{qa^4}{8EI} + \frac{qa^3}{6EI} \cdot a = \frac{7qa^4}{24EI}$$

(4) 原载荷引起的 C 端挠度应等于上面两种载荷在 C 端所产生挠度的叠加：

$$y_C = -\frac{2qa^4}{EI} + \frac{7qa^4}{24EI} = -\frac{41qa^4}{24EI}$$

5. 梁的刚度条件

梁的设计中，除了要求有足够的强度外，往往还要将其弹性变形限制在一定范围内，即满足刚度条件：

$$y_{\max} \leqslant [y] \tag{9-14}$$

$$\theta_{\max} \leqslant [\theta] \tag{9-15}$$

式中，$[y]$和$[\theta]$分别称为梁的许用挠度和梁的许用转角。

9.4　简单超静定问题

在静力学问题中，若未知力（外力或内力）的个数等于独立的平衡方程数目，则仅由平衡方程即可解出全部未知力，这类问题称为静定问题，相应的结构称为静定结构。

在工程实际中,有时为了提高结构的强度与刚度,或由于构造上的需要,往往给上述静定结构再增加约束。于是,结构的未知力的数目超过独立平衡方程的数目,此时仅仅依靠静力平衡方程便无法确定全部未知力。此类问题称为超静定问题,相应的结构则称为超静定结构,未知力数目与独立平衡方程数目之差称为超静定次数。

在超静定结构中,多于维持平衡所必需的约束称为多余约束,与其相应的约束反力称为多余约束反力。正因为多余约束的存在,使问题由静力学可解变为静力学不可解。另一方面,由于多余约束对结构的变形有着确定的限制,而变形又是与力相联系的,因而多余约束又为求解超静定问题提供了条件。因此,求解超静定问题,除了平衡方程外,还必须利用在多余约束处各构件变形间的几何关系,进而根据力与变形之间的物理关系,建立与超静定次数数目相等的补充方程。

综上所述,求解超静定问题必须考虑以下三个方面:静力平衡关系、几何关系、物理关系。材料力学的许多基本理论,也正是从这三方面进行综合分析后建立的。

9.4.1 拉压超静定

拉压超静定问题的常用求解方法是:先将结构的多余约束解除,代之以未知的约束反力,使得结构变成静定结构;然后用静定结构的求解方法解得相应的位移,代入原约束条件,解出未知的约束反力。

例 9-5 杆系结构如图 9-8(a)所示,AB 杆为刚性杆,①、②杆的刚度为 EA,求①、②杆的轴力。

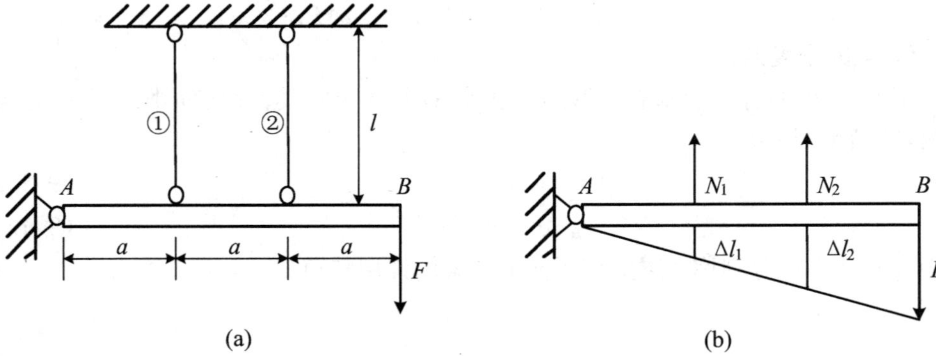

图 9-8

解 (1) 静力平衡关系:由 $\sum M_A(F) = 0$,得

$$N_1 a + N_2 \cdot 2a = 3Fa$$

即

$$N_1 + 2N_2 = 3F$$

(2) 几何关系:由图 9-8(b)可知,有 $2\Delta l_1 = \Delta l_2$。

(3) 物理关系:由胡克定律,可得

$$\Delta l_1 = \frac{N_1 l}{EA}, \quad \Delta l_2 = \frac{N_2 l}{EA}$$

(4) 将上式代入几何关系,得

$$2N_1 = N_2$$

(5) 联立静力平衡方程,求解得

$$N_1 = \frac{3}{5}F, \quad N_2 = \frac{6}{5}F$$

9.4.2 弯曲超静定

求解弯曲超静定问题一般采用变形叠加法。同拉压超静定的求解方法类似,首先解除多余约束,以多余约束反力代替其作用,形成外载荷和多余约束反力共同作用下的静定梁,称之为静定基;然后用叠加法计算静定基在多余约束处的变形,并根据原超静定梁中多余约束的限制条件,列出补充方程。

静定基随多余约束的选择而不同,一般选取表 9-2 中的形式,以便于用叠加法计算梁的变形。

例 9-6　一端固定、一端铰支的梁如图 9-9(a)所示,已知 EI 为常数,求梁的支座反力。

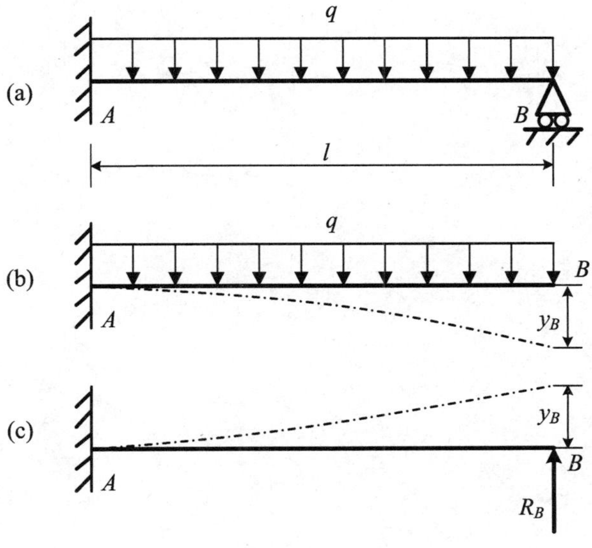

图 9-9

解 (1) 判断超静定次数:显然本题为一次超静定。

(2) 选取合适的静定基:本题选取悬臂梁为静定基,B 端铰支座为多余约束,R_B为多余约束反力,原超静定梁等效为静定悬臂梁受均布载荷 q 和R_B的共同作用,如图 9-9(b)、(c)所示。

(3) 静力平衡关系:

$$\sum Y = 0: R_A + R_B - ql = 0$$

$$\sum M_A(F) = 0: R_B l - m_A = 0$$

(4) 几何关系:

$$y_B|_q + y_B|_{R_B} = 0$$

(5) 物理关系:

$$y_B\Big|_q = -\frac{ql^4}{8EI}, \quad y_B|_{R_B} = \frac{R_B l^3}{3EI}$$

(6) 得到补充方程:

$$-\frac{ql^4}{8EI} + \frac{R_B l^3}{3EI} = 0 \quad \Rightarrow \quad R_B = \frac{3}{8}ql$$

(7) 联立静力平衡方程,求解得

$$R_A = \frac{5}{8}ql, \quad m_A = \frac{1}{8}ql^2(\text{逆}), \quad R_B = \frac{3}{8}ql$$

第 10 章　压杆的稳定性

10.1　稳定性概念

前面我们对受压杆件的研究，是从强度的观点出发的，即认为只要满足压缩强度条件，就可以保证压杆的正常工作。这样考虑，对于短粗的压杆来说是正确的，但对于细长的压杆，就不适用了。例如，一根宽 3 cm、厚 0.5 cm 的矩形截面松木杆，对其施加轴向压力，如图 10-1 所示。设材料的抗压强度 $\sigma_c = 40$ MPa，由实验可知，当杆很短时，如设高为 3 cm(图 10-1(a))，将杆压坏所需的压力为

$$P = \sigma_c A = 40 \times 10^6 \times 0.005 \times 0.03\ \text{N} = 6000\ \text{N}$$

但如杆高为 100 cm，则施加不到 30 N 的压力，杆就会突然产生显著的弯曲变形而失去工作能力(图 10-1(b))。细长压杆之所以丧失工作能力，是由于其轴线不能维持原有直线形状的平衡状态所致。

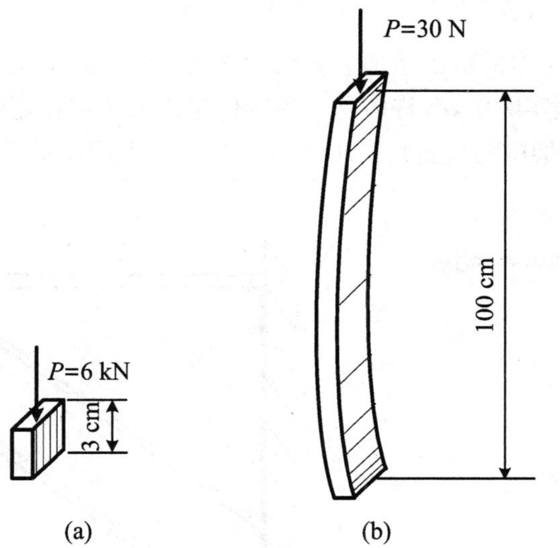

图 10-1

现在对稳定的概念做进一步的解释，以图 10-2 所示两端铰支的细长压杆来说明这类问题。设压力与杆件轴线重合，当压力逐渐增加但小于某一极限值时，杆件

一直保持直线形状的平衡，即使用微小的侧向干扰力使它暂时发生轻微弯曲（图10-2(a)），干扰力解除后，它仍将恢复直线形状（图10-2(b)）。这表明压杆直线形状的平衡是稳定的。当压力逐渐增加到某一极限值时，压杆的直线平衡变为不稳定，将转变为曲线形状的平衡。这时如再用微小的侧向干扰力使它发生轻微弯曲，干扰力解除后，它将保持曲线形状的平衡，不能恢复原有的直线形状（图10-2(c)）。上述压力的极限值称为临界载荷或临界力，记为 P_{cr}。压杆丧失其直线形状的平衡而过渡为曲线平衡，称为丧失稳定，简称失稳，也称屈曲。

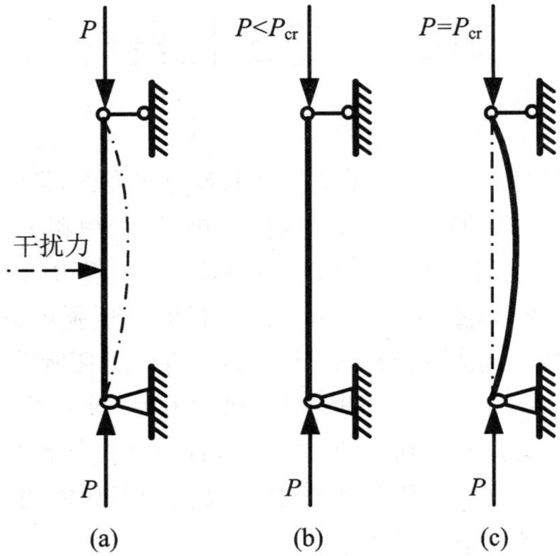

图 10-2

压杆失稳后，压力的微小增加会导致弯曲变形的显著增大，表明压杆已丧失了承载能力。在工程实际中，有许多受压的构件是需要考虑稳定性的，例如千斤顶的丝杠（图10-3）、托架中的压杆（图10-4），以及探矿工程中的钻杆等。如果这些构

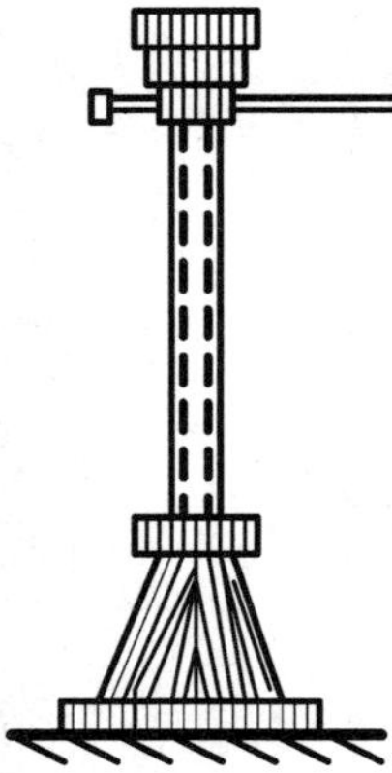

图 10-3

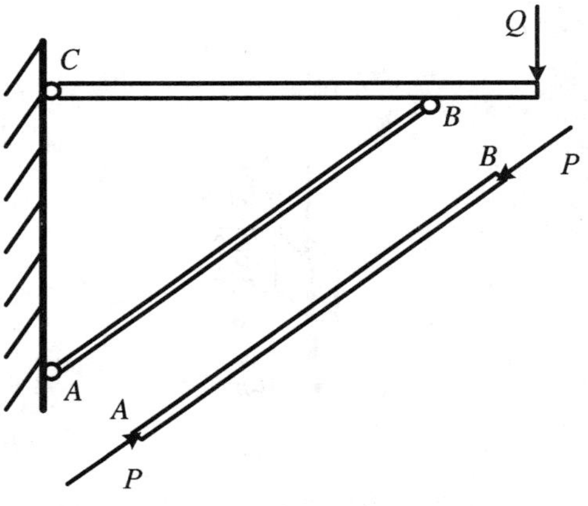

图 10-4

件过于细长，在轴向压力较大时，就有可能丧失稳定而失效。而这种失效是突然发生的，往往会给工程结构或机械带来极大的损害。但细长压杆失稳时应力并不一定很高，有时甚至低于比例极限。可见这种形式的失效并非强度不足，而是稳定性不够。因此在设计这类构件时，进行稳定性计算是非常必要的。

与压杆相似，其他构件也有失稳问题。例如，在内压作用下的薄壁圆筒，壁内应力为拉应力，它是一个强度问题，蒸汽锅炉、圆柱形容器就是这种情况；但同样的薄壁圆筒，在均匀外压作用下（图 10-5），壁内应力变为压应力，当外压到达临界值时，圆筒的圆形平衡变为不稳定，会突然变成由虚线表示的椭圆形。又如，板条或工字梁在最大抗弯刚度平面内弯曲时（图 10-6），会因载荷到达临界值而发生侧向弯曲，并伴随着扭转。这些都是稳定性不足引起的失效。限于篇幅，本章只讨论压杆的稳定，其他形式的稳定性问题不进行讨论。

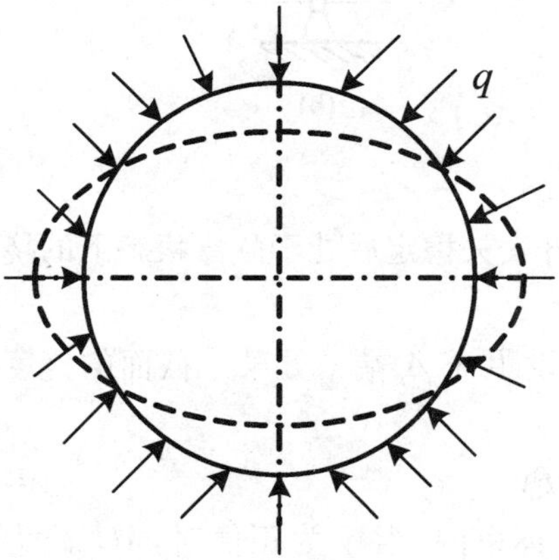

图 10-5

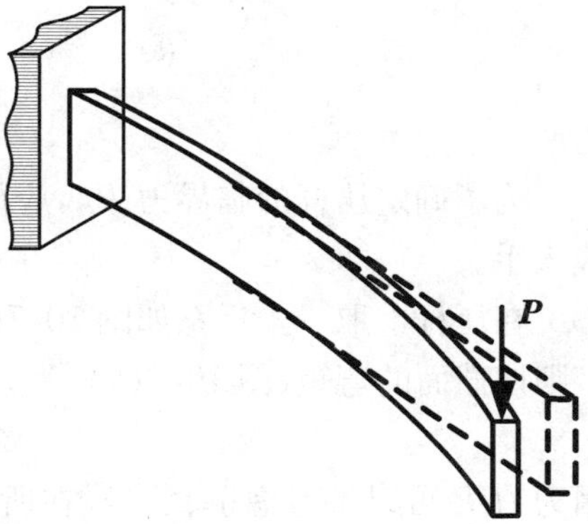

图 10-6

10.2　细长杆的临界载荷　欧拉公式

如前所述，对确定的压杆来说，判断其是否会丧失稳定，主要取决于压力是否达到了临界力值。因此，根据压杆的不同条件来确定相应的临界力，是解决压杆稳定问题的关键。本节先讨论细长压杆在不同约束条件下的临界力。

1．两端铰支压杆的临界力

如图 10-7(a)所示，设一细长压杆 AB，两端铰支，在轴向压力 P 的作用下丧失稳定，而在微弯的状态下保持平衡。由于临界力是使压杆开始丧失稳定的压力，因此使压杆保持在弯曲状态下平衡的压力 P 的最小值，即为此压杆的临界力 P_{cr}。

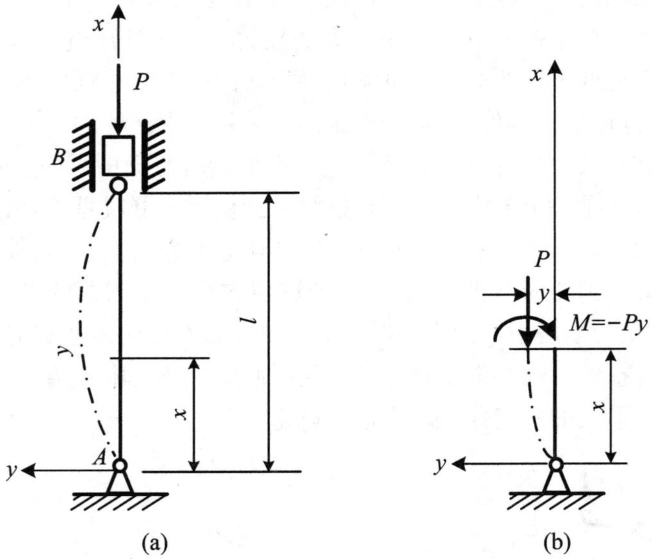

图 10-7

为了确定压杆的临界力 P_{cr}，应从研究压杆丧失稳定后处于微弯状态下的挠曲线入手。

在压杆上取一坐标系如图 10-7(a)所示，设距杆 A 端 x 处某一截面的挠度为 y，则该截面的弯矩(图 10-7(b))为

$$M(x) = -Py \tag{10-1}$$

因为力 P 可以不考虑正、负号，在所选定的坐标系内，当 y 为正值时，$M(x)$为负值，所以上式右端加一负号。这样，当压杆失稳后的弯曲变形很小时，可以列出其挠曲线近似微分方程为

$$EI\frac{d^2y}{dx^2} = -Py \tag{10-2}$$

若令

$$k^2 = \frac{P}{EI} \tag{10-3}$$

则式(10-2)可写成

$$\frac{d^2y}{dx^2} + k^2y = 0 \tag{10-4}$$

此方程的通解是

$$y = C_1\sin kx + C_2\cos kx \tag{10-5}$$

式中 C_1 和 C_2 是两个待定的积分常数；系数 k 可由式(10-3)计算，但由于力 P 的数值仍为未知，所以 k 也是一个待定值。

根据杆端的约束情况，可有两个边界条件：

(1) 在 $x=0$ 处，$y=0$。

(2) 在 $x=l$ 处，$y=0$。

将第一个边界条件代入式(10-5)，得

$$C_2 = 0$$

则式(10-5)可改写成

$$y = C_1 \sin kx \tag{10-6}$$

上式表示挠曲线是一正弦曲线。再将第二个边界条件代入上式，得

$$0 = C_1 \sin kl$$

由此解得

$$C_1 = 0 \quad 或 \quad \sin kl = 0$$

若取 $C_1=0$，则由式(10-6)得 $y=0$，即表明杆没有弯曲，仍保持直线形状的平衡形式，这与杆已发生微小弯曲变形的前提相矛盾。因此，只可能 $\sin kl=0$。满足这一条件的 kl 值为

$$kl = n\pi, \quad n = 0,1,2,3,\cdots$$

则由式(10-3)可得

$$k = \sqrt{\frac{P}{EI}} = \frac{n\pi}{l}$$

故

$$P = \frac{n^2\pi^2 EI}{l^2} \tag{10-7}$$

此式表明，无论 n 取何值，都有与其对应的力 P，但在实用上应取最小值。若取 $n=0$，则 $P=0$，这与讨论情况不符。所以应取 $n=1$，相应的压力 P 即为所求的临界力：

$$P_{cr} = \frac{\pi^2 EI}{l^2} \tag{10-8}$$

式中，E 为压杆材料的弹性模量；I 为压杆横截面对中性轴的惯性矩；l 为压杆的长度。

式(10-8)为两端铰支压杆的临界力公式，它是瑞士数学家兼力学家欧拉于 1744 年首先导出的，1757 年他又对此式做出了正确的解释。此式一般称为两端铰支压杆临界力的欧拉公式。

从欧拉公式可以看出，临界力 P_{cr} 与杆的抗弯刚度 EI 成正比，而与杆长 l 的平方成反比。这就是说，杆愈细长，其临界力愈小，即愈容易丧失稳定。

2. 不同约束情况下压杆的临界力

上面导出的是两端铰支压杆的临界力公式。当压杆的约束情况改变时，压杆的挠曲线近似微分方程和挠曲线的边界条件也随之改变，因而临界力的数值也不相同。仿照前面的方法，也可求得各种约束情况下压杆的临界力公式。如果以两

端铰支压杆的挠曲线(半波正弦曲线)为基本情况,将其与其他约束情况下的挠曲线对比,则可以得到欧拉公式的一般形式为

$$P_{cr} = \frac{\pi^2 EI}{(\mu l)^2} \tag{10-9}$$

式中 μ 为不同约束条件下压杆的长度系数,μl 则相当于两端铰支压杆的半波正弦曲线的长度,称为相当长度。

几种理想的杆端约束情况下的长度系数列于表 10-1。

表 10-1　压杆的长度系数

杆端约束情况	两端铰支	一端固定 一端自由	一端固定 一端铰支	两端固定
挠曲线形状	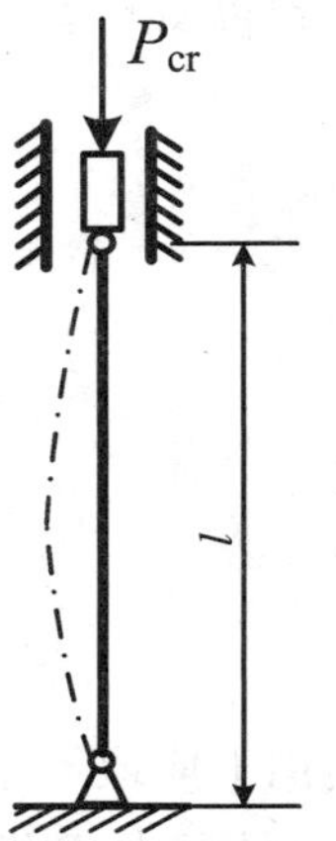	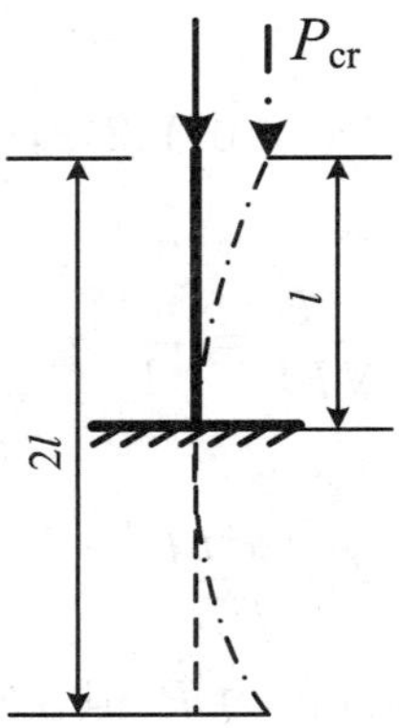	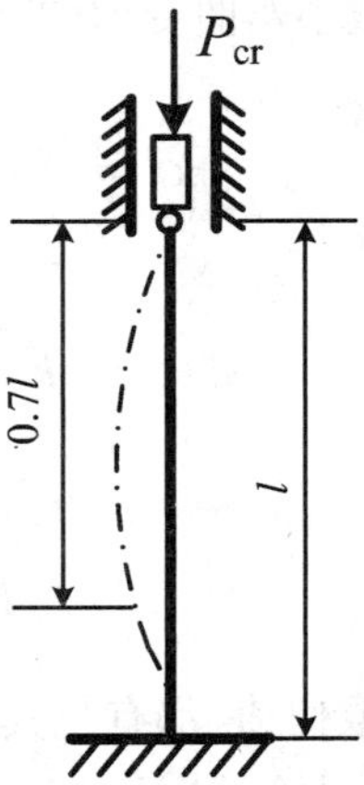	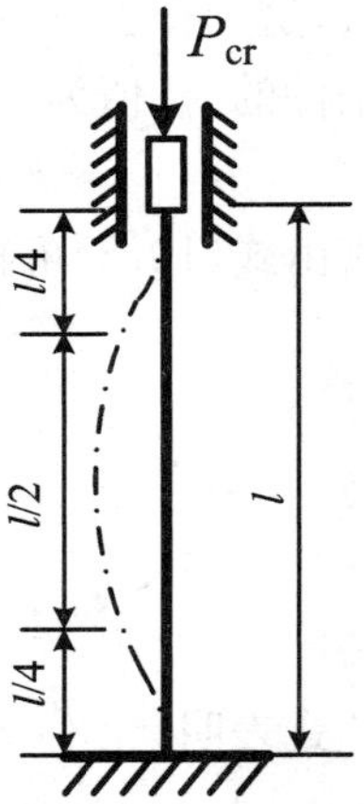
长度系数 μ	1.0	2.0	0.7	0.5

由表 10-1 可以看出,欲使长为 l 的一端固定一端自由的压杆失稳,相当于使长度为 $2l$ 的两端铰支的压杆失稳;同样,对于一端固定一端铰支的压杆,因挠曲线的拐点在 $0.7l$ 处,故其相当长度为 $0.7l$;对两端固定的压杆,则与长度为 $0.5l$ 的两端铰支的压杆相当。

应该指出,上边所列的杆端约束情况,是典型的理想约束。实际在工程中,杆端的约束情况是复杂的,有时很难简单地将其归结为哪一种理想约束。应根据实际情况做具体分析,看其与哪种理想情况接近,从而定出近乎实际的长度系数。

例 10-1　图 10-8 所示细长圆截面连杆,长度 $l = 800$ mm,直径 $d = 20$ mm,材料为 A3 钢,其弹性模量 $E = 200$ GPa,试计算连杆的临界载荷。

解　(1) 临界载荷计算。

该连杆为两端铰支的压杆,根据式(10-8)可知,其临界载荷为

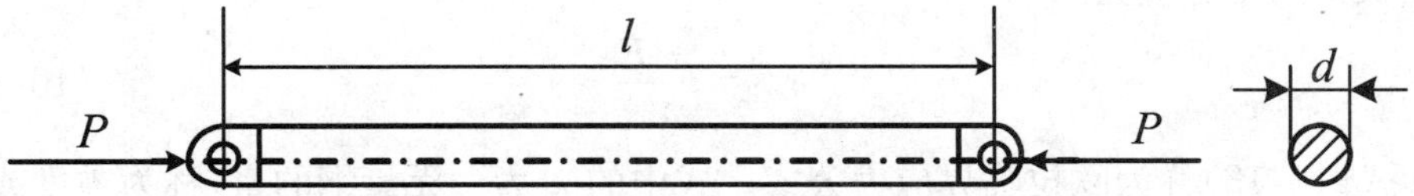

图 10-8

$$P_{cr} = \frac{\pi^2 E}{l^2} \cdot \frac{\pi d^4}{64} = \frac{\pi^3 E d^4}{64 l^2}$$
$$= \frac{\pi^3 \times 200 \times 10^3 \times 20^4}{64 \times 800^2}\ \text{kN} = 24.2\ \text{kN}$$

(2) 讨论。

A3 钢的屈服极限 $\sigma_s = 235$ MPa，所以使连杆压缩屈服所需之轴向压力为

$$P_s = A\sigma_s = \frac{\pi d^2 \sigma_s}{4} = \frac{\pi \times 20^2 \times 235}{4}\ \text{kN} = 73.8\ \text{kN} > P_{cr}$$

上述数据说明，对于细长杆来说，其承压能力是由稳定性要求确定的。

10.3　经验公式与临界应力总图

欧拉公式是以压杆的挠曲线方程为依据推导出来的，而这个微分方程只有在材料服从胡克定律的条件下才成立。因此，当压杆内的应力不超过材料的比例极限时，欧拉公式才能适用。本节首先介绍压杆的临界应力和柔度的概念，随后介绍欧拉公式的适用范围及中、小柔度杆的临界应力。

1. 临界应力和柔度

压杆处于临界状态时横截面上的平均应力，称为压杆的临界应力，用 σ_{cr} 表示。由式(10-9)可知，细长压杆的临界应力为

$$\sigma_{cr} = \frac{P_{cr}}{A} = \frac{\pi^2 E}{(\mu l)^2} \times \frac{I}{A} \tag{10-10}$$

在上式中，比值 I/A 是一个只与横截面的形状和尺寸有关的几何量，将其用 i^2 表示，即

$$i^2 = \frac{I}{A} \quad 或 \quad i = \sqrt{\frac{I}{A}} \tag{10-11}$$

上述几何量 i 称为截面的惯性半径，其量纲为[度]。一些常见几何图形的惯性半径可从手册上查出。将式(10-11)代入式(10-10)，并令

$$\lambda = \frac{\mu l}{i} \tag{10-12}$$

则细长杆的临界应力为

$$\sigma_{cr} = \frac{\pi^2 E}{\lambda^2} \tag{10-13}$$

式(10-13)称为欧拉临界应力公式。式中的 λ 为一无量纲的量,称为柔度或长细比,它综合反映了压杆的支承方式(μ)、长度(l)和截面几何性质(i)对压杆临界应力的影响。式(10-13)表明,对于由一定材料制成的细长压杆来说,其临界应力仅与柔度 λ 有关,而且柔度愈大,临界应力愈低,所以柔度 λ 是压杆稳定计算中的一个重要参数。

2. 欧拉公式的应用范围

以上建立了计算临界载荷和临界应力的欧拉公式。由于上述公式是根据挠曲线微分方程建立的,因此它们只适用于杆内应力不超过比例极限 σ_p 的情况,即欧拉公式的适用范围为

$$\sigma_{cr} = \frac{\pi^2 E}{\lambda^2} \leqslant \sigma_p$$

或

$$\lambda \geqslant \pi \sqrt{\frac{E}{\sigma_p}}$$

我们令

$$\lambda_p = \pi \sqrt{\frac{E}{\sigma_p}} \tag{10-14}$$

则只有当 $\lambda \geqslant \lambda_p$ 时,欧拉公式才是正确的。

以低碳钢 A3 为例,其弹性模量 $E = 200$ GPa,比例极限 $\sigma_p = 196$ MPa,代入式(10-14),得

$$\lambda_p = \pi \sqrt{\frac{200 \times 10^3}{196}} \approx 100$$

所以,对于由 A3 钢制成的压杆来说,只有当 $\lambda \geqslant 100$ 时,才能应用欧拉公式。

$\lambda \geqslant \lambda_p$ 的压杆称为大柔度杆。由此不难看出,前面经常提到的"细长杆",实际上是指大柔度杆。

3. 中、小柔度杆的临界应力

工程实际中常用的一些压杆,其柔度往往小于 λ_p,这一类压杆的临界应力不能再用欧拉公式来计算,通常采用建立在实验基础上的经验公式。目前已有不少经验公式,如直线公式和抛物线公式等。其中以直线公式比较简单,应用方便,其表达式为

$$\sigma_{cr} = a - b\lambda \tag{10-15}$$

式中 a、b 是与材料性质有关的常数,其单位与应力相同。一些材料的 a、b 值见表10-2。

表 10-2　直线公式的系数 a 和 b

材料(σ_b、σ_s 的单位为 MPa)		a/MPa	b/MPa
Q235	$\sigma_b \geqslant 372$ $\sigma_s = 235$	304	1.12
优质碳钢	$\sigma_b \geqslant 471$ $\sigma_s = 306$	461	2.568
硅钢	$\sigma_b \geqslant 510$ $\sigma_s = 353$	578	3.744
铬钼钢		9807	5.296
铸铁		332.2	1.454
强铝		373	2.15
松木		28.7	0.19

上述的经验公式也有一个适用范围。例如,对于塑性材料制成的压杆,还应要求其临界应力不得达到屈服点 σ_s,即要求

$$\sigma_{cr} = a - b\lambda < \sigma_s$$

或

$$\lambda > \frac{a - \sigma_s}{b}$$

故使用经验公式式(10-15)的最小柔度极限为

$$\lambda_s = \frac{a - \sigma_s}{b} \tag{10-16}$$

所以经验公式式(10-15)的适用范围为 $\lambda_s \leqslant \lambda < \lambda_p$。柔度在 λ_p 至 λ_s 之间的压杆,称为中柔度杆或中长杆。

柔度小于 λ_s 的压杆称为小柔度杆或短杆。实验表明,对于由塑性材料制成的这种压杆,当应力到达屈服点 σ_s 时即发生塑性屈服破坏,破坏时很难观察到失稳现象。这说明短杆的破坏是因强度不够而引起的,因此,应该以屈服点 σ_s 作为其极限应力。若在形式上仍按稳定问题来处理,则可令临界应力 $\sigma_{cr} = \sigma_s$。同理,对于脆性材料,例如铸铁制成的压杆,则应以抗压强度 σ_c 作为其临界应力。

综上所述,压杆的临界应力是随杆的柔度而变的,压杆的柔度愈小,其稳定性愈好,愈不易失稳。根据压杆的柔度值可将其分为三类,并分别按不同方式处理。在上述三种情况下,压杆临界应力(或极限应力)随柔度变化的曲线如图 10-9 所示,这种图称为临界应力总图。可以看出,中柔度杆和大柔度杆的临界应力随柔度的增加而减小。不同的是,中柔度杆的临界应力高于材料的比例极限,而大柔度杆的临界应力则低于材料的比例极限。

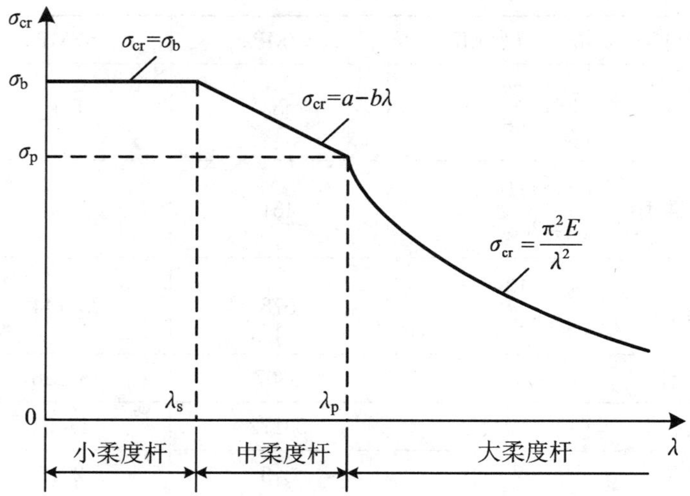

图 10-9

例 10-2 图 10-10 中(a)、(b)所示之压杆,其直径均为 d,材料都是 A3 钢,但二者的长度和约束都不相同。(1) 分析哪一根杆的临界力较大。(2) 若 $d=160$ mm,$E=205$ GPa,计算二杆之临界力。

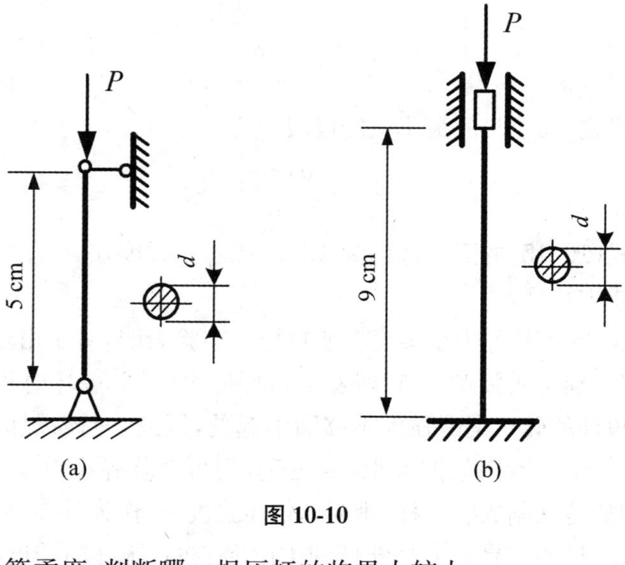

图 10-10

解 (1) 计算柔度,判断哪一根压杆的临界力较大。

二杆均为圆截面,且直径均为 d,故有

$$i = \sqrt{\frac{\frac{\pi d^4}{64}}{\frac{\pi d^2}{4}}} = \frac{d}{4} \tag{10-17}$$

但二者的长度和约束条件各不相同，因此柔度不一定相等。

对于图 10-10(a)中之压杆，因为两端铰支约束，故 $\mu = 1$。于是

$$\lambda = \frac{\mu l}{i} = \frac{20}{d(\mathrm{m})} \tag{10-18}$$

对于图 10-10(b)中之压杆，因为两端为固支约束，故 $\mu = 0.5$。于是

$$\lambda = \frac{\mu l}{i} = \frac{18}{d(\mathrm{m})} \tag{10-19}$$

比较上述结果，可见两端固支的压杆具有较高的临界压力。读者不难看出支承条件对压杆临界力的影响。

(2) 计算给定参数下压杆的临界力。

对于两端铰支的压杆，由式(10-18)有

$$\lambda = \frac{20}{160 \times 10^{-3}} = 125 > \lambda_{\mathrm{p}} = 100$$

属于大柔度杆，可用欧拉公式计算临界力，即

$$\begin{aligned} P_{\mathrm{cr}} &= \frac{\pi^2 EI}{(\mu l)^2} = \sigma_{\mathrm{cr}} A = \frac{\pi^2 E}{\lambda^2} A \\ &= \frac{\pi^3 \times 205 \times 160^2 \times 10^{-6}}{4 \times 125^2}\ \mathrm{GN} = 2.60 \times 10^{-3}\ \mathrm{GN} \\ &= 2.60\ \mathrm{MN} \end{aligned}$$

对于两端固支的压杆，由式(10-19)有

$$\lambda = \frac{18}{160 \times 10^{-3}} = 112.5$$

因为是 A3 钢，所以也属于细长杆。由欧拉公式得

$$\begin{aligned} P_{\mathrm{cr}} &= \frac{\pi^2 E}{\lambda^2} A \\ &= \frac{\pi^3 \times 205 \times 160^2 \times\times 10^{-6}}{4 \times 112.5^2}\ \mathrm{GN} = 3.21 \times 10^{-3}\ \mathrm{GN} \\ &= 3.21\ \mathrm{MN} \end{aligned}$$

例 10-3　A3 钢制成的矩形截面杆的受力及两端约束状况如图 10-11 所示，其中(a)为正视图，(b)为俯视图。在 A、B 二处用螺栓夹紧。已知 $l = 2.3$ m，$b = 40$ mm，$h = 60$ mm，材料的弹性模量 $E = 205$ GPa。求此杆的临界力。

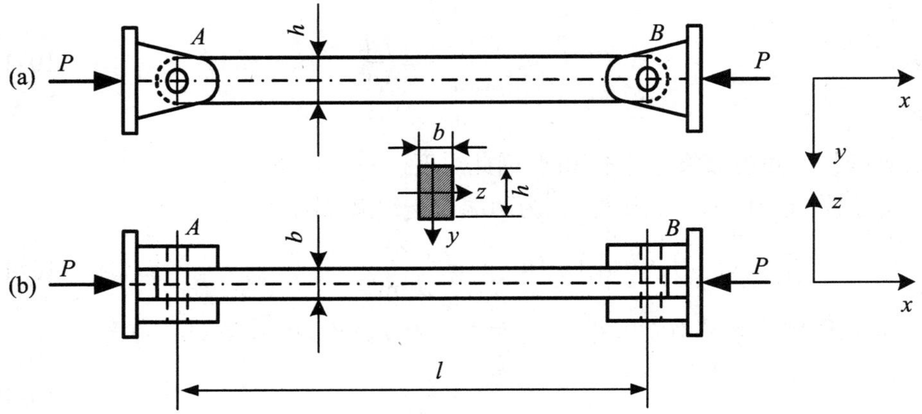

图 10-11

解 压杆在 A、B 两处的连接不同于球铰约束（各个方向约束相同）。在正视图($x-y$)平面内失稳时，A、B 二处可以自由转动，此时相当于球铰约束。在俯视图($x-z$)平面内失稳时，A、B 二处不能自由转动，可简化为固定端约束。可见，压杆在两个平面内失稳时，其柔度不同。因此，为确定临界力，应先计算柔度并加以比较，判定压杆在哪一平面内容易失稳。

在正视图平面内：

$$\mu = 1, \quad i_z = \sqrt{\frac{I_z}{A}} = \frac{h}{2\sqrt{3}}$$

于是有

$$\lambda_z = \frac{\mu l}{i_z} = \frac{1 \times 2.30 \times 10^3 \times 2 \times \sqrt{3}}{60} = 132.8$$

在俯视图平面内：

$$\mu = 0.5, \quad i_y = \sqrt{\frac{I_y}{A}} = \frac{b}{2\sqrt{3}}$$

于是有

$$\lambda_y = \frac{\mu l}{i_y} = \frac{0.5 \times 2.30 \times 10^3 \times 2 \times \sqrt{3}}{40} = 99.6$$

比较上述结果可见，$\lambda_z > \lambda_y$，这表明压杆将在正视图平面内失稳。对于 A3 钢，$\lambda_z = 132.8$ 属于大柔度杆，故可用欧拉公式计算其临界力，即有

$$\begin{aligned} P_{cr} &= \sigma_{cr} A = \frac{\pi^2 E}{\lambda^2} bh \\ &= \frac{\pi^2 \times 205 \times 40 \times 60 \times 10^{-6}}{132.8^2}\ \text{GN} \\ &= 2.75 \times 10^{-4}\ \text{GN} = 275\ \text{kN} \end{aligned}$$

10.4　压杆的稳定性设计

前面的讨论表明，对大柔度压杆，可用欧拉公式直接算出临界压力 P_{cr}。对欧拉公式不适用的压杆，可由经验公式求出临界应力 σ_{cr}，乘以横截面面积也可求得临界压力 P_{cr}。以稳定安全系数 n_{st} 除 P_{cr} 得许可压力[P]。压杆上的实际工作压力 P 应低于[P]，故压杆的稳定性条件为

$$[P]=\frac{P_{cr}}{n_{st}}\geqslant P \tag{10-20}$$

以上条件也可写成

$$\frac{P_{cr}}{P}\geqslant n_{st} \tag{10-21}$$

把临界压力 P_{cr} 与工作压力 P 之比记为 n，称为工作安全系数，稳定性条件式(10-21)又可写成

$$n=\frac{P_{cr}}{P}\geqslant n_{st} \tag{10-22}$$

稳定安全系数 n_{st} 一般要高于强度安全系数。这是因为一些难以避免的因素，如杆件的初弯曲、压力偏心、材料不均匀和支座的缺陷等，都严重影响压杆的稳定性，降低了临界压力。而同样的这些因素，对强度的影响就不像对稳定性那么严重。

例 10-4　空气压缩机的活塞杆由 45 钢制成，$\sigma_s=350$ MPa，$\sigma_p=280$ MPa，$E=210$ GPa。长度 $l=703$ mm，直径 $d=45$ mm。最大压力 $P_{max}=41.6$ kN。规定安全系数 $n_{st}=8\sim10$。试校核其稳定性。

解　由式(10-14)，求出

$$\lambda_p=\pi\sqrt{\frac{E}{\sigma_p}}=\pi\sqrt{\frac{210\times10^9}{280\times10^6}}=86$$

活塞杆两端可简化为铰支座，故 $\mu=1$。活塞杆横截面为圆形，$i=\sqrt{\frac{I}{A}}=\frac{d}{4}$，则有

$$\lambda=\frac{\mu l}{i}=\frac{1\times703\times10^{-3}}{45\times10^{-3}/4}=62.5$$

因为 $\lambda<\lambda_p$，故不能用欧拉公式计算临界压力。如使用直线公式，由表 10-2 查得优质碳钢的 $a=461$ MPa，$b=2.568$ MPa。由式(10-16)，有

$$\lambda_s=\frac{a-\sigma_s}{b}=\frac{461\times10^6-350\times10^6}{2.568\times10^6}=43.2$$

可见活塞杆的 λ 介于 λ_s 和 λ_p 之间，是中柔度压杆。由直线公式求出

$$\sigma_{cr} = a - b\lambda = 461 \times 10^6 - 2.568 \times 10^6 \times 62.5\ \text{Pa} = 301 \times 10^6\ \text{Pa} = 301\ \text{MPa}$$

$$P_{cr} = A\sigma_{cr} = \frac{\pi}{4} \times (45 \times 10^{-3})^2 \times 301 \times 10^6\ \text{N} = 478 \times 10^3\ \text{N} = 478\ \text{kN}$$

活塞的工作安全系数为

$$n = \frac{P_{cr}}{P_{max}} = \frac{478}{41.6} = 11.5 > n_{st}$$

所以满足稳定性要求。

例 10-5 图 10-12 所示之结构中，梁 AB 为 No. 14 普通热轧工字钢，支承柱 CD 的直径 $d = 20$ mm，二者的材料均为 A3 钢。结构受力如图所示，A、C、D 三处均为球铰约束。已知 $P = 25$ kN，$l_1 = 1.25$ m，$l_2 = 0.55$ m，$E = 206$ GPa。规定稳定安全系数 $n_{st} = 2.0$，梁的许用应力$[\sigma] = 160$ MPa。试校核此结构是否安全。

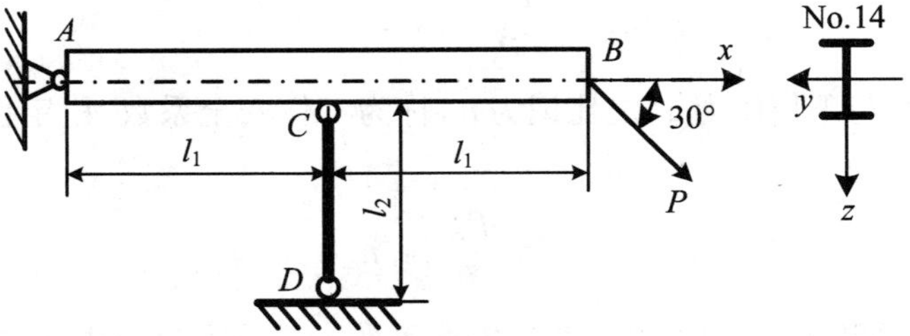

图 10-12

解 此结构中梁 AB 承受拉伸与弯曲的组合作用，属于强度问题；支承柱 CD 承受压力，属于稳定问题。现分别校核之。

(1) 梁 AB 的强度校核。

梁 AB 在 C 处弯矩最大，故为危险截面，其上之弯矩和轴向力分别为

$$M_{ymax} = (P\sin 30°)l_1 = 25 \times 0.5 \times 1.25\ \text{kN} \cdot \text{m} = 15.63\ \text{kN} \cdot \text{m}$$

$$N = P\cos 30° = 25 \times 0.866\ \text{kN} = 21.65\ \text{kN}$$

由型钢表查得 No. 14 普通热轧工字钢的几何性质：

$$W_y = 102 \times 10^{-6}\ \text{m}^3, \quad A = 21.5 \times 10^{-4}\ \text{m}^2$$

于是可算得

$$\sigma_{max} = \frac{M_{max}}{W_y} + \frac{N}{A} = \frac{15.63 \times 10^3}{102 \times 10^{-6}} + \frac{21.65 \times 10^3}{21.5 \times 10^{-4}}\ \text{Pa}$$

$$= 163 \times 10^6\ \text{Pa} = 163\ \text{MPa}$$

此值略大于$[\sigma]$，但不超过 5%，所以仍认为梁是安全的。

(2) 压杆 CD 的稳定校核。

由平衡条件求得 CD 柱的受力：

$$N_{CD} = 2P\sin 30° = P = 25\ \text{kN}$$

因为是圆截面，故

$$i_y = \sqrt{\frac{I_y}{A}} = \frac{d}{4} = \frac{20}{4}\ \text{mm} = 5\ \text{mm}$$

又因为两端为球铰约束，$\mu = 1$，所以有

$$\lambda = \frac{\mu l}{i_y} = \frac{1 \times 0.55}{5 \times 10^{-3}} = 110$$

对于 A3 钢，此压杆属于细长杆，故可用欧拉公式计算其临界力：

$$\begin{aligned} P_{\text{cr}} &= \sigma_{\text{cr}} A = \frac{\pi^2 E}{\lambda^2} \times \frac{\pi d^2}{4} \\ &= \frac{\pi^3 \times 206 \times 10^9 \times 20^2 \times 10^{-6}}{4 \times 110^2}\ \text{N} \\ &= 52.8 \times 10^3\ \text{N} = 52.8\ \text{kN} \end{aligned}$$

据此，压杆工作时的安全系数为

$$n = \frac{P_{\text{cr}}}{N_{CD}} = \frac{52.8}{25} = 2.11$$

而规定稳定安全系数 $n_{\text{st}} = 2.0$，故支承柱 CD 的稳定性是安全的。

第 11 章　动　载　荷

11.1　概　　述

以前讨论的杆件的应力和变形都是在静载荷作用下产生的。所谓静载荷，是指从零开始平缓地增加到最终值，然后不再变化的载荷。由于加载平缓，加载过程中杆件各点的加速度甚小，故可略而不计。但实际问题中，有些高速旋转的部件或加速提升的构件等，其质点的加速度甚为明显不能省略。还有些构件如锻压汽锤的锤杆、紧急制动的转轴等，在短暂的时间内速度发生急剧变化。此外，又有大量的机械零件长期在周期性变化的应力下工作。这类构件承受的载荷都属于动载荷。

实验表明，只要应力不超过比例极限，动载荷下的应力和应变的关系仍符合胡克定律，弹性模量也与静载下的数值相同。

本章主要讨论下述两类动载荷问题：(1) 在冲击载荷作用下构件的应力计算；(2) 应力按周期变化的情况。

11.2　杆件受冲击时的应力计算

当两物体以很大的相对速度接触时，在极短时间内速度发生急剧变化的现象称为冲击。在工程实际中，处于静止状态的构件往往是被冲击物，而高速运动的物体则为冲击物。例如，汽锤锻造、重锤打桩、对高速转动的轴突然刹车等，皆为冲击现象。在冲击的瞬时，冲击物的运动骤然受阻，获得很大的负值加速度。因此，在冲击物(例如重锤)与被冲击物(例如桩杆)之间，必然相互作用有很大的作用力与反作用力。这种在很短的时间内，以很大的加载速度作用在构件上的力，通常称为冲击载荷。与此同时，构件将产生很大的冲击应力。

在冲击过程中，因为冲击时间很短，冲击物的加速度不易确定，所以难以采用附加惯性力的动静法来计算冲击载荷。同时，在短暂的冲击载荷作用下，应力不会立刻分布到整个构件上，而是以应力波的方式在杆内传播，因此要精确计算冲击应力是十分复杂的。目前对此类问题，在工程上常做如下假设，用能量法近似求解：

(1) 冲击物的变形不计，将其视为刚体，并设其一旦与被冲击物接触，二者即附为一体。

(2) 被冲击物的质量忽略不计，将它视为无质量的线弹性体，并假设冲击应力像静应力一样瞬即遍布整个体积。

(3) 略去冲击过程中的其他能量损失。

这样，根据能量守恒原理，冲击过程中冲击物所减少的动能 T 和位能 V 将全部转换为被冲击物所增加的变形能 U，从而得能量法求解冲击问题的基本方程为

$$T + V = U \tag{11-1}$$

根据不同的冲击问题，将各能量的改变量 T、V 及 U 的具体表达式代入上式，即可求出被冲击物所承受的冲击载荷及相应的应力与变形。下面分析两类常见的冲击问题。

1. 重物自由下落的冲击

设一重量为 Q 的物体，由高 H 处自由下落，冲击在任一弹性构件如直杆、梁和轴等上，如图 11-1 所示。当重物与构件接触后，并不立即停止运动，还要随弹性构件的变形继续下落，直至变形达最大时，重物速度才降为零值。设被冲击物在冲击处的竖直位移为 Δ_d，相应的冲击载荷为 P_d。由于重物的初速与最终速度皆为零，动能没有变化，故

$$T = 0$$

而重物位能的减少量则为

$$V = Q(H + \Delta_d)$$

受冲击构件所增加的变形能即为冲击载荷由零逐渐增至最终值 P_d 过程中所做的功，在线弹性条件下，有

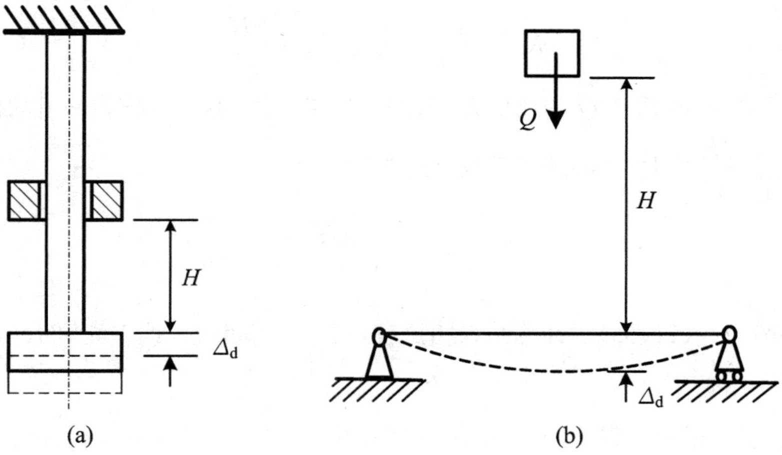

(a) (b)

图 11-1

$$U = \frac{1}{2}P_d\Delta_d$$

将上述的 T、V 及 U 代入式(11-1),得

$$Q(H + \Delta_d) = \frac{1}{2}P_d\Delta_d \tag{11-2}$$

为从上式求得冲击载荷 P_d(或 Δ_d),需设法消去另一未知量 Δ_d(或 P_d),为此,可利用线弹性范围内变形与载荷成正比的关系:

$$\frac{P_d}{Q} = \frac{\Delta_d}{\Delta_{st}}$$

即

$$\Delta_d = \frac{P_d}{Q}\Delta_{st} \tag{11-3}$$

式中的 Δ_{st} 为重物的自重 Q 以静荷方式作用于冲击处时,弹性构件在该处的竖直位移,其数值可按前面各章有关公式算得。将式(11-3)代入式(11-2),整理得

$$P_d^2 - 2P_dQ - \frac{2Q^2H}{\Delta_{st}} = 0$$

由此解得

$$P_d = \left(1 \pm \sqrt{1 + \frac{2H}{\Delta_{st}}}\right)Q$$

由于 P_d 应大于 Q,且为同向,故此式根号前应取正号,即

$$P_d = \left(1 + \sqrt{1 + \frac{2H}{\Delta_{st}}}\right)Q$$

或表示为

$$P_d = K_dQ \tag{11-4}$$

式中

$$K_d = \frac{P_d}{Q} = 1 + \sqrt{1 + \frac{2H}{\Delta_{st}}} \tag{11-5a}$$

冲击载荷 P_d 与静载荷 Q 的比值 K_d 反映了冲击作用的影响,称为冲击动荷系数。

若比值 $\frac{2H}{\Delta_{st}}$ 很大,冲击动荷系数可近似地取为

$$K_d \approx \sqrt{\frac{2H}{\Delta_{st}}} \tag{11-5b}$$

式(11-5b)与式(11-5a)的计算结果相比较,当 $\frac{2H}{\Delta_{st}} \geqslant 380$ 时,误差 $\leqslant 5\%$;当 $\frac{2H}{\Delta_{st}} \geqslant 90$ 时,误差 $\leqslant 10\%$。

由于应力正比于载荷,冲击动荷系数求得后,也可求得受冲击构件内任一点处的应力为

$$\begin{cases}\sigma_d = K_d\sigma_{st} \\ \tau_d = K_d\tau_{st}\end{cases} \tag{11-6}$$

式中 σ_{st} 及 τ_{st} 分别为构件在冲击处受重物自重 Q 的静荷作用时，所求点处的正应力和切应力值。

同理，由于在线弹性范围内构件的变形正比于载荷，故受冲击构件的变形（位移或应变），即等于在冲击处因静荷 Q 的作用所产生的变形（位移或应变）乘以动荷系数。

若 $H=0$，即相当于载荷突然施加在弹性构件上，则由式（11-5a）得 $K_d=2$，这说明在突加载荷 Q 作用下的应力或变形，为静荷 Q 作用时的两倍。

2．物体的水平冲击

设一重量为 Q 的物体以速度 v 沿水平方向冲击任一弹性构件，如图 11-2 所示。当两物体接触后，冲击物随弹性构件的变形仍继续做水平运动，直至变形达最大值时，速度才降为零。此时，物体所减少的动能为

$$T = \frac{1}{2}\frac{Q}{g}v^2$$

而其位能却无变化，即

$$V = 0$$

受冲击构件所增加的变形能则为

$$U = \frac{1}{2}P_d\Delta_d$$

或以 $\Delta_d = \dfrac{P_d}{Q}\Delta_{st}$ 代入上式，得

$$U = \frac{1}{2}\frac{P_d^2}{Q}\Delta_{st}$$

式中，P_d 为冲击载荷；Δ_d 为受冲击构件于冲击处产生的水平位移；Δ_{st} 则为构件在冲击处，沿冲击方向受相当于 Q 的静荷作用时，于该处水平方向产生的静位移，其

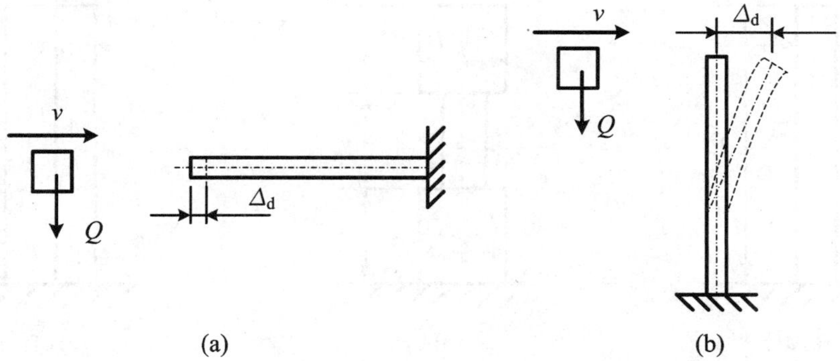

图 11-2

值可由前面各章的有关公式求出。

将上述的 T、V 及 U 代入式(11-1),得

$$\frac{Qv^2}{2g} = \frac{P_d^2}{2Q}\Delta_{st}$$

由此解出

$$P_d = \sqrt{\frac{v^2}{g\Delta_{st}}}Q = K_d Q$$

式中的冲击动荷系数为

$$K_d = \sqrt{\frac{v^2}{g\Delta_{st}}} \tag{11-7}$$

受冲击构件内任一点的冲击应力仍可用式(11-6)计算,但此时的 σ_{st}、τ_{st} 为构件在冲击处沿冲击方向受静荷 Q 作用时所求点处的静应力,而冲击动荷系数则按式(11-7)计算。

由上述可见,在图 11-1 和图 11-2 所示的两类冲击问题中,计算冲击应力(或变形)的问题可归结为求动荷系数,而动荷系数之值又取决于静位移 Δ_{st} 的计算。无论受冲击构件的形状、尺寸和变形形式(拉、压、弯、扭或组合变形)如何,只要根据具体情况算出静位移 Δ_{st} 及静应力 σ_{st}(或 τ_{st}),即可由式(11-5)、式(11-7)计算出动荷系数,进而由式(11-6)求得冲击应力。

例 11-1 三根圆截面直杆如图 11-3 所示。已知 $d = 20$ mm,$D = 2d = 40$ mm,$a = 100$ mm;材料的弹性模量均为 $E = 200$ GPa;冲击物的重量 $Q = 10$ N,自由下落高度 $H = 0.2$ m;(c)图杆上端的橡皮垫厚度 $a' = \frac{1}{5}a = 20$ mm,直径 $d =$

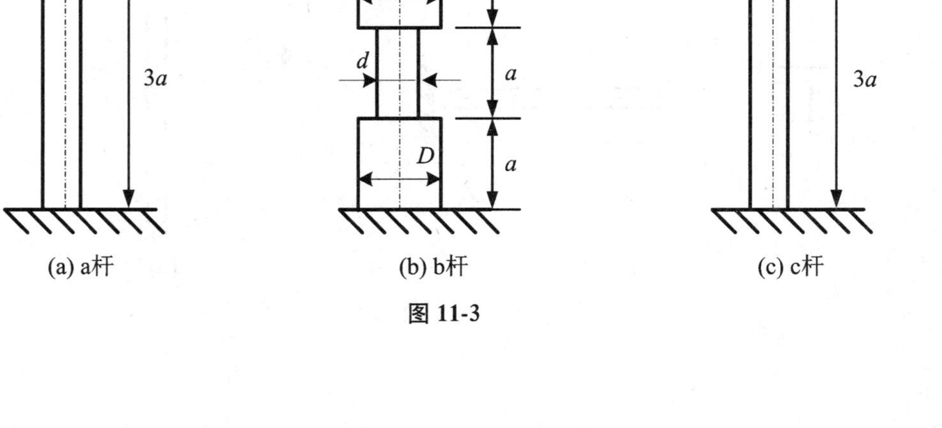

图 11-3

20 mm，弹性模量 $E'=8$ MPa。若动荷系数按 $K_d=\sqrt{\dfrac{2H}{\Delta_{st}}}$ 计算，试求三杆内的最大冲击应力，并加以比较。

解 (1) 计算静应力。三杆的最大静应力均为

$$\sigma_{st}=\frac{Q}{A_{min}}=\frac{10}{\frac{\pi}{4}\times 20^2\times 10^{-6}}\text{ Pa}=31.8\times 10^3\text{ Pa}$$

(2) 计算动荷系数及冲击应力。a 杆的静位移、动荷系数及最大冲击应力分别为

$$(\Delta_{st})_a=\frac{Q\cdot 3a}{EA}=\frac{10\times 3\times 100\times 10^{-3}}{200\times 10^9\times\frac{\pi}{4}\times 20^2\times 10^{-6}}\text{ m}=47.7\times 10^{-9}\text{ m}$$

$$(K_d)_a=\sqrt{\frac{2H}{\Delta_{st}}}=\sqrt{\frac{2\times 0.2}{47.7\times 10^{-9}}}=2896$$

$$(\sigma_d)_a=K_d\sigma_{st}=2896\times 31.8\times 10^3\text{ Pa}=92.1\times 10^6\text{ Pa}=92.1\text{ MPa}$$

b 杆的静位移、动荷系数及最大冲击应力分别为

$$(\Delta_{st})_b=\frac{Qa}{EA}+\frac{Q\cdot 2a}{E\cdot 4A}=\frac{3Qa}{2EA}$$

$$=\frac{3\times 10\times 100\times 10^{-3}}{2\times 200\times 10^9\times\frac{\pi}{4}\times 20^2\times 10^{-6}}\text{ m}=23.9\times 10^{-9}\text{ m}$$

$$(K_d)_b=\sqrt{\frac{2H}{\Delta_{st}}}=\sqrt{\frac{2\times 0.2}{23.9\times 10^{-9}}}=4091$$

$$(\sigma_d)_b=K_d\sigma_{st}=4091\times 31.8\times 10^3\text{ Pa}=130\times 10^6\text{ Pa}=130\text{ MPa}$$

c 杆的静位移、动荷系数及最大冲击应力分别为

$$(\Delta_{st})_c=\frac{Q\cdot 3a}{EA}+\frac{Qa'}{E'A}$$

$$=\frac{10\times 3\times 100\times 10^{-3}}{200\times 10^9\times\frac{\pi}{4}\times 20^2\times 10^{-6}}+\frac{10\times 20\times 10^{-3}}{8\times 10^6\times\frac{\pi}{4}\times 20^2\times 10^{-6}}\text{ m}$$

$$=79.6\times 10^{-6}\text{ m}$$

$$(K_d)_c=\sqrt{\frac{2H}{\Delta_{st}}}=\sqrt{\frac{2\times 0.2}{79.6\times 10^{-6}}}=70.9$$

$$(\sigma_d)_c=K_d\sigma_{st}=70.9\times 31.8\times 10^3\text{ Pa}=2.25\times 10^6\text{ Pa}=2.25\text{ MPa}$$

(3) 最大冲击应力比较：各杆最大冲击应力的比值为

$$(\sigma_d)_a:(\sigma_d)_b:(\sigma_d)_c=92.1:130:2.25=40.9:57.8:1$$

例 11-2 竖直搁置的外伸梁如图 11-4(a)所示，一重 $Q=10$ N 的物体，以速

度 $v=1$ m/s 沿水平方向冲击其自由端。已知梁的弹性模量 $E=10$ GPa，横截面尺寸 $a=20$ mm，$b=100$ mm，长 $l=0.5$ m。求梁内的最大冲击弯曲应力。

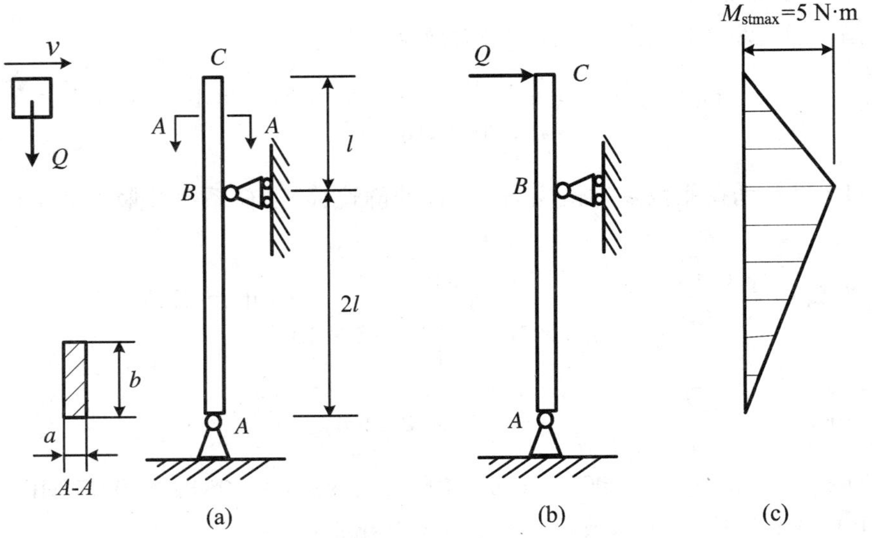

图 11-4

解 (1) 计算静应力。如图 11-4(b)所示，在自由端 C，沿冲击方向受静荷 Q 作用时梁的弯矩图如图 11-4(c)所示，截面 B 处的最大弯矩为

$$M_{stmax}=5\ \text{N}\cdot\text{m}$$

最大静应力为

$$\sigma_{stmax}=\frac{M_{stmax}}{W}=\frac{5}{\dfrac{100\times 20^2}{6}\times 10^{-9}}\ \text{Pa}=0.75\times 10^6\ \text{Pa}=0.75\ \text{MPa}$$

(2) 计算动荷系数。在上述静荷作用下，由“简单载荷作用下梁的变形”表查得 C 端的水平静位移为

$$\Delta_{st}=\frac{Ql^2}{3EI}(2l+l)=\frac{Ql^3}{EI}=\frac{10\times 0.5^3}{10\times 10^9\times\dfrac{100\times 20^3}{12}\times 10^{-12}}\ \text{m}=1.88\times 10^{-3}\ \text{m}$$

由式(11-7)，得动荷系数为

$$K_d=\sqrt{\frac{v^2}{g\Delta_{st}}}=\sqrt{\frac{1^2}{9.81\times 1.88\times 10^{-3}}}=7.36$$

(3) 计算冲击应力。由式(11-6)，得冲击时的最大应力为

$$\sigma_{dmax}=K_d\sigma_{st}=7.36\times 0.75\ \text{MPa}=5.52\ \text{MPa}$$

对于其他方式的冲击问题，例如构件的突然启动或制动，也与上述两类问题类似，可根据基本方程式(11-1)进行计算。但在某些问题中，能量变化的计算要复杂些，需要根据情况做具体分析。

最后必须指出，本节所述冲击应力（或变形）的计算和有关公式，是在前述三条假设条件下得到的，即认为冲击物的能量变化毫无损失地转化为被冲击构件的变形能。实际上，冲击物的变形、被冲击物的局部塑性变形及动能变化等，都要消耗能量。因此，略去这些能量损耗而得的计算结果是偏于安全的。此外还须注意，上述的分析方法及有关公式需在线弹性范围内才能适用。

11.3　交变应力与疲劳破坏

1. 概述

在工程实际中，除前面讨论过的静载荷和动载荷外，还经常遇到随时间做周期性改变的载荷，这种载荷称为交变载荷。例如，如图 11-5(a)所示，一对齿轮的轮齿在互相啮合的过程中，其所受载荷是从开始的零值变到最大，然后又由最大变到脱离啮合后的零值。齿轮每转一圈，轮齿就这样重复受力一次。其应力随时间变化的曲线如图 11-5(b)所示。又如，在图 11-6(a)中，P 表示火车轮轴上来自车厢的力，其大小和方向基本不变，即弯矩基本不变。但轴以角速度 ω 转动时，横截面上的 A 点到中性轴的距离 $y = r\sin \omega t$，却是随时间 t 变化的，因而 A 点的弯曲正

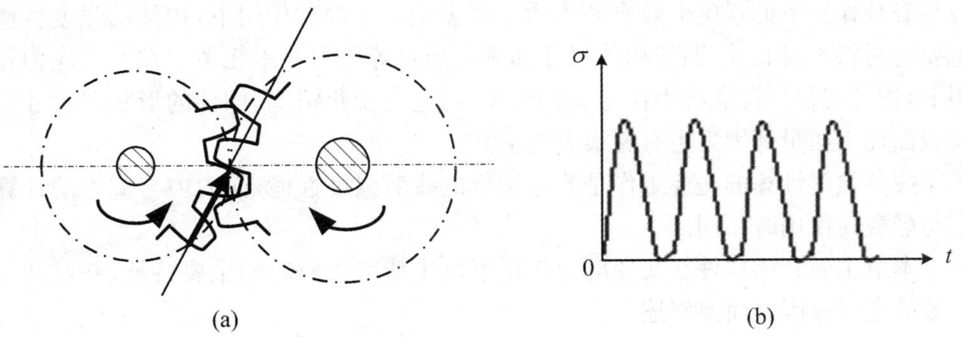

图 11-5

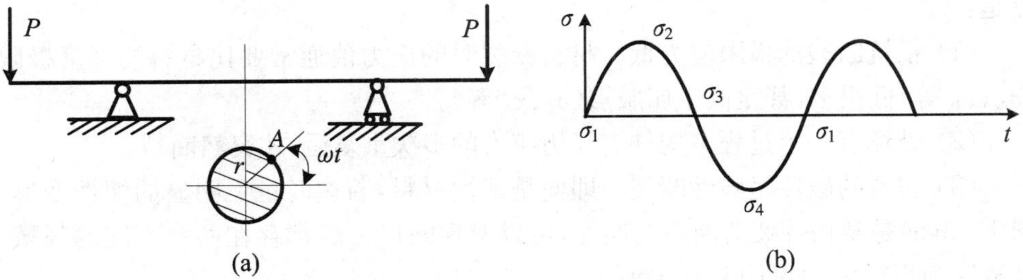

图 11-6

应力 $\sigma=\dfrac{My}{I}=\dfrac{Mr}{I}\sin\omega t$ 也是随时间 t 按正弦曲线变化的，如图 11-6(b)所示。再如，图 11-7(a)表示装有电动机的梁，在电动机重力 Q 的作用下，梁处于静平衡位置。当电机转动时，因转子偏心引起的惯性力 H 将迫使梁在静平衡位置的上、下做周期性振动(强迫振动)，其危险点应力随时间变化的曲线如图 11-7(b)所示，其中 σ_{st} 表示电动机的重力 Q 以静载方式作用于梁上时引起的静应力，最大应力 σ_{max} 和最小应力 σ_{min} 分别表示梁在最大和最小位移上的应力。

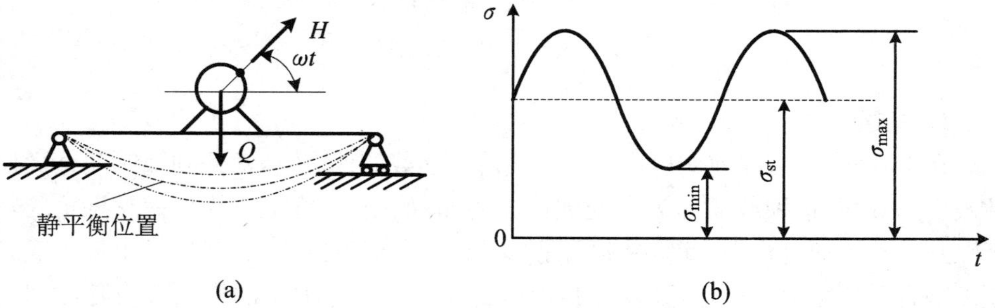

图 11-7

在以上实例中，应力均随时间做周期性变化，这种应力称为交变应力。在交变应力作用下发生的破坏现象，称为“疲劳失效”或“疲劳破坏”，简称“疲劳”。疲劳失效与静载作用下的强度失效有着本质上的差别。在静载作用下，构件的强度性能主要与材料本身有关，而与构件尺寸和表面质量等因素基本无关。在交变应力作用下，构件的强度性能将不仅与材料有关，与应力变化情况、构件的形状和尺寸以及表面加工质量等因素也有着很大关系。

疲劳强度计算的主要工作是确定构件的疲劳强度性能，而内力与应力的计算则与静载荷作用时相同。

本节主要介绍构件在交变应力作用下发生疲劳失效时的主要特征，并对疲劳失效的主要原因做简要叙述。

2. 疲劳失效的特点与原因简述

实践表明，金属在交变应力作用下的失效与静应力下的失效全然不同。其特点是：

(1) 抵抗断裂的极限应力低。材料断裂时的应力值通常要比材料的强度极限(σ_b、τ_b 等)低很多，甚至低于屈服点(σ_s、τ_s 等)。

(2) 破坏有一个过程。构件需经历应力的多次重复后，才突然断裂。

(3) 材料的破坏呈脆性断裂。即使是塑性材料，断裂时也无明显的塑性变形。图 11-8(a)是某构件疲劳断口的照片，可以发现断口一般都存在两个不同的区域：光滑区和粗糙区，如图 11-8(b)所示。

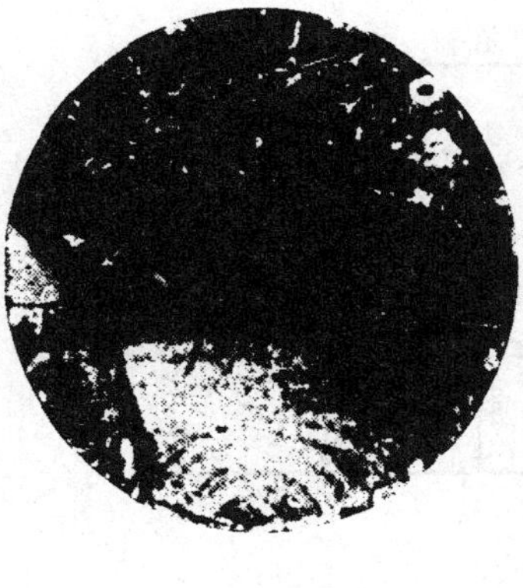

(a)

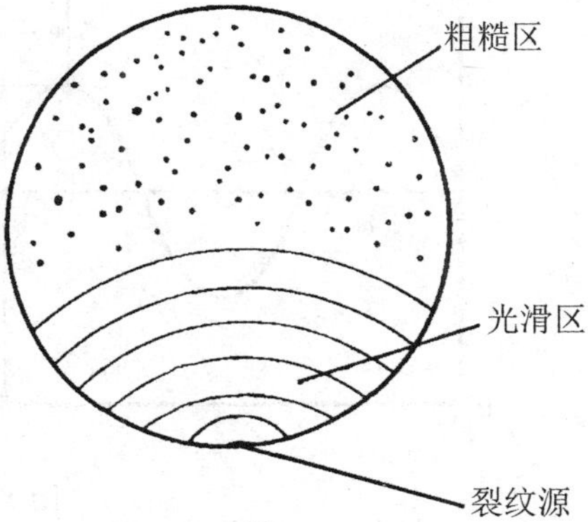

(b)

图 11-8

在交变应力作用下，材料的上述破坏现象过去曾被人们误认为是由于材料"疲劳""变脆"所致，因此至今习惯上仍称为疲劳失效。实际上，在交变应力作用下，材料并没有变脆，其疲劳失效的全过程经历了裂纹萌生、裂纹扩展及断裂三个阶段。当交变应力的最大值超过一定的限度时，经过一段时间的应力重复后，首先在构件内应力最大处或材料的薄弱部位形成细微的裂纹源，然后随着交变应力的持续作用，裂纹逐渐扩展。在裂纹的扩展过程中，由于交变正应力的作用，裂纹两边的材料时而张开、时而压紧，或因交变剪应力作用，时而正向、时而反向地错动，致使材料彼此挤压或摩擦，逐渐形成断口的光滑区。当裂纹扩展到使截面不能承受所施加的载荷时，构件就发生脆断，这部分断口即为粗糙区。构件此时之所以呈脆性断裂，是由于裂纹尖端的材料处于三向拉伸应力状态，而不易产生塑性变形。

在疲劳失效之前，由于构件并无明显的变形，裂纹的形成又不易及时发现，所以疲劳失效表现为突然发生，很容易造成事故。在机械零件的损坏中，疲劳失效占有很大的比例。因此，研究材料抵抗疲劳失效的性能和构件疲劳强度的计算是十分重要的。

3. 交变应力的循环特征和类型

材料疲劳失效的性能与交变应力的变化情况有关。为了表示交变应力的变化规律，可以将应力 σ 随时间 t 的变化画成曲线。图 11-9 所示为某一交变应力的变化曲线，从该图可以看出，随着时间的变化，应力在固定的最小值 $\sigma_{\min}$ 和最大值 $\sigma_{\max}$ 之间做周期性的交替变化。应力每重复变化一次的过程称为一个应力循环。在一个应力循环中，最大应力与最小应力的平均值称为平均应力，以 σ_m 表示，即

$$\sigma_m = \frac{\sigma_{\max} + \sigma_{\min}}{2} \tag{11-8}$$

而最大应力与最小应力之差的一半称为应力幅，以 σ_a 表示，即

$$\sigma_a = \frac{\sigma_{\max} - \sigma_{\min}}{2} \tag{11-9}$$

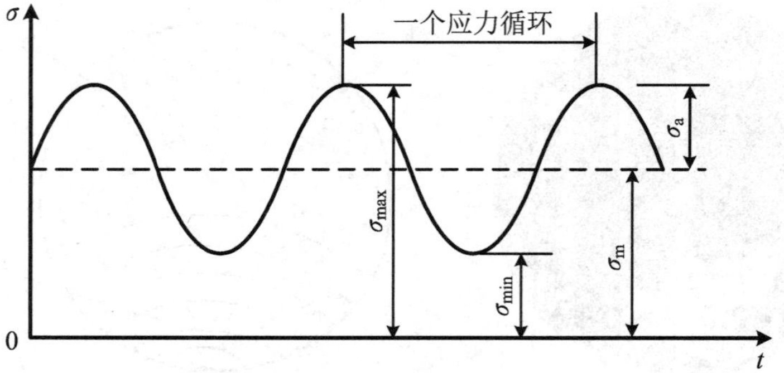

图 11-9

在交变应力中，平均应力可以认为是交变应力的静应力部分，应力幅则为交变应力的变动部分。

应力循环中最小应力 σ_{min} 与最大应力 σ_{max} 之比，是表示交变应力变化程度的一个参量，它对材料的疲劳强度有一定影响，这个参量称为循环特征或应力比，以符号 r 表示，即

$$r = \frac{\sigma_{min}}{\sigma_{max}} \tag{11-10}$$

如交变应力的 σ_{max} 和 σ_{min} 大小相等、符号相反，如图 11-6 中火车轮轴所受的交变应力，这种情况称为对称循环。这时由式(11-8)、式(11-9)和式(11-10)，可得

$$\sigma_m = 0, \quad \sigma_a = \sigma_{max}, \quad r = -1 \tag{11-11}$$

各种应力循环中，除对称循环外，其余情况统称为不对称循环。由式(11-8)和式(11-9)可得

$$\sigma_{max} = \sigma_m + \sigma_a, \quad \sigma_{min} = \sigma_m - \sigma_a \tag{11-12}$$

可见，任一不对称循环都可以看作是在平均应力 σ_m 上叠加一个幅度为 σ_a 的对称循环。这已由图 11-9 表明。

若交变应力变动于某一应力与零之间，如图 11-5 中一对齿轮的轮齿在互相啮合的过程中所受的交变应力，这时 $\sigma_{min} = 0$，则有

$$\sigma_a = \sigma_m = \frac{1}{2}\sigma_{max}, \quad r = 0 \tag{11-13}$$

这种情况称为脉动循环。

静应力也可以看作是交变应力的特例，这时应力保持不变，故有

$$\sigma_a = 0, \quad \sigma_m = \sigma_{max} = \sigma_{min}, \quad r = 1 \tag{11-14}$$

有些构件也可能在交变切应力作用下工作，此时上述交变应力的有关概念也同样适用，只需将正应力 σ 换为切应力 τ 即可。

附录Ⅰ　平面图形的几何性质

Ⅰ.1　静矩和形心

任意平面图形如图Ⅰ-1所示，其面积为 A，y 轴和 z 轴为图形所在平面内的坐标轴。在坐标(y,z)处，取微面积 $\mathrm{d}A$，遍及整个图形面积 A 的积分

$$S_y = \int_A z\mathrm{d}A,\quad S_z = \int_A y\mathrm{d}A \tag{Ⅰ-1}$$

分别定义为图形对 y 轴和 z 轴的静矩，也称为图形对 y 轴和 z 轴的一次矩。

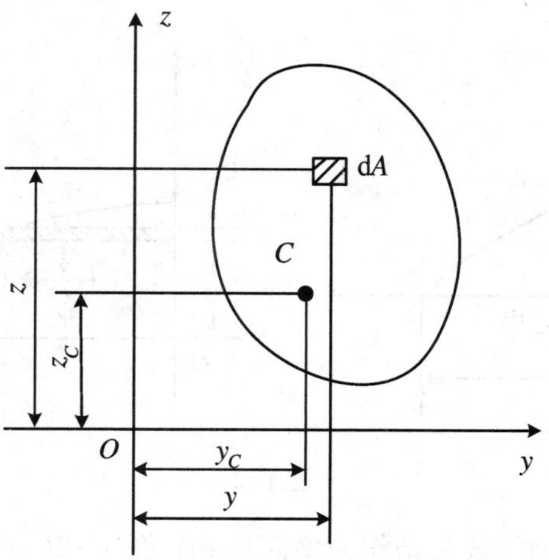

图Ⅰ-1

从式(Ⅰ-1)可以看出，平面图形的静矩是对某一坐标轴而言的，同一图形对不同的坐标轴，其静矩不同。静矩的数值可能为正，可能为负，也可能为零。静矩的量纲是长度的三次方。

设想有一个厚度很小的均质薄板，薄板中间面的形状与图Ⅰ-1中的平面图形相同。显然，在 Oyz 坐标系中，上述均质薄板的重心与平面图形的形心有相同的坐标 y_C 和 z_C。由静力学的合力矩定理可知，薄板重心的坐标 y_C 和 z_C 分别是

$$y_C = \frac{\int_A y\mathrm{d}A}{A}, \qquad z_C = \frac{\int_A y\mathrm{d}A}{A} \tag{Ⅰ-2}$$

这也就是确定平面图形的形心坐标的公式。

利用式(Ⅰ-1)可以把式(Ⅰ-2)改写为

$$y_C = \frac{S_z}{A}, \quad z_C = \frac{S_y}{A} \tag{Ⅰ-3}$$

所以，把平面图形对 y 轴和 z 轴的静矩，除以图形的面积 A，就得到图形形心的坐标 y_C 和 z_C。把上式改写为

$$S_y = A \cdot z_C, \quad S_z = A \cdot y_C \tag{Ⅰ-4}$$

这表明，平面图形对 y 轴和 z 轴的静矩，分别等于图形面积 A 乘以形心的坐标 z_C 和 y_C。

由以上两式可以看出，若 $S_z = 0$ 和 $S_y = 0$，则有 $y_C = 0$ 和 $z_C = 0$。可见，若图形对某一轴的静矩等于零，则该轴必然通过图形的形心；反之，若某一轴通过形心，则图形对该轴的静矩等于零。

例Ⅰ-1 在图Ⅰ-2 中，抛物线的方程为 $z = h\left(1 - \frac{y^2}{b^2}\right)$。计算由抛物线、$y$ 轴和 z 轴所围成的平面图形对 y 轴和 z 轴的静矩 S_y 和 S_z，并确定图形的形心 C 的坐标。

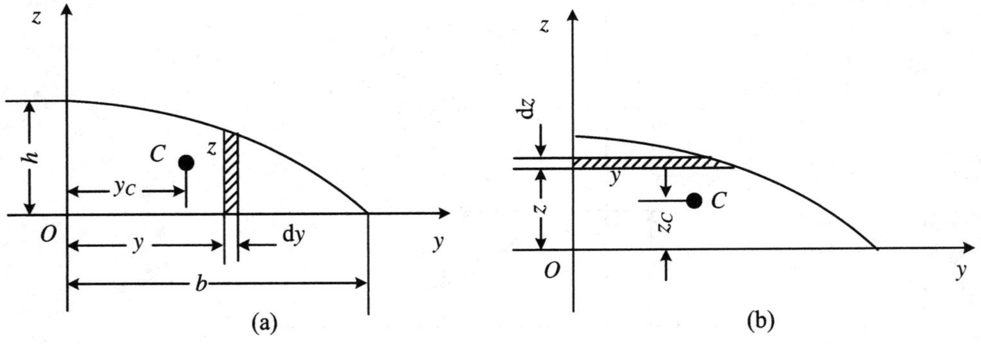

图Ⅰ-2

解 取平行于 z 轴的狭长条作为微面积 $\mathrm{d}A$（图Ⅰ-2(a)），则

$$\mathrm{d}A = z\mathrm{d}y = h(1 - \frac{y^2}{b^2})\mathrm{d}y$$

图形的面积和对 z 轴的静矩分别为

$$A = \int_A \mathrm{d}A = \int_0^b h\left(1 - \frac{y^2}{b^2}\right)\mathrm{d}y = \frac{2bh}{3}$$

$$S_z = \int_A y\mathrm{d}A = \int_0^b yh\left(1 - \frac{y^2}{b^2}\right)\mathrm{d}y = \frac{b^2 h}{4}$$

代入式(Ⅰ-3),得

$$y_C = \frac{S_z}{A} = \frac{3}{8}b$$

取平行于 y 轴的狭长条作为微面积,如图Ⅰ-2(b)所示,仿照上述方法,即可求出

$$S_y = \frac{4bh^2}{15},\quad z_C = \frac{2}{5}h$$

当一个平面图形是由若干个简单图形(例如矩形、圆形、三角形等)组成时,由静矩的定义可知,图形各组成部分对某一轴的静矩的代数和,等于整个图形对此轴的静矩,即

$$S_y = \sum_{i=1}^{n} A_i z_{ci},\quad S_z = \sum_{i=1}^{n} A_i y_{ci} \tag{Ⅰ-5}$$

式中,A_i 和 y_{ci}、z_{ci} 分别表示任一组成部分的面积及其形心的坐标,n 表示图形由 n 个部分组成。由于图形的任一组成部分都是简单图形,其面积及形心坐标都不难确定,所以式(Ⅰ-5)中的任一项都可由式(Ⅰ-4)算出,其代数和即为整个图形对此轴的静矩。

若将式(Ⅰ-5)中的 S_z 和 S_y 代入式(Ⅰ-3),便得组合图形形心坐标的计算公式为

$$y_C = \frac{\sum_{i=1}^{n} A_i y_{ci}}{\sum_{i=1}^{n} A_i},\quad z_C = \frac{\sum_{i=1}^{n} A_i z_{ci}}{\sum_{i=1}^{n} A_i} \tag{Ⅰ-6}$$

例Ⅰ-2　试确定图Ⅰ-3所示图形的形心 C 的位置。

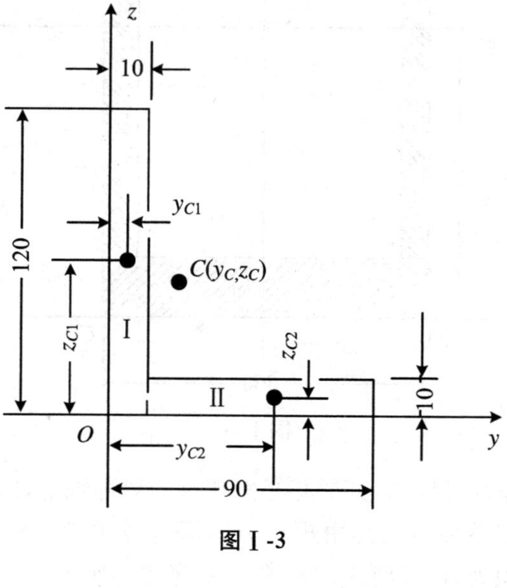

图Ⅰ-3

解 把图形看作是由两个矩形Ⅰ、Ⅱ组成的，选取坐标系如图Ⅰ-3 所示。每一矩形的面积及形心位置分别为：

矩形Ⅰ $A_1 = 120 \times 10\ \text{mm}^2 = 1200\ \text{mm}^2$

$$y_{C1} = \frac{10}{2}\ \text{mm} = 5\ \text{mm},\quad z_{C1} = \frac{120}{2}\ \text{mm} = 60\ \text{mm}$$

矩形Ⅱ $A_2 = 80 \times 10\ \text{mm}^2 = 800\ \text{mm}^2$

$$y_{C2} = 10 + \frac{80}{2}\ \text{mm} = 50\ \text{mm},\quad z_{C2} = \frac{10}{2}\ \text{mm} = 5\ \text{mm}$$

应用式(Ⅰ-6)求出整个图形形心 C 的坐标为

$$y_C = \frac{A_1 y_{C1} + A_2 y_{C2}}{A_1 + A_2} = 23\ \text{mm},\quad z_C = \frac{A_1 z_{C1} + A_2 z_{C2}}{A_1 + A_2} = 38\ \text{mm}$$

例Ⅰ-3 某单臂液压机机架的横截面尺寸如图Ⅰ-4 所示，试确定截面形心的位置。

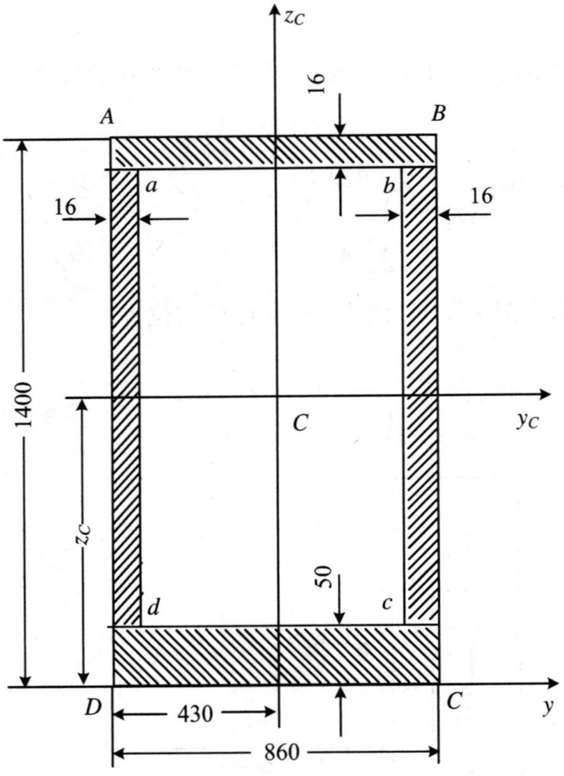

图Ⅰ-4

解 截面有一垂直对称轴，其形心必然在这一对称轴上，因而只需确定形心在对称轴上的位置。把截面看成是由矩形 $ABCD$ 减去矩形 $abcd$，并以 $ABCD$ 的面积为 A_1，$abcd$ 的面积为 A_2，以底边 DC 作为参考坐标轴 y。

$$A_1 = 1.4 \times 0.86\ \mathrm{m}^2 = 1.204\ \mathrm{m}^2$$

$$z_{C1} = \frac{1.4}{2}\ \mathrm{m} = 0.7\ \mathrm{m}$$

$$A_2 = (0.86 - 2 \times 0.016) \cdot (1.4 - 0.05 - 0.016)\ \mathrm{m}^2 = 1.105\ \mathrm{m}^2$$

$$z_{C2} = \frac{1}{2}(1.4 - 0.05 - 0.016) + 0.05\ \mathrm{m} = 0.717\ \mathrm{m}$$

由式(Ⅰ-6),整个截面形心 C 的坐标 z_C 为

$$z_C = \frac{A_1 z_{C1} + A_2 z_{C2}}{A_1 + A_2} = 0.51\ \mathrm{m}$$

Ⅰ.2　惯性矩和惯性半径

任意平面图形如图Ⅰ-5所示,其面积为 A,y 轴和 z 轴为图形所在平面内的坐标轴。在坐标(y,z)处,取微面积 $\mathrm{d}A$,遍及整个图形面积 A 的积分

$$I_y = \int_A z^2 \mathrm{d}A, \quad I_z = \int_A y^2 \mathrm{d}A \qquad (Ⅰ\text{-}7)$$

分别定义为图形对 y 轴和 z 轴的惯性矩,也称为图形对 y 轴和 z 轴的二次轴矩。

在式(Ⅰ-7)中,由于 z^2 和 y^2 总是正的,所以 I_y 和 I_z 也恒是正值。惯性矩的量纲是长度的四次方。

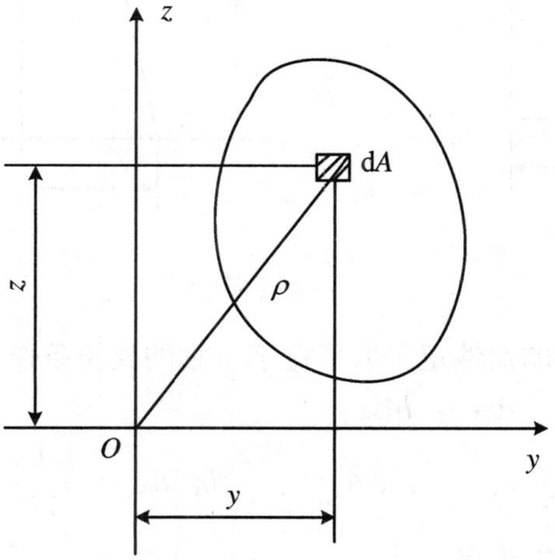

图Ⅰ-5

力学计算中,有时把惯性矩写成图形面积 A 与某一长度的平方的乘积,即

$$I_y = A \cdot i_y^2, \quad I_z = A \cdot i_z^2 \qquad (Ⅰ\text{-}8)$$

或者改写为

$$i_y = \sqrt{\frac{I_y}{A}}, \quad i_z = \sqrt{\frac{I_z}{A}} \tag{Ⅰ-9}$$

式中 i_y 和 i_z 分别称为图形对 y 轴和 z 轴的惯性半径。惯性半径的量纲就是长度。

以 ρ 表示微面积 $\mathrm{d}A$ 到坐标原点 O 的距离，下列积分

$$I_P = \int_A \rho^2 \mathrm{d}A \tag{Ⅰ-10}$$

定义为图形对坐标原点 O 的极惯性矩。由图Ⅰ-5 可以看出，$\rho^2 = y^2 + z^2$，于是有

$$I_P = \int_A \rho^2 \mathrm{d}A = \int_A (y^2 + z^2) \mathrm{d}A = \int_A y^2 \mathrm{d}A + \int_A z^2 \mathrm{d}A = I_z + I_y \tag{Ⅰ-11}$$

所以，图形对任意一对互相垂直的轴的惯性矩之和，等于它对该两轴交点的极惯性矩。

例Ⅰ-4 试计算矩形对其对称轴 y 和 z 的惯性矩（图Ⅰ-6）。矩形的高为 h，宽为 b。

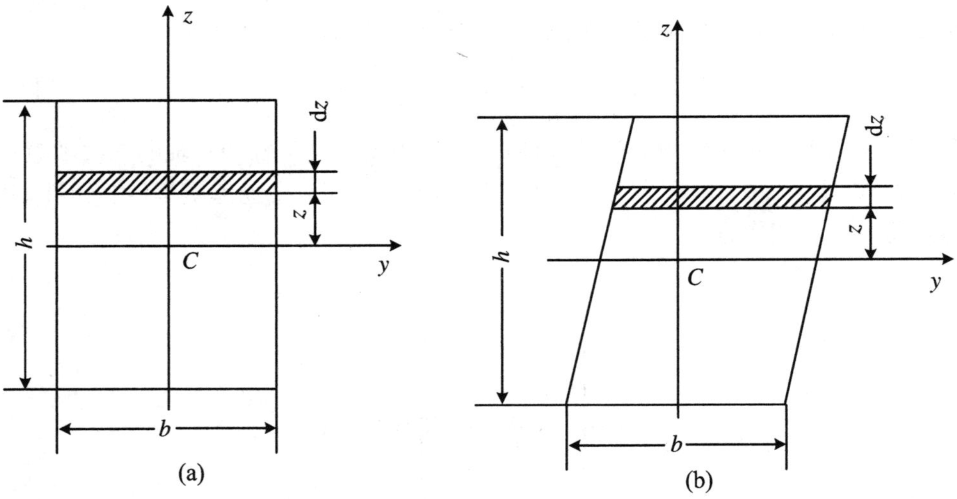

图Ⅰ-6

解 先求对 y 轴的惯性矩。取平行于 y 轴的狭长条作为微面积 $\mathrm{d}A$，则

$$\mathrm{d}A = b\mathrm{d}z$$

$$I_y = \int_A z^2 \mathrm{d}A = \int_{-h/2}^{h/2} bz^2 \mathrm{d}z = \frac{bh^3}{12}$$

用完全类似的方法可以求得

$$I_z = \frac{hb^3}{12}$$

若图形为高为 h、宽为 b 的平行四边形（图Ⅰ-6(b)），由于算式完全相同，可得

相同的结果。

例Ⅰ-5　计算圆形对其形心轴的惯性矩。

解　取图Ⅰ-7中的阴影面积为 dA，则

$$dA = 2y\,dz = 2\sqrt{R^2 - z^2}\,dz$$

$$I_y = \int_A z^2 dA = 2\int_{-R}^{R} z^2\sqrt{R^2 - z^2}\,dz = \frac{\pi R^4}{4} = \frac{\pi D^4}{64}$$

z 轴和 y 轴都与圆的直径重合，由于对称的原因，必然有

$$I_z = I_y = \frac{\pi D^4}{64}$$

由式（Ⅰ-11），可以求得

$$I_P = I_y + I_z = \frac{\pi D^4}{32}$$

式中 I_P 是圆形对圆心的极惯性矩。

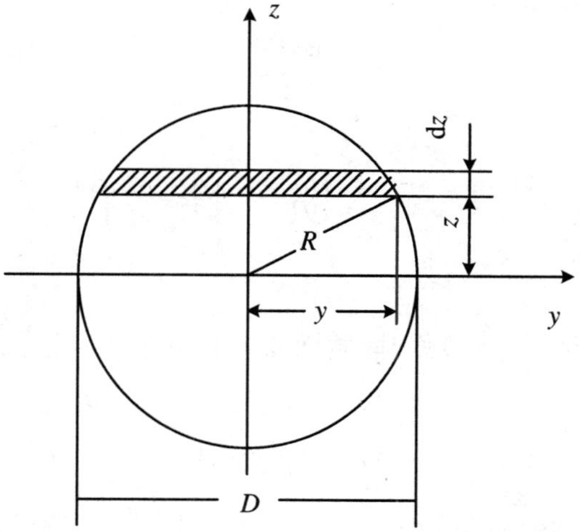

图Ⅰ-7

当一个平面图形是由若干个简单的图形组成时，根据惯性矩的定义可知，可先算出每一个简单图形对同一轴的惯性矩，然后求其总和，此总和即等于整个图形对这一轴的惯性矩。这可用公式表达为

$$I_y = \sum_{i=1}^{n} I_{yi}, \quad I_z = \sum_{i=1}^{n} I_{zi} \qquad (Ⅰ\text{-}12)$$

例如，可以把图Ⅰ-8所示圆环，看作是由直径为 D 的圆减去直径为 d 的圆，由式（Ⅰ-12），并使用例Ⅰ-5所得的结果，即可求得

$$I_y = I_z = \frac{\pi D^4}{64} - \frac{\pi d^4}{64} = \frac{\pi}{64}(D^4 - d^4)$$

$$I_P = \frac{\pi D^4}{32} - \frac{\pi d^4}{32} = \frac{\pi}{32}(D^4 - d^4)$$

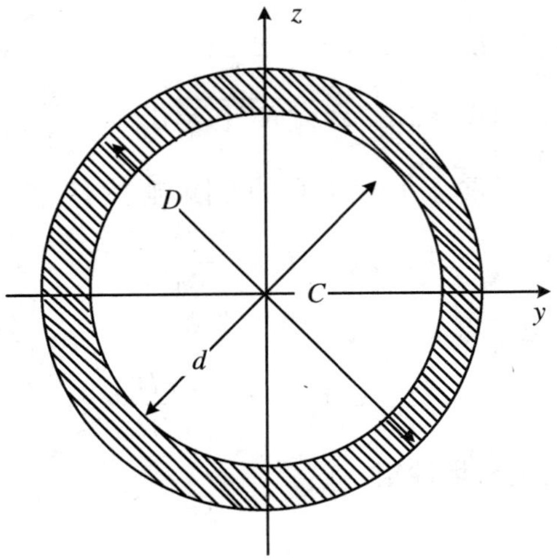

图Ⅰ-8

Ⅰ.3 惯 性 积

在平面图形的坐标(y,z)处,取微面积 dA(图Ⅰ-9),遍及整个图形面积 A 的积分

$$I_{yz} = \int_A yz\,\mathrm{d}A \tag{Ⅰ-13}$$

定义为图形对 y、z 轴的惯性积。

由于坐标乘积 yz 可能为正或负,因此,I_{yz} 的数值可能为正,可能为负,也可能等于零。例如,当整个图形都在第一象限内时,由于所有微面积 dA 的 y、z 坐标均为正值,所以图形对这两个坐标轴的惯性积也必为正值;当整个图形都在第二象限内时,由于所有微面积 dA 的 z 坐标为正,而 y 坐标为负,因而图形对这两个坐标轴的惯性积必为负值。惯性积的量纲是长度的四次方。

若坐标轴 y 或 z 中有一个是图形的对称轴时,例如图Ⅰ-9中的 z 轴。这时,如在 z 轴两侧的对称位置处,各取一微面积 dA,显然,两者的 z 坐标相同,y 坐标则数值相等但符号相反。因而两个微面积与坐标 y、z 的乘积,数值相等而符号相反,它们在积分中相互抵消。这样遍取整个图形,则所有微面积与坐标的乘积都两两相消,最后导致

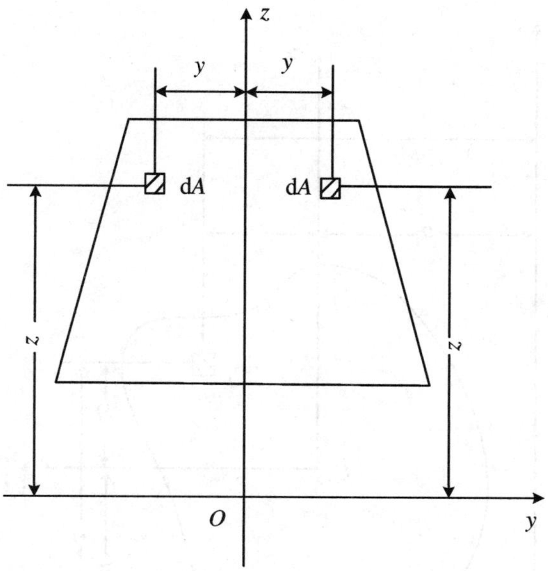

图Ⅰ-9

$$I_{yz} = \int_A yz\,\mathrm{d}A = 0$$

所以，坐标系的两个坐标轴中只要有一个为图形的对称轴，则图形对这一坐标系的惯性积等于零。

Ⅰ.4　平行移轴公式

同一平面图形对于平行的两对坐标轴的惯性矩或惯性积，并不相同。当其中一对轴是图形的形心轴时，它们之间有比较简单的关系。现在介绍这种关系的表达式。

在图Ⅰ-10 中，C 为图形的形心，y_C 和 z_C 是通过形心的坐标轴。图形对形心轴 y_C 和 z_C 的惯性矩和惯性积分别记为

$$I_{y_C} = \int_A z_C^2\,\mathrm{d}A,\quad I_{z_C} = \int_A z_y^2\,\mathrm{d}A,\quad I_{y_C z_C} = \int_A y_C z_C\,\mathrm{d}A \tag{Ⅰ-14}$$

若 y 轴平行于 y_C，且两者的距离为 a，z 轴平行于 z_C，且两者的距离为 b，图形对 y 轴和 z 轴的惯性矩和惯性积应为

$$I_y = \int_A z^2\,\mathrm{d}A,\quad I_z = \int_A z^2\,\mathrm{d}A,\quad I_{yz} = \int_A yz\,\mathrm{d}A \tag{Ⅰ-15}$$

由图Ⅰ-10 显然可以看出

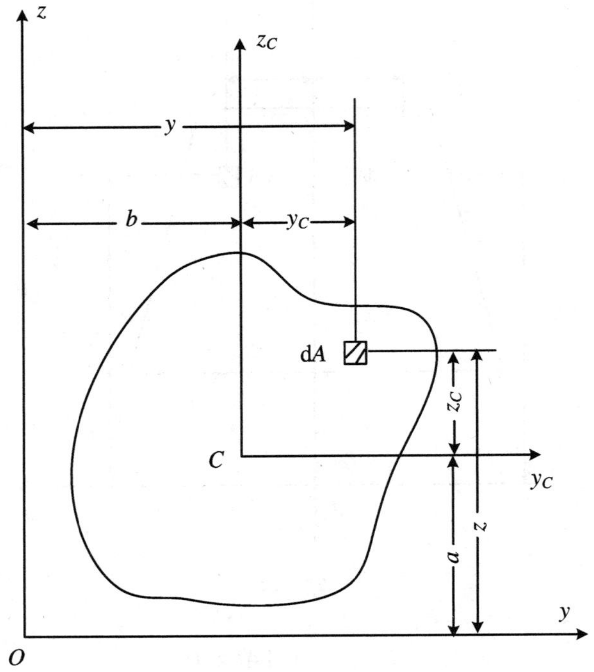

图Ⅰ-10

$$y = y_C + b, \quad z = z_C + a \tag{Ⅰ-16}$$

将式（Ⅰ-16)代入式(Ⅰ-15),得

$$I_y = \int_A z^2 \mathrm{d}A = \int_A (z_C + a)^2 \mathrm{d}A = \int_A z_C^2 \mathrm{d}A + 2a\int_A z_C \mathrm{d}A + \int_A a^2 \mathrm{d}A$$

$$I_z = \int_A y^2 \mathrm{d}A = \int_A (y_C + b)^2 \mathrm{d}A = \int_A y_C^2 \mathrm{d}A + 2b\int_A y_C \mathrm{d}A + \int_A b^2 \mathrm{d}A$$

$$I_{yz} = \int_A yz \mathrm{d}A = \int_A (y_C + a)(z_C + b) \mathrm{d}A$$

$$= \int_A y_C z_C \mathrm{d}A + a\int_A y_C \mathrm{d}A + b\int_A z_C \mathrm{d}A + a\,b\int_A \mathrm{d}A$$

在以上三式中，$\int_A z_C \mathrm{d}A$ 和 $\int_A y_C \mathrm{d}A$ 分别为图形对形心轴 y_C 和 z_C 的静矩，其值应等于零。再应用式(Ⅰ-14)，则 I_y、I_z、I_{yz} 可简化为

$$\begin{cases} I_y = I_{y_C} + a^2 A \\ I_z = I_{z_C} + b^2 A \\ I_{yz} = I_{y_C z_C} + a\,bA \end{cases} \tag{Ⅰ-17}$$

式(Ⅰ-17)即为惯性矩和惯性积的平行移轴公式。使用时要注意 a 和 b 是图形的形心在 Oyz 坐标系中的坐标，所以它们是有正负的。

例Ⅰ-6　试计算图Ⅰ-11所示图形对其形心轴 y_C 的惯性矩 I_{y_C}。

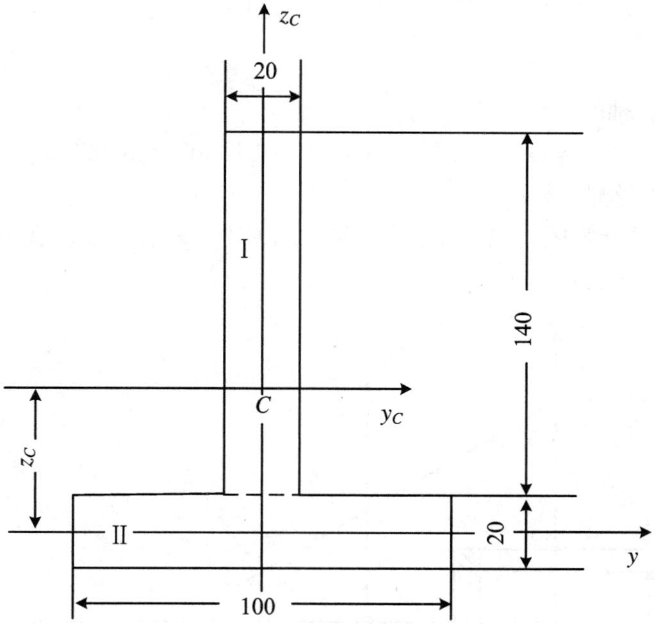

图Ⅰ-11

解　把图形看作是由两个矩形Ⅰ和Ⅱ所组成。图形的形心必然在对称轴上。为了确定 z_C，取通过矩形Ⅱ的形心且平行于底边的参考轴 y。

$$z_C=\frac{A_1z_1+A_2z_2}{A_1+A_2}=\frac{0.14\times0.02\times0.08+0.1\times0.02\times0}{0.14\times0.02+0.1\times0.02}\text{ m}=0.0467\text{ m}$$

形心位置确定后，使用平行移轴公式，分别算出矩形Ⅰ和Ⅱ对 y_C 轴的惯性矩，它们是

$$I_{y_C}^{\mathrm{I}}=\frac{1}{12}\times0.02\times0.14^3+(0.08-0.0467)^2\times0.02\times0.14\text{ m}^4=7.69\times10^{-6}\text{ m}^4$$

$$I_{y_C}^{\mathrm{II}}=\frac{1}{12}\times0.1\times0.02^3+0.0467^2\times0.1\times0.02\text{ m}^4=4.43\times10^{-6}\text{ m}^4$$

整个图形对 y_C 轴的惯性矩为

$$I_{y_C}=I_{y_C}^{\mathrm{I}}+I_{y_C}^{\mathrm{II}}=7.69\times10^{-6}+4.43\times10^{-6}\text{ m}^4=12.12\times10^{-6}\text{ m}^4$$

例Ⅰ-7　试计算例Ⅰ-3(图Ⅰ-4)中液压机机架横截面对形心轴 y_C 的惯性矩，对形心轴 y_C、z_C 的惯性积 $I_{y_Cz_C}$。

解　在例Ⅰ-3中已经求出 y_C 轴到截面底边的距离为 $z_C=0.51$ m。现在把截面看作是从矩形 $ABCD$ 中减去矩形 $abcd$。由平行移轴公式求出矩形 $ABCD$ 对 y_C 轴的惯性矩为

$$I_{y_C}^{\mathrm{I}}=\frac{1}{12}\times0.86\times1.4^3+0.86\times1.4(0.7-0.51)^2\text{ m}^4=0.24\text{ m}^4$$

矩形 $abcd$ 对 y_C 轴的惯性矩为

$$I_{y_C}^{\mathrm{II}} = \frac{1}{12} \times 0.828 \times 1.334^3 + 0.828 \times 1.334 \times \left(\frac{1.334}{2} + 0.05 - 0.51\right)^2 \text{ m}^4$$

$$= 0.211 \text{ m}^4$$

整个截面对 y_C 轴的惯性矩为

$$I_{y_C} = I_{y_C}^{\mathrm{I}} - I_{y_C}^{\mathrm{II}} = 0.24 - 0.211 \text{ m}^4 = 0.029 \text{ m}^4$$

由于 z_C 轴是对称轴，故 $I_{y_C z_C} = 0$。

例Ⅰ-8 试计算图Ⅰ-12 所示三角形 OBD 对 y、z 轴和形心轴 y_C、z_C 的惯性积 I_{yz} 和 $I_{y_C z_C}$。

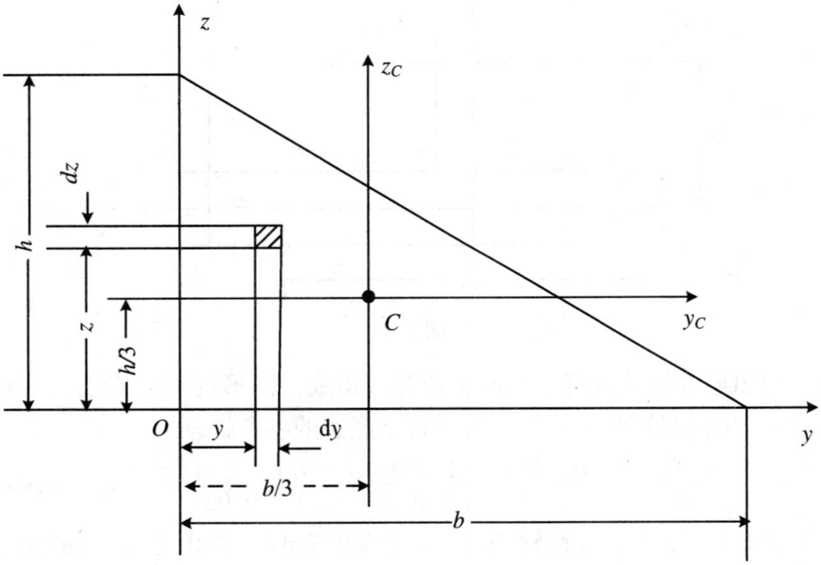

图Ⅰ-12

解 三角形斜边 BD 的方程式为

$$z = \frac{h(b - y)}{b}$$

取微面积 $\mathrm{d}A = \mathrm{d}y\mathrm{d}z$，三角形对 y、z 轴的惯性积 I_{yz} 为

$$I_{yz} = \int_A yz\mathrm{d}A = \int_0^b \int_0^y z\mathrm{d}z y\mathrm{d}y = \int_0^b \frac{h^2}{2b^2}(b - y)^2 y\mathrm{d}y = \frac{b^2 h^2}{24}$$

三角形的形心 C 在 Oyz 坐标系中的坐标为 $\left(\frac{b}{3}, \frac{h}{3}\right)$，由惯性积的平行移轴公式得

$$I_{y_C z_C} = I_{yz} - \left(\frac{b}{3}\right)\left(\frac{h}{3}\right)A = \frac{b^2 h^2}{24} - \frac{b}{3} \cdot \frac{h}{3} \cdot \frac{bh}{2} = -\frac{b^2 h^2}{72}$$

Ⅰ.5　转轴公式　主惯性轴

如图Ⅰ-13所示，任意平面图形对 y 轴和 z 轴的惯性矩和惯性积为

$$I_y = \int_A z^2 \mathrm{d}A,\quad I_z = \int_A y^2 \mathrm{d}A,\quad I_{yz} = \int_A yz \mathrm{d}A \tag{Ⅰ-18}$$

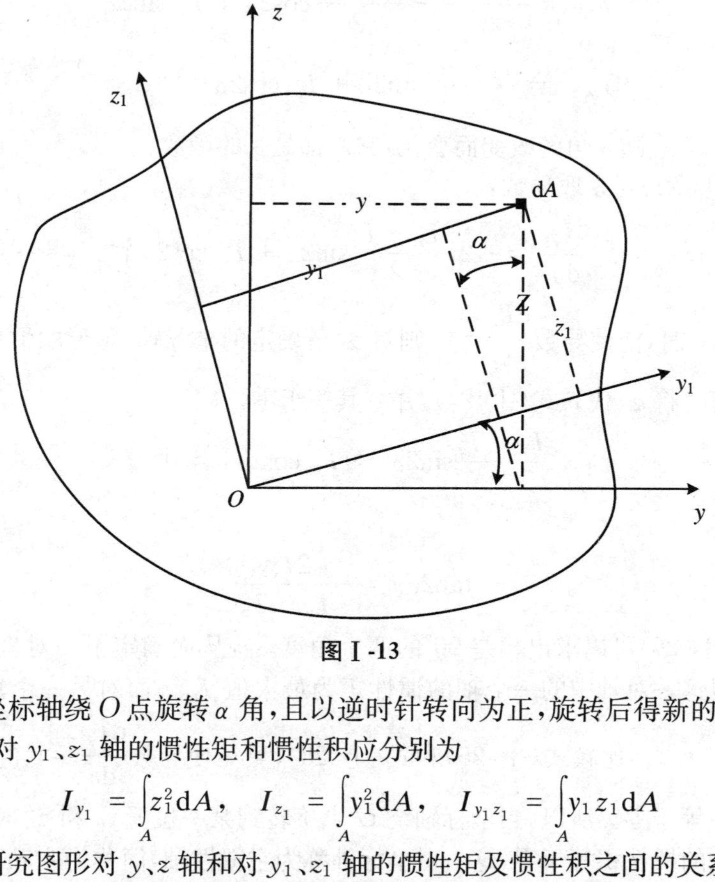

图Ⅰ-13

若将坐标轴绕 O 点旋转 α 角，且以逆时针转向为正，旋转后得新的坐标轴 y_1、z_1，则图形对 y_1、z_1 轴的惯性矩和惯性积应分别为

$$I_{y_1} = \int_A z_1^2 \mathrm{d}A,\quad I_{z_1} = \int_A y_1^2 \mathrm{d}A,\quad I_{y_1 z_1} = \int_A y_1 z_1 \mathrm{d}A \tag{Ⅰ-19}$$

现在研究图形对 y、z 轴和对 y_1、z_1 轴的惯性矩及惯性积之间的关系。

由图Ⅰ-13，微面积 $\mathrm{d}A$ 在新、旧两个坐标系中的坐标 (y_1, z_1) 和 (y, z) 之间的关系为

$$\begin{cases} y_1 = y\cos\alpha + z\sin\alpha \\ z_1 = z\cos\alpha - y\sin\alpha \end{cases} \tag{Ⅰ-20}$$

把 z_1 代入式(Ⅰ-19)中的第一式，有

$$I_{y_1} = \int_A z_1^2 \mathrm{d}A = \int_A (z\cos\alpha - y\sin\alpha)^2 \mathrm{d}A$$

$$= \cos^2\alpha\int_A z^2\mathrm{d}A + \sin^2\alpha\int_A y^2\mathrm{d}A - 2\sin\alpha\cos\alpha\int_A yz\mathrm{d}A$$

$$= I_y\cos^2\alpha + I_z\sin^2\alpha - I_{yz}\sin2\alpha$$

以 $\cos^2\alpha = \frac{1}{2}(1+\cos2\alpha)$ 和 $\sin^2\alpha = \frac{1}{2}(1-\cos2\alpha)$ 代入上式，得

$$I_{y_1} = \frac{I_y + I_z}{2} + \frac{I_y - I_z}{2}\cos2\alpha - I_{yz}\sin2\alpha \tag{Ⅰ-21}$$

同理，由式(Ⅰ-19)的第二式和第三式可以求得

$$I_{z_1} = \frac{I_y + I_z}{2} - \frac{I_y - I_z}{2}\cos2\alpha + I_{yz}\sin2\alpha \tag{Ⅰ-22}$$

$$I_{y_1z_1} = \frac{I_y - I_z}{2}\sin2\alpha + I_{yz}\cos2\alpha \tag{Ⅰ-23}$$

I_{y_1}、I_{z_1}、$I_{y_1z_1}$ 随 α 角的改变而变化，它们都是 α 的函数。

将式(Ⅰ-21)对 α 取导数：

$$\frac{\mathrm{d}I_{y_1}}{\mathrm{d}\alpha} = -2\left(\frac{I_y - I_z}{2}\sin2\alpha + I_{yz}\cos2\alpha\right) \tag{Ⅰ-24}$$

若 $\alpha=\alpha_0$ 时，能使导数 $\frac{\mathrm{d}I_{y_1}}{\mathrm{d}\alpha}=0$，则对 α_0 所确定的坐标轴，图形的惯性矩为最大值或最小值。将 α_0 代入式(Ⅰ-24)，并令其等于零，得

$$\frac{I_y - I_z}{2}\sin2\alpha_0 + I_{yz}\cos2\alpha_0 = 0 \tag{Ⅰ-25}$$

由此求出

$$\tan2\alpha_0 = -\frac{2I_{yz}}{I_y - I_z} \tag{Ⅰ-26}$$

由式(Ⅰ-26)可以求出相差 90°的两个角度 α_0，从而确定了一对坐标轴 y_0 和 z_0。图形对这一对轴中的一个轴的惯性矩为最大值 $I_{\max}$，而对另一个轴的惯性矩则为最小值 $I_{\min}$。比较式(Ⅰ-25)和式(Ⅰ-23)，可见使导数 $\frac{\mathrm{d}I_{y_1}}{\mathrm{d}\alpha}=0$ 的角度 α_0 恰好使惯性积等于零。所以，当坐标轴绕 O 点旋转到某一位置 y_0 和 z_0 时，图形对这一对坐标轴的惯性积等于零，这一对坐标轴称为主惯性轴，简称为主轴。对主惯性轴的惯性矩称为主惯性矩。如上所述，对通过 O 点的所有轴来说，对主轴的两个主惯性矩，一个是最大值，另一个是最小值。

通过图形形心 C 的主惯性轴称为形心主惯性轴，图形对该轴的惯性矩就称为形心主惯性矩。如果这里所说的平面图形是杆件的横截面，则截面的形心主惯性轴与杆件轴线所确定的面，称为形心主惯性平面。杆件横截面的形心主惯性轴、形心主惯性矩和杆件的形心主惯性平面，在杆件的弯曲理论中有重要意义。截面对于对称轴的惯性积等于零，截面形心又必然在对称轴上，所以截面的对称轴就是形

心主惯性轴，它与杆件轴线确定的纵向对称面就是形心主惯性平面。

由式（Ⅰ-26）求出角度 α_0 的数值，代入式（Ⅰ-21）和式（Ⅰ-22）就可求得图形的主惯性矩。为了计算方便，下面导出直接计算主惯性矩的公式。由式（Ⅰ-26）可以求得

$$\cos 2\alpha_0 = \frac{1}{\sqrt{1+\tan^2 2\alpha_0}} = \frac{I_y - I_z}{\sqrt{(I_y - I_z)^2 + 4I_{yz}^2}}$$

$$\sin 2\alpha_0 = \tan 2\alpha_0 \cdot \cos 2\alpha_0 = \frac{-2I_{yz}}{\sqrt{(I_y - I_z)^2 + 4I_{yz}^2}}$$

将以上两式代入式（Ⅰ-21）和式（Ⅰ-22），经简化后得出主惯性矩的计算公式：

$$\begin{cases} I_{y_0} = \dfrac{I_y + I_z}{2} + \dfrac{1}{2}\sqrt{(I_y - I_z)^2 + 4I_{yz}^2} \\ I_{z_0} = \dfrac{I_y + I_z}{2} - \dfrac{1}{2}\sqrt{(I_y - I_z)^2 + 4I_{yz}^2} \end{cases} \tag{Ⅰ-27}$$

在确定主惯性轴的位置时，如约定 I_y 代表较大的惯性矩（即 $I_y > I_z$），则由式（Ⅰ-26）算出的两个角度 α_0 中，由绝对值较小的 α_0 确定的主惯性轴对应的主惯性矩为最大值。

附录Ⅱ　型钢规格表

Ⅱ.1　热轧等边角钢(GB 9787—1988)

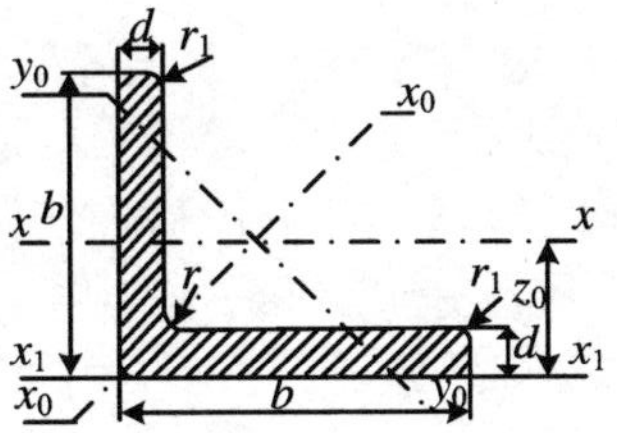

符号意义：

b – 边宽度；　d – 边厚度；　r – 内圆弧半径；

r_1 – 边端内圆弧半径；　I – 惯性矩；　i – 惯性半径；

W – 抗弯截面系数；　z_0 – 重心距离。

角钢号数	尺寸(mm)			截面面积 (cm^2)	理论重量 (kg/m)	外表面积 (m^2/m)	参考数值										z_0 (cm)
							x-x			x_0-x_0			y_0-y_0			x_1-x_1	
	b	d	r				I_x (cm^4)	i_x (cm)	W_x (cm^3)	I_{x_0} (cm^4)	i_{x_0} (cm)	W_{x_0} (cm^3)	I_{y_0} (cm^4)	i_{y_0} (cm)	W_{y_0} (cm^3)	I_{x_1} (cm^4)	
2	20	3	3.5	1.132	0.889	0.078	0.40	0.59	0.29	0.63	0.75	0.45	0.17	0.39	0.20	0.81	0.60
		4		1.459	1.145	0.077	0.50	0.58	0.36	0.78	0.73	0.55	0.22	0.38	0.24	1.09	0.64
2.5	25	3		1.432	1.124	0.098	0.82	0.76	0.46	1.29	0.95	0.73	0.34	0.49	0.33	1.57	0.73
		4		1.859	1.459	0.097	1.03	0.74	0.59	1.62	0.93	0.92	0.43	0.48	0.40	2.21	0.76

续表

角钢号数	尺寸(mm)			截面面积(cm^2)	理论重量(kg/m)	外表面积(m^2/m)	参考数值										
							x-x			x_0-x_0			y_0-y_0			x_1-x_1	z_0(cm)
	b	d	r				I_x(cm^4)	i_x(cm)	W_x(cm^3)	I_{x_0}(cm^4)	i_{x_0}(cm)	W_{x_0}(cm^3)	I_{y_0}(cm^4)	i_{y_0}(cm)	W_{y_0}(cm^3)	I_{x_1}(cm^4)	
3.0	30	3	4.5	1.749	1.137	0.117	1.46	0.91	0.68	2.31	1.15	1.09	0.61	0.59	051	2.71	0.85
		4		2.276	1.786	0.117	1.84	0.90	0.87	2.92	1.13	1.37	0.77	0.58	0.62	3.63	0.89
3.6	36	3		2.109	1.656	0.141	2.58	1.11	0.99	4.09	1.39	1.61	1.07	0.71	0.76	4.68	1.00
		4		2.756	2.163	0.141	3.29	1.09	1.28	5.22	1.38	2.05	1.37	0.70	0.93	6.25	1.04
		5		3.382	2.654	0.141	3.95	1.08	1.56	6.24	1.36	2.45	1.65	0.70	1.09	7.84	1.07
4.0	40	3	5	2.359	1.852	0.157	3.58	1.23	1.23	5.69	1.55	2.01	1.49	0.79	0.96	6.41	1.09
		4		3.086	2.422	0.157	4.60	1.22	1.60	7.29	1.54	2.58	1.91	0.79	1.19	8.56	1.13
		5		3.791	2.976	0.156	5.53	1.21	1.96	8.76	1.52	3.10	2.30	0.78	1.39	10.74	1.17
4.5	45	3		2.659	2.088	0.177	5.17	1.40	1.58	8.20	1.76	2.58	2.14	0.89	1.24	9.12	1.22
		4		3.486	2.736	0.177	6.65	1.38	2.05	10.56	1.74	3.32	2.75	0.89	1.54	12.18	1.26
		5		4.292	3.369	0.176	8.04	1.37	2.51	12.74	1.72	4.00	3.33	0.88	1.81	15.25	1.30
		6		5.076	3.985	0.176	9.33	1.36	2.95	14.76	1.70	4.64	3.89	0.88	2.06	18.36	1.33
5	50	3	5.5	2.971	2.332	0.197	7.18	1.55	1.96	11.37	1.96	3.22	2.98	1.00	1.57	12.50	1.34
		4		3.897	3.059	0.197	9.26	1.54	2.56	14.70	1.94	4.16	3.82	0.99	1.96	16.69	1.38
		5		4.803	3.770	0.196	11.21	1.53	3.13	17.79	1.92	5.03	4.64	0.98	2.31	20.90	1.42
		6		5.688	4.465	0.196	13.05	1.52	3.68	20.68	1.91	5.85	5.42	0.98	2.63	25.14	1.46

续表

角钢号数	尺寸(mm)			截面面积(cm^2)	理论重量(kg/m)	外表面积(m^2/m)	参考数值										z_0(cm)
							x-x			x_0-x_0			y_0-y_0			x_1-x_1	
	b	d	r				I_x(cm^4)	i_x(cm)	W_x(cm^3)	I_{x_0}(cm^4)	i_{x_0}(cm)	W_{x_0}(cm^3)	I_{y_0}(cm^4)	i_{y_0}(cm)	W_{y_0}(cm^3)	I_{x_1}(cm^4)	
5.6	56	3	6	3.343	2.624	0.221	10.19	1.75	2.48	16.14	2.20	4.08	4.24	1.13	2.02	17.56	1.48
		4		4.390	3.446	0.220	13.18	1.73	3.24	20.92	2.18	5.28	5.46	1.11	2.52	23.43	1.53
		5		5.415	4.251	0.220	16.02	1.72	3.97	25.42	2.17	6.42	6.61	1.10	2.98	29.33	1.57
		6		8.367	6.568	0.219	23.63	1.68	6.03	37.37	2.11	9.44	9.89	1.09	4.16	46.24	1.68
6.3	63	4	7	4.978	3.907	0.248	19.03	1.96	4.13	30.17	2.46	6.78	7.89	1.26	3.29	33.35	1.70
		5		6.143	4.822	0.248	23.17	1.94	5.08	36.77	2.45	8.25	9.57	1.25	3.90	41.73	1.74
		6		7.288	5.721	0.247	27.12	1.93	6.00	43.03	2.43	9.66	11.20	1.24	4.46	50.14	1.78
		8		9.515	7.469	0.247	34.46	1.90	7.75	54.56	2.40	12.25	14.33	1.23	5.47	67.11	1.85
		10		11.657	9.151	0.246	41.09	1.88	9.39	64.85	2.36	14.56	17.33	1.22	6.36	84.31	1.91
7	70	4	8	5.570	4.372	0.275	26.39	2.18	5.41	41.80	2.74	8.44	10.99	1.40	4.17	45.74	1.86
		5		6.875	5.397	0.275	32.21	2.16	6.32	51.08	2.73	10.32	13.34	1.39	4.95	57.21	1.91
		6		8.160	6.406	0.275	37.77	2.15	7.48	59.93	2.71	12.11	15.61	1.38	5.67	68.73	1.95
		7		9.424	7.398	0.275	43.09	2.14	8.59	68.35	2.69	13.81	17.82	1.38	6.34	80.29	1.99
		8		10.667	8.373	0.274	48.17	2.12	9.68	76.37	2.68	15.43	19.98	1.37	6.98	91.92	2.03

续表

角钢号数	尺寸(mm)			截面面积	理论重量	外表面积	参考数值										z_0
							x-x			x_0-x_0			y_0-y_0			x_1-x_1	
	b	d	r	(cm^2)	(kg/m)	(m^2/m)	I_x (cm^4)	i_x (cm)	W_x (cm^3)	I_{x_0} (cm^4)	i_{x_0} (cm)	W_{x_0} (cm^3)	I_{y_0} (cm^4)	i_{y_0} (cm)	W_{y_0} (cm^3)	I_{x_1} (cm^4)	(cm)
7.5	75	5	9	7.142	5.818	0.295	39.97	2.33	7.32	63.30	2.92	11.94	16.63	1.50	5.77	70.56	2.04
		6		8.797	6.905	0.294	46.95	2.31	8.64	74.38	2.90	14.02	19.91	1.49	6.67	84.55	2.07
		7		10.160	7.976	0.294	53.57	2.30	9.93	84.96	2.89	16.02	22.18	1.48	7.44	98.71	2.11
		8		11.503	9.030	0.294	59.96	2.28	11.20	95.07	2.88	17.93	24.86	1.47	8.19	112.97	2.15
		10		14.126	11.089	0.293	71.98	2.26	13.64	113.92	2.84	21.48	30.05	1.46	9.56	141.71	2.22
8	80	5	9	7.912	6.211	0.315	48.79	2.48	8.34	77.33	3.13	13.67	20.25	1.60	6.66	85.36	2.15
		6		9.397	7.376	0.314	57.35	2.47	9.87	90.98	3.11	16.08	23.72	1.59	7.65	102.50	2.19
		7		10.860	8.525	0.314	65.58	2.46	11.37	104.07	3.10	18.40	27.09	1.58	8.58	119.70	2.23
		8		12.303	9.658	0.314	73.49	2.44	12.83	116.60	3.08	20.61	30.39	1.57	9.46	136.97	2.27
		10		15.126	11.874	0.313	88.43	2.42	15.64	140.09	3.04	24.76	36.77	1.56	11.08	171.74	2.35
9	90	6	10	10.637	8.350	0.354	82.77	2.79	12.61	131.26	3.51	20.63	34.28	1.80	9.95	145.87	2.44
		7		12.301	9.656	0.354	94.83	2.78	14.54	150.47	3.50	23.64	39.18	1.78	11.19	170.30	2.48
		8		13.944	10.946	0.353	106.47	2.76	16.42	168.97	3.48	26.55	43.97	1.78	12.35	194.80	2.52
		10		17.167	13.476	0.353	128.58	2.74	20.07	203.90	3.45	32.04	53.26	1.76	14.52	244.07	2.59
		12		20.306	15.940	0.352	149.22	2.71	23.57	236.21	3.41	37.12	62.22	1.75	16.49	293.76	2.67

续表

角钢号数	尺寸(mm)			截面面积(cm²)	理论重量(kg/m)	外表面积(m²/m)	参考数值										z_0 (cm)
							x-x			x_0-x_0			y_0-y_0			x_1-x_1	
	b	d	r				I_x (cm⁴)	i_x (cm)	W_x (cm³)	I_{x_0} (cm⁴)	i_{x_0} (cm)	W_{x_0} (cm³)	I_{y_0} (cm⁴)	i_{y_0} (cm)	W_{y_0} (cm³)	I_{x_1} (cm⁴)	
10	100	6	12	11.932	9.366	0.393	114.95	3.10	15.68	181.98	3.90	25.74	47.92	2.00	12.69	200.07	2.67
		7		13.796	10.830	0.393	130.86	3.09	18.10	208.97	3.89	29.55	54.74	1.99	14.26	233.54	2.71
		8		15.638	12.276	0.393	148.24	3.08	20.47	235.07	3.88	33.24	61.41	1.98	15.75	267.09	2.76
		10		19.261	15.120	0.392	179.51	3.05	25.06	284.68	3.84	40.26	74.35	1.96	18.54	334.48	2.84
		12		22.800	17.898	0.391	208.90	3.03	29.48	330.95	3.81	46.80	86.84	1.95	21.08	402.34	2.91
		14		26.256	20.611	0.391	236.53	3.00	33.73	374.06	3.77	52.90	99.00	1.94	23.44	470.75	2.99
		16		29.267	23.257	0.390	262.53	2.98	37.82	414.16	3.74	58.57	110.89	1.94	25.63	439.80	3.06
11	110	7	12	15.196	11.928	0.433	177.16	3.41	22.05	280.94	4.30	36.12	73.38	2.20	17.51	310.64	2.96
		8		17.238	13.532	0.433	199.46	3.40	24.95	316.49	4.28	40.69	82.42	2.19	19.39	355.20	3.01
		10		21.261	16.690	0.432	242.19	3.39	30.60	384.39	4.25	49.42	99.98	2.17	22.91	444.65	3.09
		12		25.200	19.782	0.432	282.55	3.35	36.05	448.17	4.22	57.62	116.93	2.15	26.15	534.60	3.16
		14		29.056	22.809	0.431	320.71	3.32	41.31	508.01	4.18	65.31	133.40	2.14	29.14	625.16	3.24
12.5	125	8	14	19.750	15.504	0.492	297.03	3.88	32.52	470.89	4.88	53.28	123.16	2.50	25.86	521.01	3.37
		10		24.373	19.133	0.491	361.67	3.85	39.97	573.89	4.85	64.93	149.46	2.48	30.62	651.93	3.45
		12		28.912	22.696	0.491	423.16	3.83	41.17	671.44	4.82	75.96	174.88	2.46	35.03	783.42	3.53
		14		33.637	26.193	0.490	481.65	3.80	54.16	763.73	4.78	86.41	199.57	2.45	39.13	915.61	3.61

续表

角钢号数	尺寸(mm)			截面面积 (cm^2)	理论重量 (kg/m)	外表面积 (m^2/m)	参考数值										z_0 (cm)
							x-x			x_0-x_0			y_0-y_0			x_1-x_1	
	b	d	r				I_x (cm^4)	i_x (cm)	W_x (cm^3)	I_{x_0} (cm^4)	i_{x_0} (cm)	W_{x_0} (cm^3)	I_{y_0} (cm^4)	i_{y_0} (cm)	W_{y_0} (cm^3)	I_{x_1} (cm^4)	
14	140	10	14	27.373	21.488	0.551	514.65	4.34	50.58	817.27	5.46	82.56	212.04	2.78	39.20	915.11	3.82
		12		32.512	25.522	0.551	503.68	4.31	59.80	958.79	5.43	96.58	248.57	2.76	45.02	1099.28	3.90
		14		37.567	29.490	0.550	688.81	4.28	68.75	1093.56	5.40	110.47	284.06	2.75	50.45	1284.22	3.98
		16		42.539	33.393	0.549	770.24	4.26	77.46	112.81	5.36	123.42	318.67	2.74	55.55	1470.07	4.06
16	160	10	16	31.502	24.927	0.630	779.53	4.98	66.70	1237.30	6.27	109.36	321.76	3.20	52.76	1365.33	4.31
		12		37.441	29.391	0.630	916.58	4.95	78.98	1455.68	6.24	128.67	377.49	3.18	60.74	1369.57	4.39
		14		43.296	33.987	0.629	1048.36	4.92	90.95	1665.02	6.20	147.17	431.70	3.16	68.24	1914.68	4.47
		16		49.067	38.518	0.629	1175.08	4.89	102.63	1865.57	6.17	164.89	484.59	3.14	75.31	2190.82	4.55
18	180	12	16	42.241	33.159	0.710	1321.35	5.59	100.82	2100.10	7.05	165.00	542.61	3.58	78.41	2332.80	4.89
		14		48.896	38.383	0.709	1514.48	5.56	116.25	2407.42	7.02	189.14	621.53	3.56	88.38	2723.48	4.97
		16		55.467	43.542	0.709	1700.99	5.54	131.13	2703.37	6.98	212.40	698.60	3.55	97.83	3115.29	5.05
		18		61.955	48.634	0.708	1875.12	5.50	145.64	2988.24	6.94	234.78	762.01	3.51	105.14	3502.43	5.13

续表

角钢号数	尺寸(mm)			截面面积(cm^2)	理论重量(kg/m)	外表面积(m^2/m)	参考数值										z₀
							x-x			x_0-x_0			y_0-y_0			x_1-x_1	
	b	d	r				I_x (cm^4)	i_x (cm)	W_x (cm^3)	I_{x_0} (cm^4)	i_{x_0} (cm)	W_{x_0} (cm^3)	I_{y_0} (cm^4)	i_{y_0} (cm)	W_{y_0} (cm^3)	I_{x_1} (cm^4)	
20	200	14	18	54.642	42.894	0.788	2103.55	6.20	144.70	3343.26	7.82	236.40	863.83	3.98	111.82	3734.10	5.46
		16		62.013	48.680	0.788	2366.15	6.18	163.65	3760.89	7.79	265.93	971.41	3.96	123.96	4270.39	5.54
		18		69.301	54.401	0.787	2620.64	6.15	182.22	4164.54	7.75	294.48	1076.74	3.64	135.52	4808.13	5.62
		20		76.505	60.056	0.787	2867.30	6.12	200.42	4554.55	7.72	322.06	1180.04	3.93	146.55	5347.51	5.69
		24		90.661	71.168	0.785	3338.25	6.07	236.17	5294.97	7.64	374.41	1381.53	3.90	166.65	6457.16	5.87

注：截面中的 $r_1 = d/3$ 及表中 r 值，用于孔型设计，不作为交货条件。

Ⅱ.2 热轧工字钢(GB 706—1988)

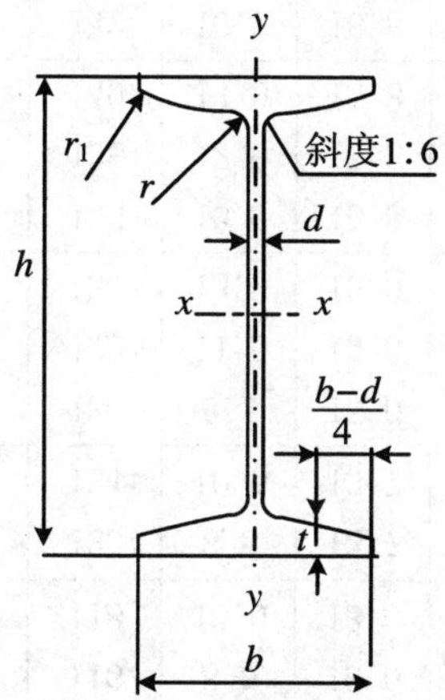

符号意义：

h − 高度；　b − 腿宽度；　d − 腰厚度；

r − 内圆弧半径；　r_1 − 腿端圆弧半径；　I − 惯性矩；

i − 惯性半径；　W − 抗弯截面系数；　t − 平均腿厚度；

S − 半截面的静力矩。

型号	尺寸(mm)						截面面积 (cm²)	理论重量 (kg/m)	参考数值						
									x-x				y-y		
	h	b	d	t	r	r_1			I_x (cm⁴)	W_x (cm³)	i_x (cm)	$I_x:S_x$ (cm)	I_y (cm⁴)	W_y (cm³)	i_y (cm)
10	100	68	4.5	7.6	6.5	3.3	14.345	11.261	245	49.0	4.14	8.59	33.0	9.72	1.52
12.6	126	74	5.0	8.4	7.0	3.5	18.118	14.223	488	77.5	5.20	10.8	46.9	12.7	1.61
14	140	80	5.5	9.1	7.5	3.8	21.516	16.890	712	102	5.76	12.0	64.4	16.1	1.73
16	160	88	6.0	9.9	8.0	4.0	26.131	20.513	1130	141	6.58	13.8	93.1	21.2	1.89
18	180	94	6.5	10.7	8.5	4.3	30.756	24.143	1660	185	7.36	15.4	122	26.0	2.00

续表

型号	尺寸(mm)						截面面积 (cm^2)	理论重量 (kg/m)	参考数值						
									x-x				y-y		
	h	b	d	t	r	r_1			I_x (cm^4)	W_x (cm^3)	i_x (cm)	$I_x:S_x$ (cm)	I_y (cm^4)	W_y (cm^3)	i_y (cm)
20a	200	100	7.0	11.4	9.0	4.5	35.578	27.929	2370	237	8.15	17.2	158	31.5	2.12
20b	200	102	9.0	11.4	9.0	4.5	39.578	31.069	2500	250	7.96	16.9	169	33.1	2.06
22a	220	110	7.5	12.3	9.5	4.8	42.128	33.070	3400	309	8.99	18.9	225	40.9	2.31
22b	220	112	9.5	12.3	9.5	4.8	46.528	36.524	3570	325	8.78	18.7	239	42.7	2.27
25a	250	116	8.0	13.0	10.0	5.0	48.541	38.105	5020	402	10.2	21.6	280	48.3	2.40
25b	250	118	10.0	13.0	10.0	5.0	53.541	42.030	5280	423	9.94	21.3	309	52.4	2.40
28a	280	122	8.5	13.7	10.5	5.3	55.404	43.492	7110	508	11.3	24.6	345	56.6	2.50
28b	280	124	10.5	13.7	10.5	5.3	61.004	47.888	7480	534	11.1	24.2	379	61.2	2.49
32a	320	130	9.5	15.0	11.5	5.8	67.156	52.717	11100	692	12.8	27.5	460	70.8	2.62
32b	320	132	11.5	15.0	11.5	5.8	73.556	57.74	11600	726	12.6	27.1	502	76.0	2.61
32c	320	134	13.5	15.0	11.5	5.8	79.956	62.765	12200	760	12.3	26.3	544	81.2	2.61
36a	360	136	10.0	15.8	12.0	6.0	76.480	60.037	15800	875	14.4	30.7	552	81.2	2..69
36b	360	138	12.0	15.8	12.0	6.0	83.680	65.689	16500	919	14.1	30.3	582	84.3	2.64
36c	360	140	14.0	15.8	12.0	6.0	90.880	71.341	17300	962	13.8	29.9	612	87.4	2.60
40a	400	142	10.5	16.5	12.5	6.3	86.112	67.598	21700	1090	15.9	34.1	660	93.2	2.77
40b	400	144	12.5	16.5	12.5	6.3	94.112	73.878	22800	1140	16.5	33.6	692	96.2	2.71
40c	400	146	14.5	16.5	12.5	6.3	102.112	80.158	23900	1190	15.2	33.2	727	99.6	2.65

续表

型号	尺寸(mm)						截面面积(cm^2)	理论重量(kg/m)	参考数值						
									x-x				y-y		
	h	b	d	t	r	r_1			I_x (cm^4)	W_x (cm^3)	i_x (cm)	$I_x:S_x$ (cm)	I_y (cm^4)	W_y (cm^3)	i_y (cm)
45a	450	150	11.5	18.0	13.5	6.8	102.446	80.420	32200	1430	17.7	38.6	855	114	2.89
45b	450	152	13.5	18.0	13.5	6.8	111.446	87.485	33800	1500	17.4	38.0	894	118	2.84
45c	450	154	15.5	18.0	13.5	6.8	120.446	94.550	35300	1570	17.1	37.6	938	122	2.79
50a	500	158	12.0	20.0	14.0	7.0	119.304	93.654	46500	1860	19.7	42.8	1120	142	3.07
50b	500	160	14.0	20.0	14.0	7.0	129.304	101.504	48600	1940	19.4	42.4	1170	146	3.01
50c	500	162	16.0	20.0	14.0	7.0	139.304	109.354	50600	2080	19.0	41.8	1220	151	2.96
56a	560	166	12.5	21.0	14.5	7.3	135.435	106.316	65600	2340	22.0	47.7	1370	165	3.18
56b	560	168	14.5	21.0	14.5	7.3	146.635	115.108	68500	2450	21.6	47.2	1490	174	3.16
56c	560	170	16.5	21.0	14.5	7.3	157.835	123.900	71400	2550	21.3	46.7	1560	183	3.16
63a	630	176	13.0	22.0	15.0	7.5	154.658	121.407	93900	2980	24.5	54.2	1700	193	3.31
63b	630	178	15.0	22.0	15.0	7.5	167.258	131.298	98100	3160	24.2	53.5	1810	204	3.29
63c	630	180	17.0	22.0	15.0	7.5	179.858	141.189	102000	3300	23.8	52.9	1920	214	3.27

注：截面图和表中标注的圆弧半径 r 和 r_1 值，用于孔型设计，不作为交货条件。

Ⅱ.3　热轧槽钢(GB 707—1988)

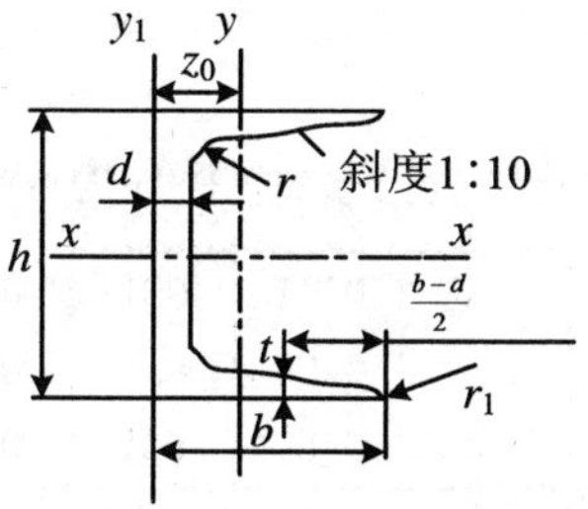

符号意义：

h－高度；　b－腿宽度；　d－腰厚度；

r－内圆弧半径；　r_1－腿端圆弧半径；　I－惯性矩；

i－惯性半径；　W－抗弯截面系数；　t－平均腿厚度；

z_0—y-y 轴与 y_1-y_1 轴间距。

型号	尺寸(mm)						截面面积 (cm^2)	理论重量 (kg/m)	参考数值							
									x-x			y-y			y_1-y_1	z_0 (cm)
	h	b	d	t	r	r_1			W_x (cm^3)	I_x (cm^4)	i_x (cm)	W_y (cm^3)	I_y (cm^4)	i_y (cm)	I_{y_1} (cm^4)	
5	50	37	4.5	7	7.0	3.5	6.928	5.438	10.4	26.0	1.94	3.55	8.30	1.10	20.9	1.35
6.3	63	40	4.8	7.5	7.5	3.8	8.451	6.634	16.1	50.8	2.45	4.50	11.9	1.19	28.4	1.36
8	80	43	5.0	8	8.0	4.0	10.248	8.045	25.3	101	3.15	5.79	16.6	1.27	37.4	1.43
10	100	48	5.3	8.5	8.5	4.2	12.748	10.007	29.7	198	3.95	7.8	25.6	1.41	54.9	1.52
12.6	126	53	5.5	9	9.0	4.5	15.692	12.318	62.1	391	4.95	10.2	38.0	1.57	77.1	1.59
14 a	140	58	6.0	9.5	9.5	4.8	18.516	14.535	80.5	564	5.52	13.0	53.2	1.70	107	1.71
14 b	140	60	8.0	9.5	9.5	4.8	21.316	16.773	87.1	609	5.35	14.1	61.1	1.69	121	1.67

续表

型号	尺寸(mm)						截面面积 (cm^2)	理论重量 (kg/m)	参考数值							
									x-x			y-y			y_1-y_1	z_0 (cm)
	h	b	d	t	r	r_1			W_x (cm^3)	I_x (cm^4)	i_x (cm)	W_y (cm^3)	I_y (cm^4)	i_y (cm)	I_{y_1} (cm^4)	
16 a	160	63	6.5	10	10.0	5.0	21.962	17.240	108	866	6.28	16.3	73.3	1.83	144	1.80
16 b	160	65	8.5	10	10.0	5.0	25.162	19.752	117	935	6.10	17.6	83.4	1.82	161	1.75
18 a	180	68	7.0	10.5	10.5	5.2	25.699	20.174	141	1270	7.04	20.0	98.6	1.96	190	1.88
18 b	180	70	9.0	10.5	10.5	5.2	29.299	23.000	152	1370	6.84	21.5	111	1.95	210	1.84
20 a	200	73	7.0	11	11.0	5.5	28.837	22.637	178	1780	7.86	24.2	128	2.11	244	2.01
20 b	200	75	9.0	11	11.0	5.5	32.837	25.777	191	1910	7.64	25.9	144	2.09	268	1.95
22 a	220	77	7.0	11.5	11.5	5.8	31.846	24.999	218	2390	8.67	28.2	158	2.23	298	2.10
22 b	220	79	9.0	11.5	11.5	5.8	32.246	28.453	234	2570	8.42	30.1	176	2.21	326	2.03
25 a	250	78	7.0	12	12.0	6.0	34.917	27.410	270	3370	9.82	30.6	176	2.24	322	2.07
25 b	250	80	9.0	12	12.0	6.0	39.917	31.335	282	3530	9.40	32.7	196	2.22	353	1.98
25 c	250	82	11.0	12	12.0	6.0	44.917	35.260	295	3690	9.07	35.9	218	2.21	384	1.92
28 a	280	82	7.5	12.5	12.5	6.2	40.034	31.427	340	4760	10.9	35.7	218	2.33	388	2.10
28 b	280	84	9.5	12.5	12.5	6.2	45.634	35.823	366	5130	10.6	37.9	242	2.30	428	2.02
28 c	280	86	11.5	12.5	12.5	6.2	51.234	40.219	393	5500	10.4	40.3	268	2.29	463	1.95

续表

型号	尺寸(mm)						截面面积 (cm^2)	理论重量 (kg/m)	参考数值							
									x-x			y-y			y_1-y_1	z_0 (cm)
	h	b	d	t	r	r_1			W_x (cm^3)	I_x (cm^4)	i_x (cm)	W_y (cm^3)	I_y (cm^4)	i_y (cm)	I_{y_1} (cm^4)	
32 a	320	88	8.0	14	14.0	7.0	48.513	30.083	475	7600	12.5	46.5	305	2.50	552	2.24
32 b	320	90	10.0	14	14.0	7.0	54.913	43.107	509	8140	12.2	59.2	336	2.47	593	2.16
32 c	320	92	12.0	14	14.0	7.0	61.313	48.131	543	8690	11.9	52.6	374	2.47	643	2.09
26 a	360	96	9.0	16	16.0	8.0	60.910	47.814	660	11900	14.0	63.5	455	2.73	818	2.44
26 b	360	98	11.0	16	16.0	8.0	68.110	53.466	703	12700	13.6	66.9	497	2.70	880	2.37
26 c	360	100	13.0	16	16.0	8.0	75.310	59.118	746	13400	13.4	70.0	536	2.67	948	2.34
40 a	400	100	10.5	18	18.0	9.0	75.068	58.928	879	17600	15.3	78.8	592	2.81	1070	2.49
40 b	400	102	12.5	18	18.0	9.0	83.068	65.208	932	18600	15.0	82.5	640	2.78	1140	2.44
40 c	400	104	14.5	18	18.0	9.0	91.068	71.488	986	19700	14.7	86.2	688	2.75	1220	2.42